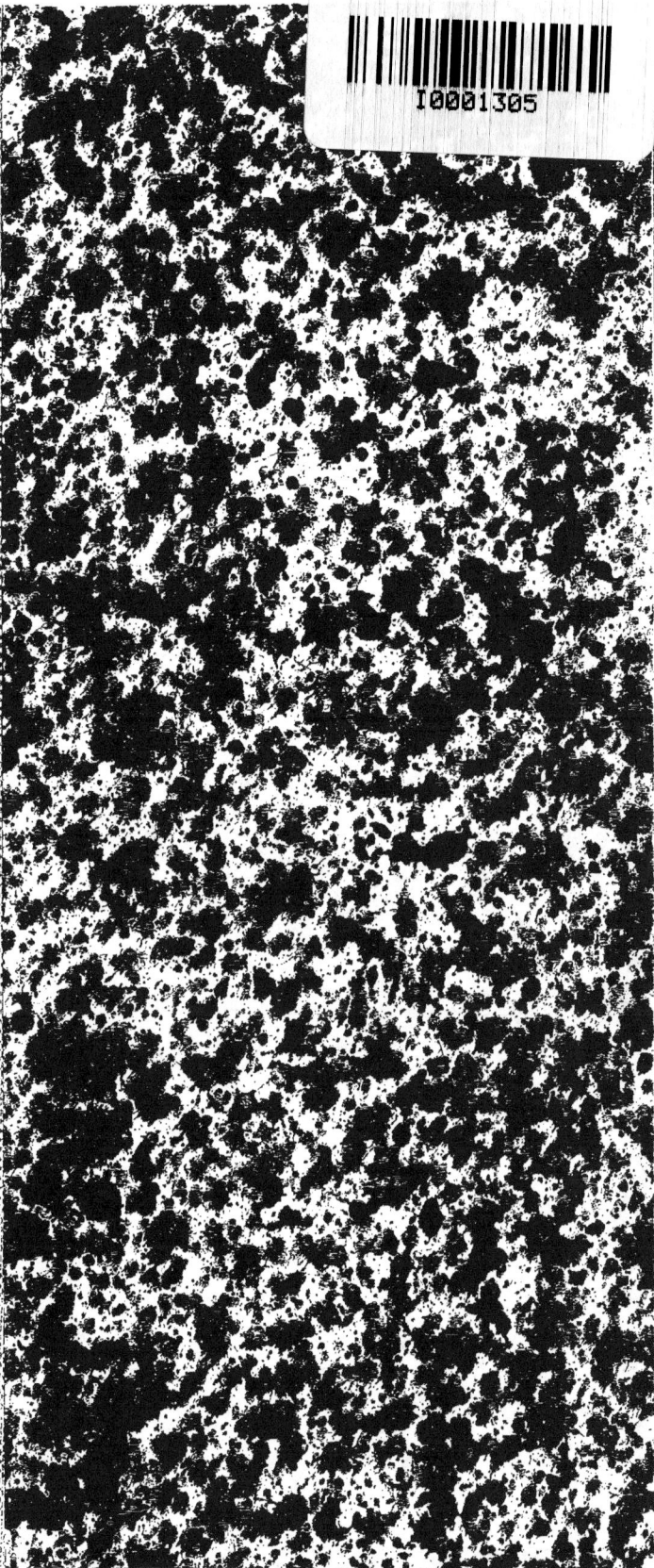

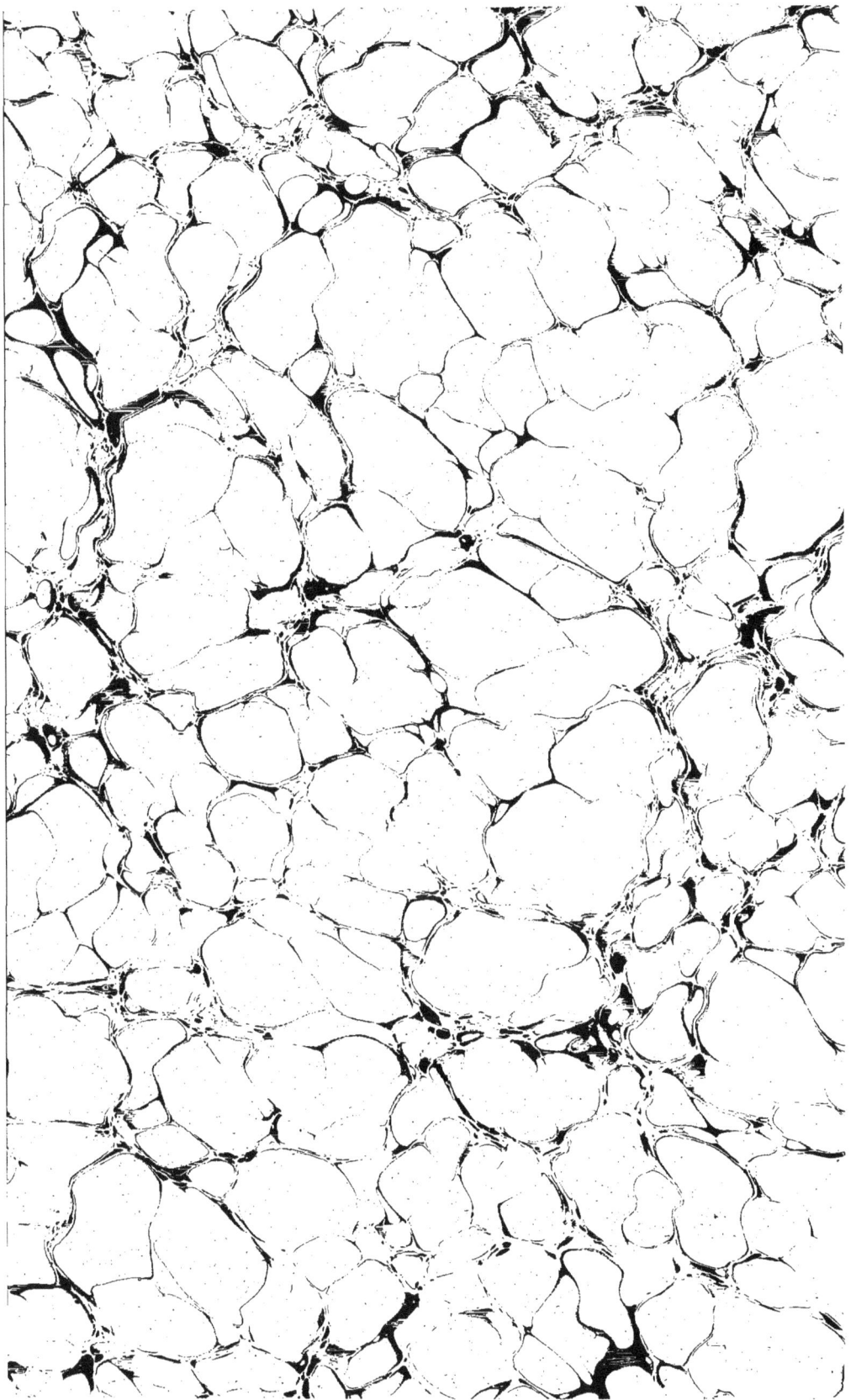

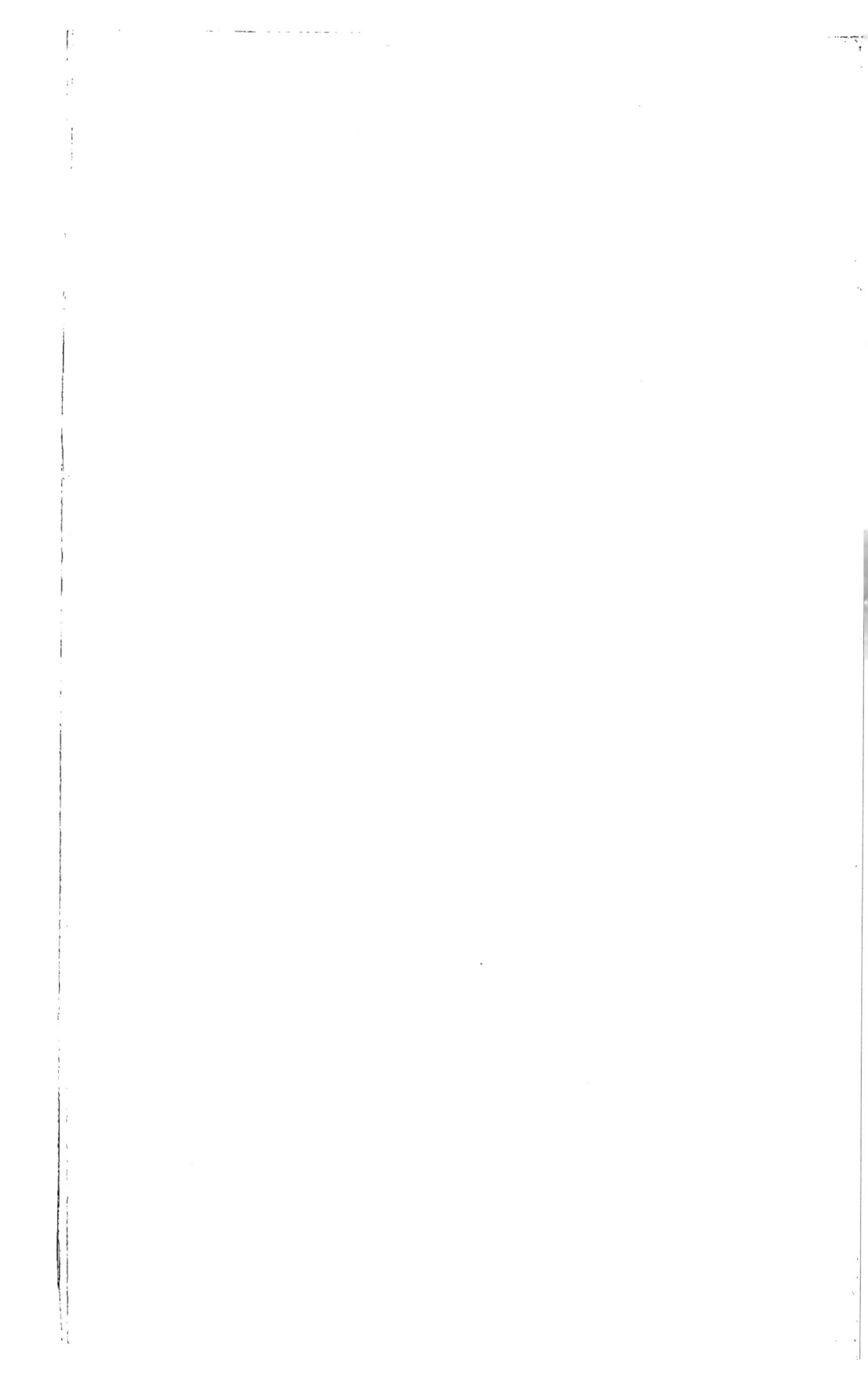

AU BORD D'UNE MARE

2º SÉRIE IN-4º.

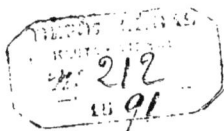

Les Palmipèdes. (P. 22.)

LA SCIENCE POPULAIRE

AU BORD

D'UNE MARE

ENTRETIENS SUR L'HISTOIRE NATURELLE

PAR

A. DUBOIS

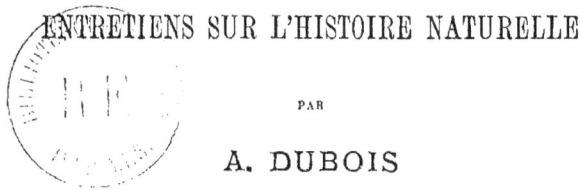

On se repose d'un travail amer, l'analyse
des passions humaines, par un travail
plus attrayant, l'observation des instincts
de l'a imal.

(CHAMPFLEURY. — *Les Oiseaux
chanteurs.* — PRÉFACE.)

LIMOGES

EUGÈNE ARDANT ET Cie,

ÉDITEURS.

C.

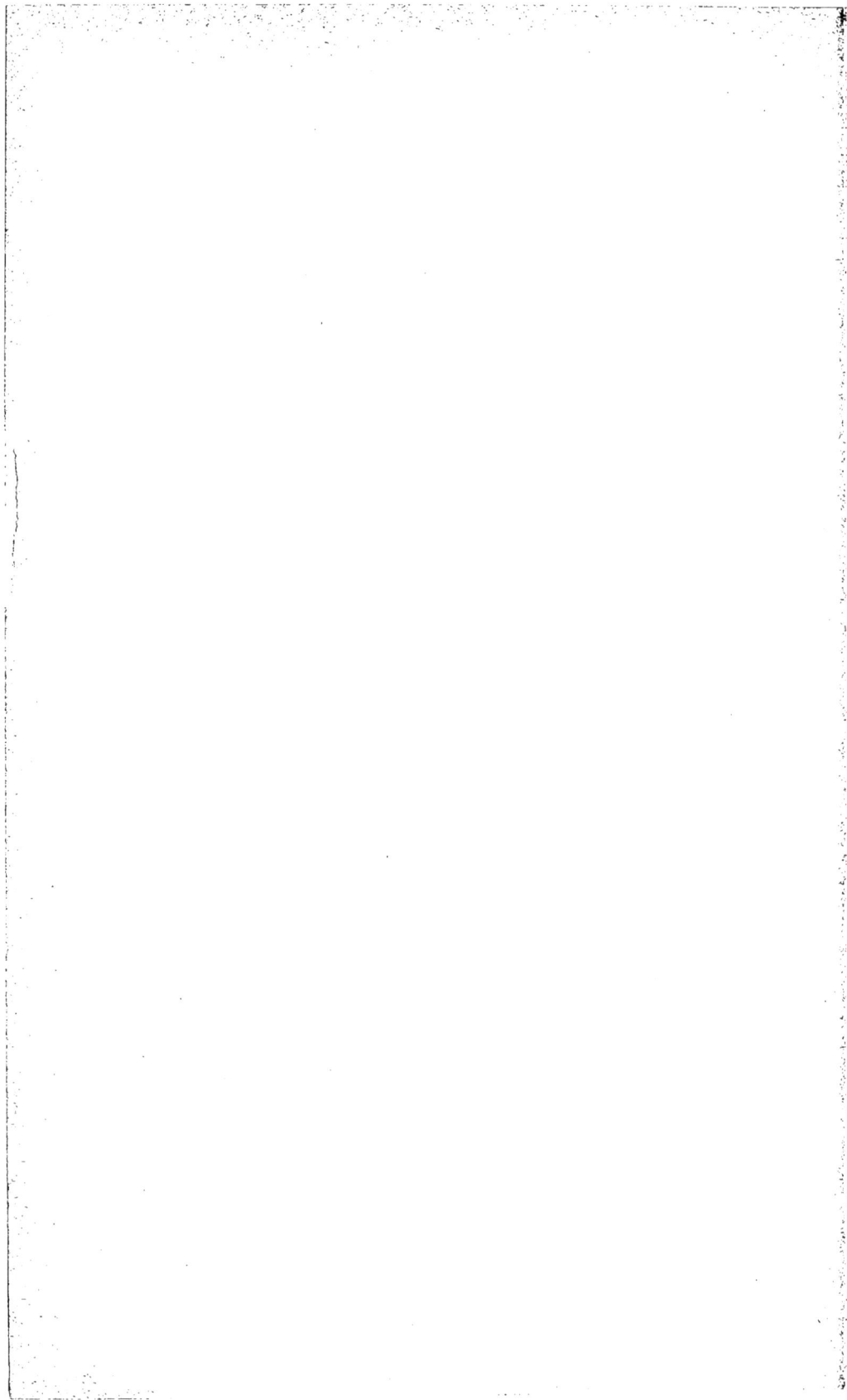

AU BORD D'UNE MARE

PREMIÈRE PARTIE

LES ANIMAUX QUI FRÉQUENTENT LA MARE

I

INTRODUCTION

Souvenirs rétrospectifs. — Le plateau de Maupertuis. — La vallée du Miosson. —
Le naturaliste et ses neveux. — La Fosse-Noire.

Le Miosson, affluent du Clain, est un charmant petit ruisseau
qui a creusé un joli vallon, étroit et encaissé, au milieu du
plateau où le roi Jean fut battu par le prince Noir, le lundi,
19 septembre 1356.

On ne peut, sans émotion, parcourir ce terrain mouvementé
où se déroulèrent, dix ans après Crécy, les péripéties du grand
drame qui eut pour épilogue la captivité du roi de France.

En évoquant les souvenirs du passé, on croit voir surgir
de chaque buisson, de chaque haie, de chaque broussaille, ces
terribles fantassins anglais qui égorgèrent, sans merci, tous
ces chevaliers revêtus d'armures de fer, conduits par Jean de
Clermont, le rival de Jean Chaudos.

On croit entendre le cliquetis des lances et des épées, le grincement des chariots et des harnais de guerre, le hennissement des grands destriers de combat, le bruit confus de la bataille.

Le roi Jean est là, debout sur un monceau de cadavre; son bras est armé d'une lourde hache : blessé deux fois au visage, il présente son front sanglant à l'ennemi. A ses côtés se tient son jeune fils, un enfant, blessé lui-même, qui crie à chaque nouvel assaut : « Père, gardez-vous à droite; père, gardez-vous à gauche! »

Le bruit de la lutte s'éteint peu à peu : Charny, étendu aux pieds du roi, serre dans ses bras, roidis par la mort, l'oriflamme de saint Denis qu'il n'a pas abandonnée !

Jean, tête nue, brandissant sa hache des deux mains, défend sa patrie, son fils, la bannière de France, et immole quiconque ose l'approcher.

Tout est fini!... Et l'on cherche dans la plaine, là-bas, bien loin, à l'horizon, le fils du roi d'Angleterre, ce terrible prince de Galles, traînant à la suite de son armée victorieuse « deux fois plus de captifs qu'il n'avait de soldats. »

Mais toutes ces scènes d'un autre âge ne tardent pas à s'évanouir, et l'on n'a plus autour de soi qu'un paysage tranquille, des peupliers et des aulnes festonnés de houblons, enguirlandés de viornes et de convolvulus.

On n'entend d'autres bruits que le chant de quelques oiseaux, ou le murmure imperceptible du Miosson, dont les sécheresses de l'été interrompent en maints endroits le cours sinueux.

De temps en temps, du côté de Saint-Benoît, le sifflet aigu d'une locomotive, vous rappellerait, si vous étiez tenté de l'oublier, que cinq siècles se sont écoulés depuis la sanglante défaite de Maupertuis!

De distance en distance le vallon s'est élargi. Des mares, que le ruisselet n'alimente plus, se sont creusées et restent séparées les unes des autres jusqu'à ce que de nouvelles pluies aient permis au Miosson de reprendre son cours.

C'est au bord de l'une de ces mares, protégée par un fouillis inextricable d'eupatoires, de ronces, de mauves, d'armoise, de menthe et de roseaux, qu'un vieux naturaliste aimait à s'asseoir; c'est là, qu'entouré de ses nièces et de ses neveux, qui composaient toute sa famille, il faisait, sans préparation, des leçons qui n'en avaient que plus de charme, et qu'il cherchait à initier ses jeunes auditeurs à une science qui avait fait la passion de toute sa vie.

On s'installait sur l'herbe, on se rangeait en cercle autour du vieillard, et le hasard seul fournissait le sujet de l'entretien.

La mare, assez profonde et bien ombragée par des frênes et des saules, devait à la teinte sombre de ses eaux le nom de Fosse-Noire.

Tous les animaux du village voisin venaient s'y désaltérer, et le vieux savant n'était jamais pris au dépourvu pour la leçon de la journée.

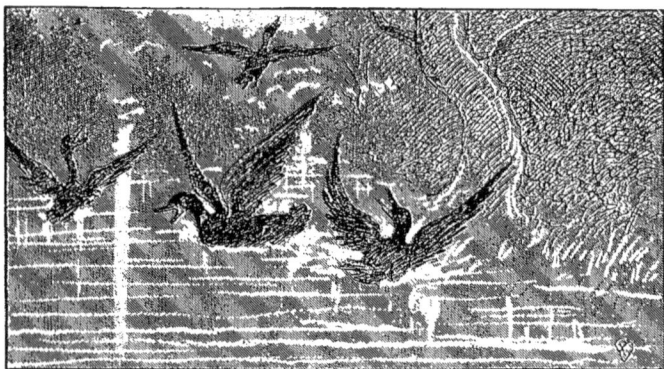

II

C'était un jeudi du mois de juin : La famille du naturaliste était réunie, au grand complet, au bord de la Fosse-Noire.

L'atmosphère était imprégnée des senteurs pénétrantes de la menthe aquatique, des chèvre-feuilles, et des violettes dont on devinait la présence sous le gazon.

Une bande de canards s'ébattaient joyeusement sur la mare, et remplissaient l'air du bruit assourdissant de leurs cans-cans.

Deux oies nageaient gravement à l'une des extrémités de la pièce d'eau, et semblaient s'éloigner à dessein de leurs bruyants voisins.

— Vous voyez, mes enfants, dit le vieillard, des échantillons intéressants de nos oiseaux de basse-cour, dont l'histoire présente des particularités fort curieuses.

« L'homme, dit Buffon, a fait une double conquête lorsqu'il s'est assujetti des animaux, habitants à la fois des airs et de l'eau. Libres sur ces deux vastes éléments, également prompts à prendre les routes de l'atmosphère, à sillonner celles de la mer, ou à plonger sous les flots, les oiseaux d'eau semblaient devoir lui échapper à jamais, ne pouvant contracter de société ni d'habitudes avec nous, rester enfin éternellement éloignés de nos habitations et même du séjour de la terre. »

Le canard sauvage est la souche de nos canards domestiques : Réduit en domesticité à l'époque la plus reculée, il occupe aujourd'hui une grande place dans nos basses-cours. Ses œufs fournissent un aliment sain et agréable; sa chair est estimée. Ses pâtés de foie gras sont fortement appréciés des gourmets. Ses plumes moins légères que celles de l'oie, sont cependant l'objet d'un grand commerce; on recherche son duvet qui est souvent substitué à l'édredon.

L'élevage du canard est facile et avantageux : Tous les aliments lui conviennent, et il n'exige presque ni soins, ni surveillance. Il se nourrit de plantes aquatiques, de vers, d'insectes qu'il recueille partout; il aime à se vautrer aux bords des étangs et des marais.

Son ancien nom français était *ane*, de *anas*, d'où l'on a fait plus tard *cane* et *canard*.

Son cri ordinaire exprime assez bien can-cane, d'où quelques vieux auteurs ont prétendu qu'il en avait été formé le nom du canard.

« Le mot canard, dit un naturaliste, est synonyme de tromperie, de fausses nouvelles, de choses impossibles. Les différents sens qu'on attache à ce mot s'appuient-ils sur les mœurs de cet oiseau? — Je pense qu'on peut trouver quelque analogie entre les habitudes du canard et le dicton populaire. »

« Lorsque les rigueurs de l'hiver amènent dans nos contrées des troupes innombrables de canards, qui viennent s'abattre sur les cours d'eau et dans les vastes marais, des chasseurs se réfugient dans les huttes formées par les branches repliées de jeunes arbres ou d'osiers, ou dans des cabanes recouvertes de feuillages et placées sur de légers bateaux. Là, les chasseurs

passent les jours et les nuits à attendre les canards sauvages;
mais pour attirer ceux-ci à portée de fusil de leurs huttes, ils
dressent des canards domestiques à servir d'*appeaux.*

» Ces derniers poussent des cris de rappel, quand ils aperçoivent leurs congénères, puis s'envolent pour aller au devant
et les engager à s'abattre près de la hutte d'où doit partir le
plomb meurtrier.

» La conduite du canard domestique peut donc être regardée
comme un symbole personnifiant le mensonge, la perfidie,
puisque ce palmipède vole au devant de ses semblables, paraissant leur offrir un lieu de repos et d'hospitalité, tandis qu'il les
conduit à la mort. Le sens attaché vulgairement au mot *canard*
peut donc ici s'appuyer sur les mœurs de ce palmipède. De plus
cet oiseau trompe souvent les chasseurs par sa stratégie. Lorsque les bandes de canards s'envolent, à l'approche du danger,
ou lors même qu'elle se préparent à s'abattre, elles s'élèvent
vert'calement, poussent de grands cris, tourbillonnent plusieurs
fois, puis rasent la surface de l'eau assez longtemps avant de
nager. De sorte que le chasseur est presque toujours trompé
dans son attente, car le gibier qu'il poursuivait est bien loin de
l'endroit où il avait cru le voir se reposer. Il en est de même de
la femelle; lorsqu'elle couve, elle ne revient jamais directement
sur son nid, mais elle suit une série de lignes brisées. Dans ces
différentes circonstances, le canard est donc un trompeur, et,
dès lors, son nom peut rappeler le mensonge et ce qui est
faux.

» Enfin, le canard est omnivore, et son appétit est insatiable;
il mange de tout et en une telle quantité que souvent la réalité,
dans cette conjecture, n'a pas même le cachet de la vra'sem-
blance.

» Sous ce rapport encore le mot canard se lie à l'idée de
choses impossibles ou du moins bien extraordinaires. Ces
choses deviennent encore beaucoup moins croyables quand il

s'agit de canards américains. — On connait la légende d'après laquelle un habitant du Nouveau-Monde, voulant introduire en Europe une espèce de canard originaire de son pays, apporta sur le navire une douzaine de ces palmipèdes qu'il entourait de soins vigilants. Hélas! quel ne fut pas son étonnement lorsque ayant négligé, par suite d'une indisposition de quelques jours, de visiter la cabine dans laquelle étaient renfermés les douze canards, il n'en trouva plus qu'un seul qui avait dévoré ses onze congénères! Quel estomac! Quel canard! »

Un joyeux éclat de rire répondit à la boutade du vieux savant et à son explication si pittoresque du mot canard.

Il ne se laissa pas déconcerter par cette interruption bruyante de son auditoire, et il continua gravement la monographie de l'intéressant palmipède.

Les Chinois sont passés maîtres dans l'art d'élever les canards. Ils ont recours à l'incubation artificielle, et un célèbre voyageur décrit ainsi un de leurs établissements :

« Une des notabilités de Chusan est un habitant fort âgé qui, chaque année, à l'époque du printemps, fait éclore des milliers d'œufs de canards par la chaleur artificielle. Son établissement est situé dans une vallée au nord de Tingaha, et attire constamment un grand nombre de visiteurs.

» Le bâtiment d'éclosion attenant à la maison, n'est, à proprement parler, qu'une espèce de hangar couvert de chaume, avec des murs de terre. A l'une des extrémités, et par terre, le long d'un des murs, sont rangés en assez grand nombre des paniers de paille enduits, extérieurement, d'une forte couche de terre, pour les garantir de l'action du feu, et ayant un couvercle mobile de la même matière. Au fond de chaque panier est placée une forte tuile, ou, pour mieux dire, c'est la tuile elle-même qui forme le fond. C'est sur elle que le feu agit, chaque panier étant placé sur un petit fourneau. Le couvercle, qui ferme hermétiquement, est maintenu sur le panier pendant tout le temps que dure l'opération. »

Les œufs apportés à l'établissement sont placés dans les paniers et l'on allume les fourneaux dont la température est maintenue, autant que possible, toujours au même degré.

« Lorsque, continue le voyageur, les œufs ont été soumis pendant quatre ou cinq jours à cette température, on les retire pour les vérifier. Cette vérification se fait d'une manière assez singulière. Une des portes de l'établissement est percée de quelques trous de la dimension d'un œuf de canard. Les ouvriers présentent les œufs un à un à ces ouvertures, et, les considérant à travers le jour, ils jugent s'ils sont bons ou non.

» Ceux qui sont clairs sont mis de côté. Les autres sont replacés dans les paniers et soumis de nouveau à l'action du feu. Au bout de neuf à dix jours, soit conséquemment, quatorze ou quinze jours, à partir du commencement de l'opération, on les retire et on les place sur les tablettes. Là, ils sont seulement recouverts d'une pièce d'étoffe de coton, sous laquelle ils restent encore quinze jours, au bout duquel temps les jeunes canards crèvent leurs coquilles. Ces tablettes sont fort larges ; elles peuvent recevoir plusieurs milliers d'œufs, et l'on juge que, lorsque l'éclosion a lieu, ce doit être une chose assez curieuse à voir. »

L'aînée des nièces ne put s'empêcher d'observer que la couveuse artificielle, employée à la ferme de son père, était d'un usage bien plus commode que le procédé chinois.

— C'est vrai, reprit l'oncle, mais les Chinois ont le mérite d'avoir fait éclore artificiellement des canards, bien longtemps avant l'invention de nos couveuses.

Un autre voyageur, M. de la Gironnière, signale dans les Annales de l'Agriculture des régions tropicales, un procédé d'éclosion bien plus curieux.

Ce sont des Indiens qui, aux Philippines, ont pour unique

profession de faire éclore des œufs, et ils apprennent ce métier, comme ils apprendraient celui de menuisier ou de charpentier.

Ces Indiens couveurs construisent de petites cabanes de paille, ayant la forme de ruches, auxquelles ils ne laissent qu'une petite ouverture qui puisse leur permettre de s'y introduire.

Ils enveloppent leurs œufs dix par dix dans des chiffons et des balles de riz, les placent dans une caisse sur laquelle ils mettent une épaisse couche de balles et de couvertures. Puis ils s'étendent sur ce nid bizarre jusqu'à ce que l'incubation soit terminée !

L'incrédulité de l'auditoire était si visible que l'oncle crut devoir ajouter quelques explications de nature à le convaincre.

Le fait signalé par M. de la Gironnière, tout surprenant qu'il paraisse, n'a pourtant rien d'extraordinaire.

On comprend facilement que sous un climat brûlant, comme celui des Philippines, il se produise et se conserve, dans une cabane soigneusement fermée et exposée à un soleil ardent, une chaleur tout à fait convenable pour l'incubation des œufs.

Aussi, le plus curieux dans cette méthode n'est pas le résultat de l'incubation, mais bien plutôt que les Indiens aient su apprécier le moyen que la nature mettait à leur portée.

Les canards sauvages, se réunissent en grandes troupes vers les mois d'octobre et de novembre, et partent de concert, se dirigeant vers le sud.

Rien n'est curieux comme les bandes triangulaires qu'ils forment, et que vous avez souvent remarquées.

A cette époque on les voit par centaines de milliers, réunis sur les lacs de la Grèce, de l'Italie et de l'Espagne, couvrant la surface de l'eau sur d'immenses étendues et produisant, au moment où ils s'envolent « un bruit sourd fort analogue au bruissement de la flamme d'un incendie. »

Ils ne s'établissent jamais longtemps sur les eaux salées ; ils préfèrent les lacs, les étangs, les marais riches en joncs et en roseaux; ils gagnent toujours au plus vite les fourrés les plus épais; et là, nageant, marchant, barbotant, ils fouillent la vase et ramènent tout ce qu'ils y trouvent de comestible.

Ils semblent toujours en proie à une faim insatiable. Le temps qu'ils ne consacrent pas au repos, ils l'emploient à manger et ils mangent tant qu'ils trouvent quelque chose.

Ils marchent, ils nagent, ils plongent, ils volent comme les canards domestiques, mais en exécutant tous ces mouvements avec plus de force et de vigueur; ils ont la même voix et font entendre les mêmes sons.

Le canard n'évite pas toujours le voisinage de l'homme; il s'établit même quelquefois sur les pièces d'eau des places publiques et des promenades, et s'y montre très confiant, surtout si les personnes qui l'approchent ont l'habitude de lui jeter de quoi satisfaire sa voracité.

La cane sauvage recherche, pour y déposer son nid, un endroit tranquille, sec, sous un buisson, sous une touffe de plantes, et le plus près possible de l'eau. Assez souvent elle niche sur les arbres et prend possession d'un nid abandonné de rapace ou de corneille.

Le nid est formé de branches mortes, de feuilles sèches entrelacées; l'extérieur en est tapissé de duvet; les œufs, au nombre de douze à quinze, ressemblent à ceux du canard domestique. La durée de l'incubation est de vingt-quatre à vingt-huit jours.

La cane sauvage couve avec le plus grand dévouement. Avant de quitter ses œufs, elle les recouvre de duvet qu'elle s'arrache; elle s'éloigne en rampant dans l'herbe, et ne revient au nid que lorsqu'elle s'est assurée qu'aucun danger ne le menace.

Après leur naissance, les canetons restent au nid encore un jour, puis ils vont à l'eau.

Si le nid est élevé au-dessus du sol, ils sautent en bas sans souffrir de leur chute : Alors la mère commence leur éducation.

« J'observais, dit Michelet, sur un étang de Normandie, une cane, suivie de sa couvée, qui donnait sa première leçon. Les nourrissons, attroupés, avides, ne demandaient qu'à vivre. La mère, docile à leurs cris, plongeait au fond de l'eau, rapportant quelques vermisseaux ou un petit poisson qu'elle distribuait avec impartialité, ne donnant jamais deux fois de suite au même caneton.

» Le plus touchant dans ce tableau, c'est que la mère, dont sans doute l'estomac réclamait aussi, ne gardait rien pour elle, et semblait heureuse du sacrifice. Sa préoccupation visible était d'amener sa famille à faire comme elle, à disparaître intrépidement sous l'eau pour saisir la proie. D'une voix presque douce, elle sollicitait cet acte de courage et de confiance. J'eus le bonheur de voir l'un après l'autre, chacun des petits plonger, peut-être en frémissant, au fond du noir abîme. L'éducation venait d'être achevée. »

La croissance des jeunes canards est très rapide, et à six semaines, ils sont en état de voler.

Plus d'un jeune canard devient la proie du putois ou de la belette ; plus d'un canard adulte est dévoré par le renard ou par la loutre. Les rats d'eau et les milans détruisent les œufs ; mais les pires ennemis de ces oiseaux, ce sont les faucons qui, pendant certaines périodes ne vivent, pour ainsi dire, que de canards.

Un naturaliste eut occasion d'observer en quelques heures les diverses manœuvres qu'employa une bande de canards pour échapper à ses ennemis : « Ces canards, à la vue d'un aigle qui s'avançait lentement vers eux, s'élevèrent aussitôt dans l'air et se mirent à voler de côté et d'autre, sachant bien que l'aigle n'était pas capable de les attraper au vol. Celui-ci, en effet, abandonna sa chasse. Alors ils se rabattirent sur l'eau et se

remirent à chercher leur nourriture. Un faucon apparut; ils ne
s'envolèrent plus, mais ils plongèrent continuellement jusqu'à
ce que l'oiseau de proie dont toutes les tentatives avaient été
vaines, eût disparu. Plus tard arriva un milan; les canards se
groupèrent aussitôt, se serrant les uns contre les autres, battant
des ailes, de façon à lancer continuellement de l'eau dans l'air;
ils se trouvaient entourés d'un nuage de pluie; le milan voulut
le percer, mais il en fut tellement étourdi qu'il dut aussi abandonner ses poursuites. »

Tout cela n'indique-t-il pas plus d'intelligence que vous n'en
aviez sans doute supposé chez les canards.

Ces utiles palmipèdes ont donné lieu à des fables singulières :
Il existe encore aujourd'hui, chez les habitants du Nord, un
préjugé vulgaire, qui leur fait croire que les canards sauvages
naissent d'un animal appelé *anatife*, mot qui signifie : *je porte*
un *canard*.

L'anatife appartient à une famille d'êtres que l'on classe aujourd'hui entre les crustacés et les annélides.

La ressemblance éloignée qu'offre la coquille de l'anatife avec
un oiseau, a sans doute produit cette grossière erreur.

« Quelque absurde que soit cette idée, est-il dit dans le
dictionnaire de Valmont-Bomare, voici ce qui pourrait y avoir
donné lieu : Les oiseaux de la mer font leur nid dans les plaines
marines et parmi les amas de différentes coquilles; prêts à
pondre, ils becquettent l'animal renfermé dans ces coquilles; ils
l'obligent à sortir et mettent leurs œufs à sa place. Quand les
petits sont assez forts, ils rompent leur prison pour prendre leur
essor. On peut donc croire que c'est ce qui a donné lieu à la
fable de l'oiseau produit par cette coquille. »

Le jeune auditoire ne put encore une fois réprimer un mouvement d'incrédulité, et tous les neveux furent d'avis que la
première assertion était encore la plus acceptable.

Anderson raconte que non-seulement ces oiseaux sont très

féconds, mais qu'il est encore possible d'augmenter leur fécondité, en plantant dans leur nid un bâton d'environ un pied de
haut. Par ce moyen, dit-il, l'oiseau ne cesse de pondre jusqu'à
ce que ses œufs aient couvert la pointe du bâton, et qu'il puisse
se coucher dessus pour les couver. Il ajoute que les habitants de
l'Islande ont longtemps pratiqué cette manœuvre.

— L'une des nièces que l'autorité d'Anderson paraissait avoir
peu convaincue, promit cependant de faire connaître à la meu-
nière, ce moyen si facile d'augmenter son revenu en faisant
pondre à ses canes d'énormes monceaux d'œufs.

— Malgré l'épithète de sauvage par laquelle on désigne les
canards non domestiques, ces oiseaux sont susceptibles de
reconnaissance.

« J'en ai vu, dit M. de Cherville, qui témoignaient d'un
attachement dont peu de leurs frères civilisés eussent été susceptibles; faisons les honneurs de cette supériorité à la noble
indépendance de leur origine. C'était en 1847, au château
d'Aunay, en Normandie. Il y avait là, à cette époque, une
ravissante jeune fille, un de ces êtres angéliques que le ciel ne
se décide jamais à tenir longtemps en exil. Elle avait élevé une
bande de canards sauvages que le garde de son père lui avait
apportés, et elle les aimait, comme on aime lorsque la voix qui
est en nous, nous a dit qu'on n'avait pas longtemps à aimer.
Chaque matin, lorsque la fille de basse-cour avait ouvert le pou-
lailler, la bande des jeunes canards, dédaigneuse des eaux de
fumier, prenait son vol; elle commençait par faire, à plusieurs
reprises, le tour du château; puis, agrandissant son essor, elle
se plaçait au-dessus de la vallée, la sillonnait dans tous les sens
de ses capricieuses spirales, tantôt rasant les cimes des futaies
séculaires, tantôt s'éloignant à perte de vue, tantôt encore dis-
paraissant dans les nuages, toujours insatiable de libre espace.
De sa chambre, où la retenait déjà le mal cruel qui devait l'enlever, la jeune fille ne tardait jamais à s'apercevoir de l'équipée

des incorrigibles vagabonds. Elle descendait en toute hâte, elle courait au jardin, ses beaux cheveux blonds flottant au vent, son blanc visage empourpré par l'émotion, elle s'arrêtait sur la pelouse et jetait son cri d'appel. A cette voix aimée, si loin que se trouvât la bande indisciplinée, elle entamait une courbe qui la rapprochait du château; on voyait les fuyards ralentir les mouvements de leurs ailes, s'abaisser progressivement, enfin, glissant diagonalement dans les airs, venir tomber aux pieds de leur jeune maîtresse en la saluant de leurs cris joyeux. J'ai assisté depuis lors à des scènes de toute espèce; il n'en est pas qui m'aient plus doucement remué que celle-là! »

Audubon, le grand naturaliste, « cet infatigable pèlerin de la nature » qui a tant vu et tant observé, raconte le trait suivant : « Une fois, dit-il, je trouvai dans les bois une cane à la tête de sa jeune couvée, que, sans doute, elle acheminait vers l'Ohio; mais elle m'avait aperçu la première et s'était cachée parmi les herbes, ayant autour d'elle toute sa famille. Quand je voulus approcher, ses plumes se hérissèrent, et elle se mit à siffler, en me menaçant, comme aurait pu faire une oie; pendant ce temps, les petits décampaient dans toutes les directions. J'avais un chien de première qualité et parfaitement dressé à prendre les jeunes oiseaux sans leur faire aucun mal. Je le lançai sur leurs traces; aussitôt la mère s'envola, mais en affectant de se soutenir à peine, et semblant prête à tomber à chaque instant. Elle passait et repassait devant le chien, comme pour le troubler dans ses recherches et en épier le résultat; et quand les canetons, l'un après l'autre, m'eurent été rapportés et que je les eus mis dans ma gibecière, où ils criaient et se débattaient, elle vint d'un air si malheureux se poser tout près de moi, par terre, roulant et culbutant presque sous mes pieds, que je ne pus résister à son désespoir. Je fis coucher mon chien, et avec une satisfaction que comprendront ceux-là seulement qui sont pères, je lui rendis son innocente famille et m'éloignai. En me retournant pour l'observer, je crus réellement apercevoir dans ses yeux une expression de gratitude; et cet instant me procura l'une des plus vives jouissances que j'aie de ma vie éprouvée, en cherchant à surprendre les secrets de la nature au milieu des bois. »

Neveux et nièces étaient émus, et, dans ce moment même, ils avaient sous les yeux un spectacle bien capable de leur faire comprendre combien l'amour maternel est développé chez les animaux.

Plus d'une fois, pendant le récit de l'oncle, leur attention avait été détournée par les cris de jeunes oiseaux, à demi cachés sous la feuillée, de l'autre côté de la mare, et à qui leurs parents apportaient la becquée avec une touchante sollicitude.

Le vieillard contempla quelques instants cette scène gracieuse, mais, il lui restait à parler à ses élèves des deux graves personnages qui lissaient leurs plumes et faisaient leur toilette avec une satisfaction visible, depuis que la gent tapageuse des canards avait clopin-clopant regagné la basse-cour.

Après avoir méthodiquement essuyé ses lunettes, il les replaça lentement sur son nez et continua sa leçon un instant interrompue.

III

Tous les oiseaux groupés sous le nom de palmipèdes diffèrent
souvent entre eux par la taille et par les habitudes. Le caractère qui les unit est la forme de leurs pieds. Le mot *palme* se dit
des doigts des animaux, lorsque ces doigts sont réunis par une
membrane, tout en restant distincts : Les cygnes, les oies, les
canards sont des palmipèdes.

« Destinés à passer leur vie sur l'eau ou près de l'eau, à
plonger dans ses profondeurs ou à voler à sa surface, les
palmipèdes, dit un naturaliste, ont reçu tous les dons nécessaires à l'accomplissement de la mission qui leur était confiée.
— Le plumage de tous les oiseaux de cet ordre est composé de
plumes vernissées ou enduites d'une huile secrétée par les
glandes folliculaires de la peau. Leurs plumes très serrées constituent un tout imperméable au moyen d'un suc huileux que
ses oiseaux font, à leur gré, sortir de deux glandes coccygien-
nes, en les pressant avec leur bec, pour enduire ensuite de ce

suc chaque plume séparément. — Cet enduit, ce vernis permet à l'eau de glisser sans effort sur le plumage des palmipèdes, sans y pénétrer, et dès lors sans arrêter ces oiseaux dans leur natation. Enfin, leur peau est très épaisse, et son tissu cellulaire est garni d'une graisse abondante qui empêche encore l'action de l'eau sur le plumage recouvrant un duvet épais et serré, destiné à préserver les palmipèdes de froids rigoureux. »

Parlons maintenant des oies, dont nous avons sous les yeux un échantillon. — Les deux oies étaient toujours là, en effet, au bord de la mare, fauchant l'herbe qui se trouvait à leur portée et semblant attendre qu'on voulût bien s'occuper d'elles.

L'oie commune (*anser vulgaris*) est une des plus belles conquêtes que l'homme ait faites sur les espèces sauvages. Cet oiseau, qui était autrefois désigné sous le nom d'*oue*, vit sur la terre et sur l'eau. Il mange particulièrement des herbes et des grains. Les oies s'élèvent à peu près partout, mais on en tire meilleur parti dans le voisinage d'une rivière, d'un ruisseau, d'un étang ou d'une mare.

La ponte des oies commence en mars et finit en juin. Un vieil auteur, Jean Liébault, nous apprend, dans sa maison rustique, que si l'on ne retire pas les œufs des oies à mesure qu'elles pondent, elles les couvent dès que leur ponte est complète; mais, si on a soin de les leur enlever, elle font une seconde et même une troisième ponte; en un mot, elles ne cessent point de donner des œufs et continueraient ainsi jusqu'à en mourir.

Dans certaines de nos provinces, on tire un grand profit de l'oie. Aussi en voit-on, après la moisson, de nombreux troupeaux pâturer dans les champs.

En automne on les engraisse dans l'espace de quelques semaines : Pendant tout ce temps, on les tient enfermées.

Parfois même les éleveurs se livrent à des actes de cruauté que l'humanité réprouve; ils oublient que tout ce qui souffre a droit à notre pitié. — Ils crèvent les yeux des pauvres oiseaux ou ils leur cousent les paupières; ils les forcent à avaler des boulettes très nourrissantes et les privent d'eau.

C'est vers l'époque de la Saint-Martin qu'on en fait une consommation considérable.

Dans le Poitou on se réunit encore aujourd'hui pour manger l'oie de la Saint-Martin, malgré la tendance qui consiste à bannir toutes ces vieilles coutumes qui avaient pour résultat de rapprocher les hommes et de leur enseigner la vraie fraternité.

Personne n'ignore combien ces oiseaux entrent dans nos usages domestiques : Vous connaissez la mollesse des lits de plumes, des coussins, des oreillers, des édredons qui nous préservent du froid pendant l'hiver; et l'élégance des magnifiques fourrures, d'une blancheur éblouissante dont on garnit des vêtements aussi chauds qu'ils sont légers.

Il ne paraît pas que les anciens eussent coutume de se coucher sur la plume d'oie. Belon, dit qu'ils ne connaissaient pas les lits de plumes.

Le duvet de l'oie est un objet très recherché et très précieux : Aussitôt que les oisons sont assez forts, c'est-à-dire dès que les pennes des ailes commencent à se croiser sur la queue, ce qui arrive environ deux mois après leur naissance, on les plume sous le ventre, sous les ailes et au cou; six semaines après, on réitère la même opération, et on la recommence dans la première quinzaine du mois de septembre pour la troisième et dernière fois. On ne plume les mères qu'une fois par an, environ cinq à six semaines après qu'elles ont couvé; on peut, sans inconvénient, dépouiller les mâles et les femelles qui ne couvent pas trois fois pendant l'été.

Cette opération les rend fort maigres; mais ils ne tardent pas à reprendre de la chair et s'engraissent promptement en automne.

Le duvet des oies qui vivent dans les pays froids est le plus estimé. La chair de l'oie grasse est un assez bon manger; elle est de difficile digestion et ne convient guère qu'aux estomacs robustes. On a, je vous le disais tout à l'heure, imaginé des moyens barbares pour porter à l'excès la graisse dont les oies peuvent se charger, et pour faire naître une maladie dans laquelle leur substance se fond presque entièrement en une masse graisseuse qui s'amasse particulièrement dans le foie. Cet organe devient alors d'un volume énorme et s'augmente à mesure que le reste du corps de la malheureuse bête s'atrophie.

Ce procédé cruel consiste, dit Mauduyt, à lier l'oie dans un appartement très chaud, à ne point lui donner d'eau pour éteindre la soif qui la dévore, et à ne laisser à sa portée qu'une pâtée humide dont elle ne cesse d'avaler dans l'espoir de tempérer l'ardeur qui la brûle.

C'est ainsi, c'est au prix de toutes ces souffrances, qu'on se procure les pâtés de foie gras; c'est ainsi que la sensualité de nos sybarites modernes ajoute à la destruction des animaux qu'elle sacrifie à ses goûts, l'inhumanité des tortures les plus raffinées.

Cependant, les gastronomes de notre temps n'ont pas le mérite d'avoir découvert la délicatesse du foie de l'oie : Les Romains appréciaient tout particulièrement la graisse et le foie de ce palmipède. Pline vante la qualité du foie : « Cette partie, dit-il, vient prodigieusement grosse dans les oies qu'on engraisse; on l'augmente encore en la faisant tremper dans du lait miellé. » — Il attribue au fils de l'orateur Messala la gloire d'avoir découvert le secret de rôtir les pattes d'oie et d'en composer un ragoût avec des crêtes de poulet.

« Les anciens, dit Belon, n'ont rien jugé de meilleur en l'oye que le foye et l'ont trouvé de bonne digestion. Onc ne sut que la gresse de l'oye n'ait eu louange de vertu pour médecine. Il appert en plusieurs passages des anciens qu'elle était en commun usage et délices des Romains. »

« C'est l'oie, dit Toussenel, qui remplaça jadis le paon et le

faisan, comme rôti d'honneur sur la table de nos pères ; elle a
dû céder à son tour cet emploi glorieux au dindon, précieux
cadeau du Nouveau-Monde, qui trouvera bientôt, je l'espère,
par un juste retour des choses d'ici-bas, des rivaux heureux. »

« Quoi qu'il en soit, dit M. Ch. Jobey, il existe un pays en
Europe qui a résisté aux modes culinaires et gastronomiques
plus ou moins bien justifiées : l'oie règne encore despotique-
ment dans la vieille Angleterre. Tout bon Anglais doit manger
une oie le jour de Noël, en mémoire de ce que la reine Elisabeth
en avait une sur sa table ce jour-là, au moment où elle reçut la
nouvelle de la destruction de la fameuse *Armada* de Philippe II,
roi d'Espagne, qui devait envahir l'Angleterre et détrôner cette
reine. »

Les jeunes oies sont sujettes à un grand nombre de maladie,
surtout pendant les mois de juin et de juillet, et il en périt quelquefois des quantités. La cause principale est certainement la
négligence avec laquelle on élève ces oiseaux. Pendant cette
période, il faudrait leur donner plus de soins : C'est le moment
où leurs ailes se garnissent, et où la croissance des grosses
plumes les affaiblit extrêmement.

La nourriture maigre et sèche qu'elles trouvent, à grand'-
peine, dans les prairies, pendant les grandes chaleurs, est loin
d'être suffisante. Il faudrait, en ce moment, leur donner de
bonnes pâtées, mélangées de laitues hachées et y ajouter quelques rations d'avoine écrasée. L'expérience a démontré le
succès de cette pratique pendant que les oisons prennent leurs
plumes.

Un autre fléau pour les oies, c'est la vermine qui s'introduit
dans leurs oreilles, dans leurs naseaux, qui les tourmente, les
fatigue, épuise leurs forces et les fait périr par l'excès de la
douleur.

Les oisons qui en sont attaqués marchent les ailes pendantes,

secouent tristement la tête, allongent le cou et refusent de
manger.

Pour faire déloger les hôtes importuns qui les incommodent,
on leur présente, au retour des champs, de l'orge au fond d'un
vase rempli d'une eau bien claire. Les oisons avides de l'orge
précipitent leur tête et leur cou dans l'eau. Les insectes se
noient, fuient ou se retirent au haut du cou ; les parties malades
se trouvent ainsi nettoyées et bientôt les oisons recouvrent la
santé.

Des observateurs superficiels ont taxé l'oie d'être stupide ; ils
ont fait de son nom le synonyme de la sottise. On dit « bête
comme une oie ! » mais ce dicton populaire est en contradiction
évidente avec les habitudes de cet oiseau. Les naturalistes qui
ont étudié de près les mœurs de l'oie sont d'un avis bien
différent.

L'oie est une garde, une sentinelle vigilante ; son sommeil est
si léger qu'elle se réveille au moindre bruit. Elle est aussi
propre que les chiens à garder pendant la nuit, une maison de
campagne. Dès qu'elle entend un bruit insolite, elle jette des
cris si aigus, si perçants qu'ils semblent être l'expression des
sensations qu'elle éprouve. On en cite, dans l'histoire romaine,
un exemple resté fameux : Les Gaulois ayant trompé la
vigilance des chiens préposés à la garde du Capitole, allaient
s'emparer de cette forteresse, lorsque des oies avertirent, par leurs
cris, les soldats de l'approche d'un danger. Les Gaulois furent
repoussés. Aussi les Romains placèrent-ils les oies au nombre
des oiseaux sacrés ; la première fonction des censeurs en prenant possession de leur charge était de passer le bail pour la
nourriture des oies élevées aux frais de l'Etat. Chaque année,
à l'anniversaire de ce grand événement, une somme était votée
pour l'entretien des oies sacrées, et le même jour, les chiens
étaient fouettés, d'une manière ignominieuse, sur la place publi-
que, en punition de leur coupable silence.

« C'est grâce à cet oiseau, dit Martial, que fut sauvé, sur le mont Tarpéïn, le temple du maître de la foudre. »

L'habitude que les oies ont de toujours jacasser, de crier à tout propos, leur avait fait comparer par les anciens les grands parleurs.

Leur coutume de donner l'alarme dès qu'elles aperçoivent quelque chose d'extraordinaire, les avait rendu l'emblême de la délation.

Les Egyptiens, ne considérant que les sentiments de vigilance paternelle qui animent les mâles et la longue soumission des petits à leurs parents, avaient représenté les oies comme le symbole du dévouement paternel et de la piété filiale.

On leur compare, aujourd'hui, à cause de leur démarche lourde, lente et en apparence gênée, les personnes chez lesquelles nous apercevons des défauts analogues.

Les oies passent pour être susceptibles d'attachement et de reconnaissance en échange des bons traitements qu'elles reçoivent.

Dans le Nord, les oies domestiques quittent souvent au printemps le domicile de leurs propriétaires, pour aller passer l'été et nicher dans de vastes marais parfois très éloignés. Néanmoins, elles reviennent en automne, amenant avec elles leurs petits dans les maisons qu'elles avaient quittées, qu'elles savent très bien reconnaître et où on les nourrit pendant l'hiver.

Un vieil auteur, *Lémery*, dit que cet oiseau est disciplinable : Il en a vu marcher dans un tourne-broche pour faire rôtir la viande.

Le spectacle ne devait-il pas être bien curieux, lorsque le rôti était une oie, peut-être la mère, la fille ou la sœur de celle qui marchait gravement, avec une importance comique, dans la roue de l'instrument culinaire.

. . . .

Depuis quelques instants les oies de la mare sonnaient le

clairon d'alarme; les petits oiseaux, que les neveux observaient, donnaient des signes non équivoques, d'une grande frayeur : Leurs cris redoublaient; ils agitaient vivement leurs ailes, et leurs parents, les plumes hérissées, se précipitaient bravement vers une touffe d'aulne où les yeux perçants des jeunes auditeurs ne tardèrent pas à apercevoir un reptile :

A sa robe cendrée tachée de noir le long des flancs, à ses écailles carénées, c'est-à-dire relevées d'une arête, aux trois taches blanches formant une espèce de collier sur la nuque, le vieux naturaliste reconnut la *couleuvre à collier* (*tropidonotus torquatus*) qui fréquente le voisinage des eaux douces et qui, très-bonne nageuse, vit dans les eaux elles-mêmes.

L'animal, enroulé autour d'une branche d'aulne, dressait perpendiculairement la moitié de son corps, dardait sa langue fourchue et ouvrait démesurément sa gueule dans laquelle un des jeunes oiseaux, fasciné par les yeux flamboyants du reptile, paralysé par la terreur, n'allait pas tarder à être englouti, malgré les efforts des parents pour attirer sur eux la colère du monstre.

Les neveux, pris de pitié, s'élançaient déjà pour dégager la pauvre victime, lorsqu'ils virent la couleuvre dérouler ses anneaux, et se préparer à la fuite : C'était le commencement du deuxième acte de ce drame dont les péripéties se passaient au bord d'une mare. Le reptile venait d'apercevoir un de ses plus terribles ennemis; il voulut gagner un trou profond creusé naturellement au pied de l'aulne, mais sa retraite ne fut pas assez prompte.

Un épervier qui, depuis un instant, planait au-dessus de la mare, s'abattit rapide comme une flèche, et reprit son vol en emportant dans ses serres la couleuvre à collier, dont tous les efforts pour se dégager n'aboutirent qu'à précipiter la mort. Le rapace s'appuya sur une branche de peuplier et se mit à dévorer sa victime pendant que les oisillons, redoutant le même sort, se blottissaient au plus épais de la feuillée.

Lorsque l'émotion fut passée, les enfants vinrent se grouper autour du vieillard, et ce fut un feu roulant de questions sur la couleuvre, les petits oiseaux et l'épervier. Bon gré malgré, le naturaliste se vit dans l'obligation de promettre aux jeunes curieux qu'il ne tarderait pas à les satisfaire. Mais il fallait attendre qu'on eût terminé l'histoire des intéressants palmipèdes qui se dirigeaient lentement du côté de la basse-cour de la ferme.

IV

L'oie sauvage. — Ses habitudes. — Ses mœurs. — Ses migrations. — Son vol. — Dégâts que commet cet oiseau. — L'oie cendrée. — La nonnette ou bernache. — Attachement de l'oie pour sa couvée. — Les ébats d'une famille d'oie. — Enigmes et contradictions.

La matinée était splendide. Les rayons du soleil tamisés par le feuillage des peupliers et des saules coloraient les abords de la Fosse-Noire des teintes les plus diverses. Grenouilles et tritons, larves de toutes espèces s'agitaient à l'envi, pendant que les petits oiseaux, insouciants des nouveaux dangers qu'ils pouraient courir, sautillaient de branche en branche, et essayaient leurs ailes trop faibles encore pour les porter au loin

Les sièges rustiques des élèves furent promptement occupés, et le professeur reprit son sujet de la veille.

L'oie sauvage, dit-il, est plus petite que l'oie domestique; elle ne s'apprivoise que difficilement. Son plumage est d'un brun-cendré qui devient plus clair à l'extrémité de chaque plume.

Les oies qui vivent absolument indépendantes se plaisent surtout dans les pays du Nord; elles ne fréquentent nos contrées tempérées que lorsque le froid, déjà trop rigoureux, les y oblige : On les voit alors arriver par grandes troupes à la fin d'octobre et au commencement de novembre.

Leur vol élevé, tranquille, se fait sur deux lignes qui, en se rejoignant, forment un angle aigu, une figure semblable à la lettre V. Chaque bande compte de quarante à cinquante de ces oiseaux ; et rien n'est plus intéressant que de voir l'oie qui est à la tête, qui fend l'air et qui se fatigue le plus pour passer, au bout d'un temps plus ou moins long, à l'extrémité de l'une des lignes : Chaque oie doit occuper à son tour le poste avancé et remplir le rôle de conductrice.

Plusieurs bandes se réunissent parfois en troupes de quatre à cinq cents, qui en s'abattant sur les terres ensemencées causent de grands dommages.

Elles pâturent de préférence les blés qui commencent à pousser ; et elles se retirent pendant la nuit sur les lacs et les étangs où elles ne cessent de pousser les cris les plus discordants, qui s'entendent de fort loin, et auxquels les paysans prêtent souvent une origine mystérieuse.

Les oies sauvages, d'un naturel inquiet et méfiant, sont fort difficiles à approcher. L'une d'elles fait toujours le guet et veille à la sécurité de toutes : Sentinelle vigilante, elle choisit avec beaucoup de sagacité l'endroit le plus propice, et avertit ses camarades par de grands cris dès qu'elle entrevoit le moindre danger.

Il existe un grand nombre de variétés d'oies sauvages. — Belon raconte que l'oie nonnette ou bernache, a la finesse du renard pour tromper le chasseur qui veut s'emparer de ses petits : Elle fait semblant de vouloir se laisser prendre et leur donne le temps de s'échapper. Quelquefois, elle feint d'avoir les ailes et les cuisses cassées ; on dirait qu'elle ne peut plus ni voler ni marcher ; mais, dès que sa couvée est en sûreté, elle fuit à tire-d'aile et s'échappe à son tour des mains des ravisseurs.

L'oie *cendrée*, (*anser cinereus*) oie sauvage, oie première ou oie grise est l'espèce souche de notre oie domestique ; elle

appartient plus à la zone tempérée qu'à la zone boréale. Dans
ses migrations, elle visite tous les pays du midi de l'Europe, le
nord de la Chine et des Indes.

A leur retour, vers le mois de mars, les oies font entendre des
cris joyeux et se fixent dans les vastes marais, dont une grande
surface est couverte d'eau, dont le sol est tourbeux et qui renferment des îles couvertes d'herbes, de roseaux, de buissons et
dont l'abord est difficilement accessible : C'est là qu'elles nichent
et c'est de là que partent leurs nombreux bataillons pour aller
paître et dévaster les champs et les prairies.

Les oies domestiques n'ont presque rien perdu des allures des
oies cendrées ; mais celles-ci, comme tous les animaux sauvages,
ont un port plus fier, des mouvements plus rapides : Leur
démarche est légère et élégante; elles courent très rapidement,
nagent bien et plongent à une assez grande profondeur.

Malgré son extrême défiance, l'oie fuit moins l'homme quand
elle le rencontre auprès de son nid. L'amour de sa progéniture
fait qu'elle s'expose à de grands dangers. Des observateurs
prétendent qu'elle sait distinguer le chasseur du paysan inoffensif ou du berger, l'homme de la femme et de l'enfant.

« C'est un véritable plaisir, dit Naumann, que d'assister,
bien caché, par une belle soirée de mai, aux ébats d'une famille
d'oies sauvages. Au coucher du soleil, elles apparaissent, l'une
ici, l'autre là, mais toutes en même temps; elles sortent des
fourrés de roseaux; elles nagent, elles gagnent la rive; le père
de famille redouble de vigilance ; il veille à la sécurité des siens.
Quand la bande est arrivée au pâturage, c'est à peine s'il ose
prendre le temps de manger; s'il soupçonne quelque danger, il
avertit sa famille par quelques faibles cris; si le danger est réel,
il pousse un cri plaintif et prend la fuite. Dans ce cas, la mère se
montre plus courageuse, plus soucieuse du salut de ses petits
que du sien propre; par ses cris d'angoisse répétés, elle les
invite à fuir et à se cacher, et si l'eau n'est pas trop éloignée, à

la gagner, s'y précipiter, y plonger. Ce n'est que quand ils sont
à peu près en sûreté qu'elle se décide à se sauver à son tour.
Mais jamais elle ne s'envole bien loin, et dès que le danger a
disparu, elle est de nouveau là pour rassembler les siens. C'est
aussi à ce moment que le père rejoint sa famille.

» La mère est avec ses petits dans des herbes déjà assez
hautes; le père est absent, par quelque hasard; qu'on se glisse
alors vers elle sans être aperçu, puis qu'on se montre tout à
coup en poussant de grands cris; elle vole tout autour de l'endroit où elle a été ainsi surprise, et les petits de se cacher aussitôt dans les sillons, dans les inégalités du terrain, de rester
silencieux et tranquilles. L'on peut souvent alors les prendre
l'un après l'autre, sans que ceux qui restent cherchent à fuir,
tandis qu'ils courent droit vers l'eau lorsque ceux dont on s'est
emparé se mettent à crier. Tant que les jeunes ne peuvent voler,
ils plongent avec beaucoup d'adresse, et cherchent à se sauver
de cette façon. A la vérité, ils ne peuvent rester longtemps sous
l'eau, mais ils n'en plongent que plus souvent.

» Pendant les quatre semaines qui suivent l'éclosion, les
parents sont continuellement en éveil; ils voient partout un
danger, auquel ils cherchent à soustraire leur progéniture, mais
parfois ils se trompent dans le choix des moyens de salut. Leurs
allures sont pleines d'énigmes et de contradictions; si les parents
ne trouvent pas leurs jeunes en sûreté sur le petit étang isolé
où ils sont nés, ils les conduisent, généralement au crépuscule,
le soir ou le matin, vers une pièce d'eau plus étendue. Il est
assez singulier qu'on puisse alors chasser devant soi, comme des
oies domestiques, ces oiseaux généralement si pusillanimes. La
crainte des parents qui n'osent s'éloigner de leurs petits, atteint
dans ces circonstances un degré indescriptible. Si on arrive au
milieu d'eux, si on en prend un, la femelle s'élance contre le
ravisseur, le poursuit assez loin, puis elle revient pour rassembler ses autres petits épars et les entraîner dans l'endroit où elle

avait l'intention de les conduire. Si la bande est ainsi arrêtée
non loin de son point de départ, elle revient parfois sur ses pas;
mais de pareilles poursuites, même répétées plusieurs fois, ne
parviennent pas à détourner la femelle de son dessein, quand
bien même plusieurs de ses petits auraient péri de cette façon.
On a bien souvent pris tous les jeunes d'une famille en train
d'émigrer de la sorte ; on les a reportés à leur étang natal, et le
soir suivant, quelquefois à la même heure, on les retrouvait sur
le même chemin, et cela autant de fois que l'on renouvelait l'expérience. »

Prises jeunes, les oies cendrées s'apprivoisent rapidement;
mais elles ne démentent pas facilement leur origine, et à peine
se sentent-elles adultes, que l'instinct de la liberté s'éveille en
elles ; et, si on ne les retient de force, elles émigrent en compagnie des autres oies sauvages.

L'oncle s'arrêta, et regarda en souriant le point de la mare
où plongeaient les racines du grand aulne, dont le feuillage servait d'abri protecteur aux petits oiseaux, et dans le tronc duquel
la couleuvre n'avait pu se réfugier assez promptement pour
échapper aux étreintes mortelles de l'épervier.

Une même pensée animait les visages des jeunes écoliers, une
même question errait sur toutes les lèvres.

Le bon oncle, heureux de satisfaire la légitime curiosité des
enfants qu'il voulait instruire des choses de la nature, promit
pour le lendemain l'histoire des reptiles.

\

Les animaux désignés sous le nom de *reptiles*, appartiennent à de nombreuses espèces, présentant des différences considérables comme on peut le voir en comparant ensemble une tortue, un crocodile, une couleuvre, une salamandre et une grenouille. Ce qui, à prime abord, distingue toutes ces espèces entre elles, c'est l'absence ou la présence de membres. Chez celles qui en sont dépourvues, la locomotion s'opère par reptation, c'est-à-dire par le rapprochement successif des différentes parties du corps, et bien que ce mode de progression soit loin d'appartenir à toute la classe, celle-ci n'en a pas moins tiré son nom.

Mon intention n'est pas de vous entretenir aujourd'hui de toutes les espèces de reptiles; nous aurons d'autres occasions de revenir sur ce vaste sujet. Je veux seulement vous parler des reptiles dépourvus de membres, ou, si vous le préférez des *serpents* : C'est, en effet, à cette espèce qu'appartient la couleuvre à col'ier dont la mort tragique nous a fourni le sujet de cet entretien.

Le corps des serpents est plus ou moins allongé, presque cylindrique et très flexible. Il peut se plier en différents sens; leur robe est couverte d'écailles.

Les oreilles des serpents ne paraissent point à l'extérieur : Ce sont de simples trous auditifs recouverts par la peau; chez les lézards, au contraire, les oreilles sont ouvertes. Les narines des serpents sont tournées en arrière, chez la plupart des espèces; les fosses nasales sont très-peu développées, et le sens du goût paraît également être fort obtus chez tous ces animaux. Bien qu'ils soient tous pourvus d'une trachée-artère et d'un larynx, ils sont presque tous absolument muets. Les serpents n'ont pas de paupières; la peau se continue au-devant des yeux et présente seulement dans cet endroit assez de transparence pour permettre le passage de la lumière. Cette disposition donne à ces animaux une remarquable et étrange fixité dans le regard. Leur langue est étroite, longue, souvent de couleur noire, fourchue à son extrémité : Comme ils la lancent, avec une extrême célérité, cette particularité a fait croire que cet organe était formé d'un triple dard. Un préjugé vulgaire, encore aujourd'hui très accrédité, consiste à supposer que les serpents se servent de leur langue pour blesser leurs victimes.

Les serpents, avons-nous dit, ne marchent pas; ils rampent; quoiqu'ils n'aient ni jambes ni nageoires, ils ont la faculté de nager.

Lorsque ces animaux veulent changer de place, ils appuient la partie antérieure de leurs corps sur la terre; ils soulèvent la partie moyenne en avançant la partie postérieure, et enfin ils appuient cette partie postérieure ce qui leur permet de projeter en avant la partie antérieure en même temps qu'ils abaissent la partie intermédiaire.

Le serpent peut aisément se dresser sur la partie postérieure de son corps et se tenir pour ainsi dire debout; il peut aussi s'élancer à quelque distance. On peut remarquer, dit Derham, une justesse presque géométrique dans les mouvements sinueux que fait le serpent en rampant. Les écailles annulaires qui les aident dans cette action sont d'une structure singulière : Sur le ventre, elles sont disposées en travers et dans un ordre contraire à celles du dos et du reste du corps.

Non-seulement, depuis la tête jusqu'à la queue, chaque écaille supérieure déborde sur l'inférieure, mais encore les bords s'étendent en dehors, en sorte que chaque écaille étant tirée en arrière, le bord extérieur s'éloigne un peu du corps et sert comme de pied pour l'appuyer sur la terre, le faire avancer et faciliter son mouvement. Par l'effet d'un autre mécanisme admirable, chaque écaille a son muscle constricteur particulier dont une extrémité est attachée au milieu de l'écaille, et l'autre au bord supérieur de l'écaille suivante. C'est précisément sur la couleuvre à collier que le docteur Tyson a fait le premier cette observation, il y a de nombreuses années.

Les serpents sont des animaux à respiration pulmonaire, mais le cœur étant composé de deux oreillettes et d'un seul ventricule n'envoie au poumon, à chaque contraction, qu'une faible portion du sang qu'il a reçu des différentes parties du corps. Le reste de ce fluide retourne aux parties sans avoir passé par le poumon, et sans avoir été vivifié par le contact de l'air. « Il résulte de là, dit G. Cuvier, que l'action de l'oxygène sur le sang est moindre que dans les mammifères, et que, si la quantité de respiration de ceux-ci, où tout le sang est obligé de passer par le poumon avant de retourner aux parties s'exprime par l'unité, la quantité de respiration des reptiles devra s'exprimer par une fraction d'unité d'autant plus petite que la portion de sang qui se rend au poumon, à chaque contraction du cœur, sera moindre. Comme c'est la respiration qui donne au sang sa chaleur et à la fibre la susceptibilité pour l'irritation nerveuse, les reptiles ont le sang froid, et les forces musculaires

moindres que les mammifères, et, à plus forte raison que les
oiseaux : aussi n'exercent-ils guère que les mouvements de
ramper et de nager, et, quoique plusieurs d'entre eux sautent
et courent fort vite en certains moments, leurs habitudes sont
généralement paresseuses, leur digestion excessivement lente,
leurs sensations obtuses, et, dans les pays froids ou tempérés,
ils passent presque tout l'hiver en léthargie. »

Les serpents avalent leur proie sans la mâcher; ils parvien-
vient à absorber des animaux que l'on n'eût pas cru qui pussent entrer dans leur gueule; on voit, au-dehors, le gonflement
que ces énormes victuailles causent dans leur estomac, avant
qu'elles ne soient digérées.

On a de nombreuses preuves de la lenteur de la digestion des
serpents : Combien de fois n'ai-je pas trouvé dans l'estomac de
ces animaux des grenouilles, des souris qui n'étaient nullement
endommagées bien qu'elles fussent avalées depuis plusieurs
jours. Un observateur rapporte qu'ayant ouvert un serpent
trois mois après qu'il eût avalé un poulet, et sans qu'il voulût,
dans cet intervalle, prendre d'autre nourriture, il trouva que la
volaille n'était pas digérée; elle n'avait pas perdu sa forme et
les plumes tenaient encore à la chair.

La mue des serpents consiste dans la faculté qu'ils ont de se
dépouiller de leur épiderme qui ne tarde pas à se renouveler.
Lorsque leur peau a perdu la souplesse qui lui est nécessaire et
qu'elle ne se prête plus qu'avec difficultés aux différentes cour-
bures que prend successivement le corps de l'animal, cette peau
se détache; le serpent quitte son vieux vêtement et se trouve
bientôt revêtu d'une robe brillante à tissu flexible. Ce rajeunis-
sement s'opère très vite : Si cette opération eût été plus longue
les serpents eussent été exposés à de nombreux accidents.

Ils commencent à se dépouiller par la tête et les yeux, et achè-
vent le travail en se glissant entre les interstices de corps solides.
J'ai souvent trouvé de ces dépouilles, tantôt entre des pierres,

tantôt dans des trous, en terre, quelquefois sous des racines d'arbres ou dans des tas de bois. Lorsque cette laborieuse besogne est terminée, les serpents regagnent lentement leur retraite habituelle, et ils s'y cachent quelques jours, jusqu'à ce que la nouvelle peau écailleuse ait acquis une consistance convenable.

Les serpents ont la vie très dure : Redi en a placé sous la cloche de la machine pneumatique. Tandis qu'on faisait le vide, ces animaux enflaient, bâillaient, se débattaient; ils rejetaient de l'écume par la gueule et ne mouraient qu'au bout de quatre ou cinq heures.

Les serpents, dont la seule vue inspire de l'horreur, aiment beaucoup à être ensemble; on les trouve par énormes pelotons dans les cavernes et dans les décombres. Très communs dans les pays chauds, ils sont partout et toujours en exécration aux hommes et aux animaux, et ce n'est pas tout à fait sans raison. Il y en a tant d'espèces qui sont venimeuses et dont la morsure cause des accidents très graves, souvent mortels !

« Un des dangers les plus à craindre dans la Guyane, dit Sonnini, est la morsure des vipères; elles y sont grandes et nombreuses et leurs espèces assez variées; plusieurs causent la mort : Le malade frappé d'un froid qui va toujours en augmentant, est saisi de convulsions que la mort termine au bout de quatre ou cinq heures. »

« La nature, dit le même auteur, semble avoir relégué les serpents dans l'obscurité des déserts; leur nombre est en raison inverse de celui des hommes. L'Europe en connaît peu ; les colonies bien peuplées et par conséquent défrichées n'en voient que quelques individus d'espèces rares. C'est par cette raison que dans la Guyane française ces animaux fourmillent. C'est dans cette vaste partie du continent de l'Amérique, dans cette étendue de forêts de près de quatre cents lieues de profondeur, où quelques colons épars, sans secours, sans encouragements

s'occupent de cultures aussi faibles que leurs moyens; c'est dans
ce climat chaud et sur ce sol humide, que se plaisent et croissent, à un point prodigieux, une foule innombrable de reptiles
qui sont l'effroi des voyageurs. »

A l'égard des gros serpents des contrées chaudes de l'Amérique dont vous avez vu les gigantesques dépouilles; et dont on
vous montre quelquefois, dans des ménageries, des sujets
vivants, ces reptiles énormes mordent, à la vérité, mais leur
morsure ne peut avoir de conséquences dangereuses. Ils servent à purger le pays de rats. de crapauds, de mulots dont
ils font leur nourriture et leur chair ne répugne ni aux nègres,
ni aux indigènes.

Les serpents ne sont donc pas tous venimeux; ainsi, dans
nos contrées, les différentes variétés de couleuvres n'ont pas de
venin, l'orvet est tout à fait inoffensif; mais on peut quelquefois
commettre des erreurs et confondre, par exemple, la couleuvre
vipérine avec la vipère. C'est ce qui est arrivé, en 1747, à un
jeune étudiant qui herborisait avec Bernard de Jussieu, et qui
prétendait savoir distinguer la vipère des autres serpents : Il
saisit une vipère, croyant s'emparer d'une couleuvre, fut mordu,
et aurait peut-être payé de sa mort sa témérité, si de prompts
secours ne lui eussent été administrés.

Dans les pays chauds, sous les tropiques, les serpents sont
fort dangereux; il est souvent difficile de se mettre à l'abri de
leurs morsures; ils pénètrent partout, et les appartements les
mieux clos ne sont pas toujours préservés de leur visite.

« Une dame de nos parentes, qui vivait à la Louisiane, dit
Michelet, allaitait son jeune enfant. Chaque nuit, son sommeil
était troublé par la sensation étrange d'un objet froid et glissant qui aurait tiré le lait de son sein. Une fois, même impres-
sion, mais elle était éveillée; elle s'élance, elle appelle, on
apporte de la lumière; on cherche, on retourne le lit; on trouve
l'affreux nourrisson, un serpent de forte taille et de dangereuse

espèce. L'horreur qu'elle en eut lui fit à l'instant perdre son lait. »

« Levaillant, continue le même auteur, raconte qu'au Cap, dans un cercle, au milieu d'une paisible conversation, la dame de la maison pâlit, jette un cri terrible. Un serpent lui mon'ait aux jambes, un de ceux dont la piqûre fait mourir en deux minutes. A grand'peine, on le tua. »

« Aux Indes, un de nos soldats, reprenant son havre-sac qu'il avait posé, trouve derrière le dangereux serpent noir, le plns venimeux de tous. Il allait le couper en deux. Un bon Indien s'interpose, obtient grâce, prend le serpent. Piqué, il meurt sur le coup (1). »

Souvent les récits des voyageurs sont empreints d'une exagération évidente : « Il y a des serpents, dit un vieil auteur, dont l'haleine est si puante qu'elle étourdit et tue même les animaux qu'elle atteint. »

Ruysch avance, sur la foi de Kircher, dans son Histoire Naturelle des serpents, « qu'il y a une caverne située entre Brazzia, île de la mer Adriatique, et Rome, toute remplie de serpents, et que les ladres, les lépreux, les paralytiques, les goutteux qui entrent dans cette caverne, reçoivent leur guérison de la transpiration qu'ils y éprouvent. » — Kircher dit avoir lui-même visité cette caverne.

Il paraît certain que les serpents étaient autrefois très communs en Italie, et qu'on y en trouvait appartenant aux plus grandes espèces. Pline, dit que le nom de boa était donné à des serpents qui se trouvaient en Italie, et qui se nourrissaient de lait de vache : « Ils étaient si grands qu'ils pouvaient avaler un enfant, et l'on en trouva un tout entier dans le corps d'un de ces animaux que l'on avait tué au Vatican. » Lémeri, dit que cet événement arriva sous l'empereur Claude. Daubenton doute

(1) Michelet. — L'oiseau. (Le combat. — Les tropiques.)

qu'il y ait jamais eu d'aussi grands serpents en Italie, et il ne lui paraît pas vraisemblable que ces grands serpents se nourrissaient de lait de vache.

Malgré toute l'horreur qu'ils inspirent certains serpents sont susceptibles d'éducation; que'ques espèces, notamment la couleuvre, s'apprivoisent aisément : — « Il vient souvent à Paris, dit un vieux naturaliste, des bateleurs qui ont des serpents apprivoisés (ce sont des couleuvres); ils les appliquent à nu sur leur corps et les y laissent en liberté : Nous avons observé la même familiarité dans une couleuvre, qui était tellement attachée à sa maîtresse, qu'elle montait le long de ses jambes, passait sous ses vêtements; elle s'y tenait cachée, ou elle se roulait sur son sein. Habituée à la voix de sa maîtresse, le reptile obéissait à ses ordres et arrivait auprès d'elle; il la reconnaissait au milieu de plusieurs femmes; il distinguait les sons et le bruit qu'elle faisait, soit en riant avec éclat, soit en toussant, en éternuant, soit en se mouchant. Nous avons vu encore cette même couleuvre suivre dans l'eau le bateau dans lequel était sa maîtresse : C'était sur la Seine, près de Rouen; on l'avait jetée à l'eau exprès. Elle pouvait voir sa maîtresse qui l'appelait d'une voix caressante, par le nom qu'elle lui avait donné; mais la marée venant à monter, le reptile vaincu et battu par les lames d'eau, disparut et on le perdit au grand regret de sa mère-nourrice. Cette couleuvre, en hiver, s'approchait du feu. »

Mentzelius rapporte que le prince Jean-Maurice de Nassau, gouverneur du Brésil, a vu dans cette contrée une femme engloutie tout entière par un de ces énormes serpents qui se tiennent en embuscade entortillés autour des troncs d'arbres.

L'histoire ancienne, dit Daubenton, fait mention d'un serpent monstrueux que Régulus ne put vaincre qu'à l'aide de ses troupes, près du fleuve Bégrada, entre Utique et Carthage. Ce serpent s'élançait sur les soldats qui approchaient de la rivière pour y puiser de l'eau, les écrasait du poids de son corps, ou les étouffait dans les replis de sa queue, ou enfin les faisait périr « par son souffle empoisonné. » Les dures écailles de sa peau le rendaient impénétrable à tous les traits qu'on lui lançait; il fallut dresser contre lui des machines de guerre et l'attaquer en forme. Enfin, après des coups bien inutiles, une pierre, lancée avec une extrême roideur, lui brisa l'épine du dos et l'étendit par terre. On eut bien de la peine à l'achever tant les soldats craignaient d'aborder un ennemi encore formidable, même aux approches de la mort. Régulus envoya à Rome sa peau qui était longue, dit-on, de 67 mètres. Elle fut suspendue dans un temple où, selon Pline, le naturaliste, on la voyait encore du temps de la guerre de Numance.

Adanson, dans son voyage au Sénégal, parle de grands serpents ayant de 15 à 17 mètres de longueur et jusqu'à un demi mètre de diamètre.

Tout dans le serpent, particulièrement dans la vipère, était employé pour la médecine, dans l'ancienne pharmacopée. On s'en servait pour faire transpirer, pour l'épilepsie, la lèpre, les dartres, la paralysie, la goutte, la morsure des serpents; on utilisait les vieilles peaux que le reptile quitte quand il mue pour les douleurs des oreilles, des dents et des yeux, etc... Je n'ai pas besoin de vous dire quels effets on pouvait attendre de pareils remèdes!

J'aurais encore une foule de choses à vous raconter sur les serpents, en général, si je n'avais hâte de vous entretenir des espèces qui nous touchent de plus près.

« Une de mes plus sombres heures, dit Michelet, fut celle où, cherchant contre les pensées du temps l'alibi de la nature, je rencontrai pour la première fois la tête de la vipère. C'était dans un précieux musée d'imitations anatomiques. Cette tête, merveilleusement reproduite et grossie énormément, jusqu'à rappeler celle du tigre ou du jaguar, offrait dans sa forme hor-

rible une chose plus horrible encore. On y saisissait à nu les
précautions délicates, infinies, effroyablement prévoyantes, par
lesquelles se trouve armée cette puissante machine de mort.
Non-seulement elle est pourvue de dents nombreuses, affilées ;
non-seulement ces dents sont aidées de l'ingénieuse réserve
d'un poison qui tue sur l'heure ; mais leur extrême finesse, qui
les rend sujettes à casser, est compensée par l'avantage que nul
animal n'a, peut-être : C'est un magasin de dents de rechange,
qui viennent à point prendre la place de celle qui se brise en
mordant. »

J'ai souvent rencontré des vipères dans les environs de la
Fosse-Noire, et vous ne sauriez trop prendre de précautions
pour ne pas vous exposer à leur morsure. La vipère, très commune dans le Dauphiné et le Poitou, a la tête un peu aplatie et
est revêtue à son sommet de petites écailles. La peau est comme
retroussée et forme une espèce de rebord autour de la mâchoire
supérieure ; la tête de la couleuvre est plus étroite et plus pointue. La tête de la vipère est marquée de diverses sutures qui
divisent sa surface en un certain nombre de petits espaces. Si
vous examinez attentivement un de ces animaux, vous remarquerez d'abord, entre les yeux cinq de ces parties dont celle du
milieu est plus grande que les autres.

Sur la partie antérieure, il y en a neuf disposées circulaire-
ment et qui en renferment deux autres plus petites. Sur le derrière de la tête, vis-à-vis l'intervalle des yeux, vous verrez
deux nouveaux espaces plus étendus que les précédents. Le
bord de la lèvre supérieure est d'une couleur blanchâtre sur les
côtés. Le tronc est couvert en dessus de dix-sept rangées
d'écailles ovales, et relevées en carène, à l'exception des rangées
latérales, où l'on n'observe aucune saillie. L'abdomen est recouvert par cent quarante-quatre grandes plaques, et le dessous de
la queue est garni de trente-neuf paires de petites plaques. La
couleur de tout le corps est d'un brun-noirâtre, avec une dou-

ble rangée de taches transversales sur le dos. et une autre rangée de taches noires ou noirâtres sur chaque flanc. Quelquefois les taches du dos s'unissent en bandes transversales; d'autrefois elles ne forment toutes ensemble qu'une bande longitudinale ployée en zigzag. On trouve quelquefois, mais rarement, des individus absolument noirs.

La queue de l'animal, prise à l'endroit de sa naissance est à peu près de la grosseur de son cou; elle se termine en pointe; mais, cet appendice ne pique point et ne contient aucun venin comme on le prétend vulgairement.

Les yeux de la vipère sont très vifs; son regard est fixe et menaçant; sa langue, enfermée d'un bout à l'autre dans une espèce de gaîne, n'a rien de venimeux.

Le reptile irrité la darde et la retire par des mouvements successifs, si rapides, qu'elle paraît comme un brandon de feu ou de phosphore.

Ce qu'il y a de redoutable dans la vipère, ce sont ses terribles mâchoires; elles sont armées de trois sortes de dents : Des grosses, ou canines, des moyennes et d'autres plus petites. C'est dans les canines que se trouve le venin. Ces armes fatales, attachées à la mâchoire supérieure, ont de cinq à six millimètres de longueur sur un millimètre et demi de largeur à la base; elles sont très dures, très aiguës, ce qui fait qu'elles pénètrent facilement; elles sont blanches, presque diaphanes et courbées comme les canines de la plupart des animaux carnassiers; elles sont visiblement creuses jusque près de leur pointe ainsi qu'il est facile de s'en apercevoir en les brisant; la cavité des dents se termine, à la partie convexe, par une petite fente visible, semblable à la fente d'une plume à écrire : C'est cette petite ouverture qui donne passage au venin. Chacune de ces dents meurtrières est environnée, à peu près jusqu'aux deux tiers de sa hauteur, d'une tunique ou vésicule assez épaisse, remplie d'un suc jaunâtre, transparent et médiocrement liquide.

La nature semble n'avoir donné une forme crochue à ces dents empoisonnées qu'afin que leur pointe, lorsque la vipère veut mordre, se trouve perpendiculaire à la partie attaquée ; en effet, l'animal étant obligé de lever la tête par un brusque mouvement, si la dent qui est attachée à la mâchoire était droite, elle ne pourrait, à cause de sa disposition oblique, pénétrer avec assez de force dans la blessure.

Mais voyez, mes enfants, où nous a conduit notre pauvre couleuvre à collier. Cependant, il est temps de rentrer à la maison, où nous sommes attendus ; et nous reprendrons prochainement l'histoire des serpents.

VI

Continuons l'examen de la tête de la vipère et des armes terribles que la nature a mises à sa disposition.

Indépendamment des dents venimeuses qui sont enfermées dans une même gaîne, la vipère porte d'autres dents plus petites qui paraissent fixées au même os : Ce sont les dents moyennes qui constituent pour la dangereuse bête tout un arsenal d'armes de rechange. Ces dents sont implantées tout près de la racine de la grande canine; leurs pointes sont extrêmement dures et fendues de même que la pointe de cette dernière. Mais leurs racines sont molles, mucilagineuses comme les racines des dents des enfants; et elles sont toujours couchées le long de la mâchoire. Ces dents moyennes sont destinées à remplacer celles des canines qui tombent soit naturellement, soit par suite d'un accident. Les mâchoires, supérieure et inférieure, sont de plus garnies de dents qui ressemblent à de petits crochets; elles sont recourbées comme les canines, mais elles n'ont ni fentes, ni ou-

vertures : Elles sont implantées fortement au nombre de huit,
dix, jusqu'à quinze, dans deux petits os assez longs et parallèles
qui forment les deux côtés de la mâchoire supérieure. On en
compte aussi de huit à douze dans chacun des os qui forment la
mâchoire inférieure. Cette troisième espèce de dents est utilisée
par la vipère pour retenir sa proie qui pourrait, en se débattant,
s'échapper, ou même arracher les grosses dents.

Quant au venin, il est élaboré dans deux glandes situées de
chaque côté de la tête, directement derrière l'orbite de l'œil.
Chacune de ces glandes est immédiatement placée sur le muscle
qui sert à abaisser la mâchoire supérieure; de façon que ce
muscle ne peut agir sans presser la mâchoire, ce qui facilite la
sécrétion de la liqueur qu'elle contient.

Si vous pressez le cou d'une vipère en l'obligeant à ouvrir la
gueule, vous voyez jaillir le venin de la dent, comme s'il était
projeté par une petite seringue.

Lorsque l'animal est tranquille, avec la gueule fermée, les
dents demeurent couchées sur la mâchoire et restent couvertes
de la vésicule extérieure; mais, lorsque l'animal veut faire
usage de ses armes, il ouvre démesurément la gueule; et, par
le mécanisme qui s'opère alors, ses dents se trouvent redressées,
leurs pointes paraissent; elles s'enfoncent dans la plaie en même
temps que le venin s'y introduit.

Voici comment les symptômes de l'empoisonnement sont
décrits par le professeur Ach. Richard : « Quelquefois la douleur causée par la morsure est faible ou nulle, au moment
même où elle vient d'être faite; souvent, au contraire, elle est
vive et très aiguë. La piqûre produite par l'un des crochets
venimeux de l'animal, ou par les deux ensemble, ne se découvre
pas facilement; mais bientôt ce point se trahit par la rougeur et
le gonflement qui l'environne. La douleur devient plus cuisante;
les parties voisines enflent et prennent une teinte jaune et rouge,
livide. Cependant le malaise du blessé augmente; il éprouve

des maux de cœur suivis de vomissements bilieux, une douleur
de tête insupportable; ses yeux se gonflent et rougissent; des
larmes abondantes s'en échappent. D'autre part, le gonflement,
d'abord circonscrit autour de la plaie, gagne de proche en proche
et envahit la totalité du membre attaqué. Dès lors, le mal a
acquis sa plus grande intensité; la fièvre s'empare du malade; il
a des sueurs froides, comme visqueuses, et présente tous les
phénomènes qui caractérisent l'état adynamique; l'haleine
devient fétide; les muscles se relâchent; enfin la mort termine
bientôt ses souffrances si une médication énergique ne parvient
pas à arrêter les progrès du mal. »

Néanmoins, ne soyez-pas trop effrayés! Il est assez rare que
le venin de la vipère tue l'homme; mais, les cas de mort se produisent quelquefois chez les enfants.

L'un des moyens les plus efficaces de combattre les effets du
venin consiste à sucer immédiatement la blessure : Cette succion
est sans danger pourvu que les lèvres ne présentent aucune
plaie, aucune gerçure. Ce venin qui produit des phénomènes si
terribles quand il est inoculé dans le sang, peut être impunément introduit dans l'estomac. Fontana, malgré les dangers
inséparables d'un pareil genre d'expériences, a eu la témérité ou
plutôt le courage de goûter tout le venin qu'il a pu exprimer
d'une vipère : Il ne lui a trouvé aucun goût sensible; il a seulement éprouvé une sensation de stupeur dans toutes les parties
de la bouche où le venin s'était longtemps arrêté.

Pour aider l'action du moyen qui consiste à sucer la plaie, on
pratique au-dessus, c'est-à-dire entre la morsure et le cœur,
une ligature convenablement serrée, ce qui s'oppose aussi à
l'absorption. On peut, dans le même but, poser une ventouse sur
la blessure après l'avoir légèrement agrandie. La cautérisation
est encore utile pour neutraliser le venin avant qu'il soit
absorbé. A cet effet, on peut employer un fer rouge, un charbon
ardent, la pierre infernale, l'acide sulfurique, l'acide nitri-

que, etc... Les chasseurs font habituellement usage de l'ammoniaque dont ils introduisent quelques gouttes dans la plaie. Le docteur Soubeiran préconise une solution de 125 grammes d'iode et 4 grammes d'iodure de potassium, dans 50 grammes d'eau. L'ammoniaque peut, en même temps, être administré à l'intérieur comme stimulant.

Mais, nous nous garderons bien d'avoir recours au procédé employé dans l'ancienne thérapeutique, et qui consistait à appliquer sur la plaie, après l'avoir bien écrasée, la tête de la vipère qui avait fait le mal.

Il y a une grande différence entre les dents et les mâchoires de la vipère et celles de la couleuvre. Cette dernière n'a pas de dents canines; mais, elle surpasse la vipère quant au nombre des mâchoires et des dents. Elle a quatre mâchoires supérieures et deux mâchoires inférieures, avec treize dents à chaque mâchoire supérieure externe; autant à chaque mâchoire inférieure, et vingt dents à chaque mâchoire supérieure interne : C'est un total de quatre-vingt-douze dents dans une seule couleuvre!... Cet appareil constitue une véritable carde. Toutes ces dents sont crochues, creuses, blanches, diaphanes de même que celles de la vipère; mais elles sont absolument inoffensives.

La malheureuse victime de l'épervier n'est donc pas aussi terrible que vous auriez pu le supposer; comme toutes ses congénères, on peut, au contraire, la classer dans la catégorie des animaux utiles.

Les couleuvres forment une famille extrêmement nombreuse de serpents non venimeux : Elles sont caractérisées par leur tête ovalaire, déprimée, distincte du tronc dont elle est séparée par un col assez marqué : Cette tête est couverte de 9 à 12 plaques en écailles plus grandes que celles du reste du corps. Leur queue est conique, longue, grêle, revêtue en dessous d'une double série de scutelles (petits écussons), tandis que sous le ventre, il ne s'en trouve qu'une série. Leurs dents, nous l'avons dit, sont petites, aiguës et absolument incapables de faire une morsure dangereuse.

Les couleuvres sont des serpents de moyenne et de petite taille que l'on rencontre à peu près partout. Leur nourriture consiste en souris, mulots, lézards, mollusques, et autres petits animaux vivants. Ces reptiles, absolument inoffensifs, mériteraient donc à tous égards notre protection, s'ils ne s'attaquaient aussi aux petits oiseaux et à leurs œufs, et s'ils ne détruisaient ainsi de nombreuses couvées. Cependant, je vous l'ai dit, ils sont plus utiles que nuisibles, et nous avons tort de les exterminer sans motifs. Grâce à la dilatabilité de leurs mâchoires, ils peuvent avaler des animaux beaucoup plus gros qu'eux-mêmes.

Les couleuvres boivent, à la manière des lézards, par un mouvement d'aspiration. Le préjugé vulgaire qui leur attribue la faculté de téter les vaches et les chèvres paraît donc sans fondement. En effet, leurs lèvres cornées ne peuvent guère permettre la succion; de plus, la disposition de leurs dents, en forme de carde, blesserait l'animal qui ne se laisserait point traire ainsi qu'on le prétend. Néanmoins, plusieurs auteurs affirment qu'elles aiment passionnément le lait et que pour s'en procurer, on en a vu souvent entortillées aux jambes des vaches, leur sucer les mamelles, à l'heure où l'on devait traire ces animaux.

J'ai souvent entendu raconter le même fait par des paysans dont je n'avais aucune raison de suspecter la bonne foi. L'un d'eux m'affirmait, tout récemment, qu'il avait tué, à coups de bâton, avec l'aide d'un de ses voisins, une énorme couleuvre : Ce reptile venait tous les jours téter sa vache qu'il laissait paître en liberté dans un pré situé près de sa maison. Il prétend que la vache éprouvait de la satisfaction à se laisser traire par la couleuvre et qu'elle beuglait tristement quand son singulier nourrisson mettait quelque retard à lui faire sa visite quotidienne.

Les couleuvres sont ovipares : La femelle pond de 15 à 20 œufs de forme ellipsoïde et à enveloppe coriace qui sont, en général, agglutinés les uns aux autres. Elle les abandonne dans le sable, les feuilles sèches, l'herbe coupée pour la pâture des bestiaux, souvent dans les tas de fumiers de ferme où ils éclosent sur l'influence de la chaleur solaire et de celle qui est développée par une fermentation lente. L'éclosion de ces œufs, déposés dans le fumier, ne contribue pas peu, dans nos campagnes, à perpétuer la croyance à la fable des œufs de coq qui donnent naissance à des serpents.

Les couleuvres des pays froids et tempérés s'enfoncent dans la terre, en automne, et y restent tout l'hiver dans un état d'engourdissement.

Ces serpents sont en général timides : leur prétendu dard n'est autre chose que leur langue qui est, en effet, bifide à sa pointe, mais qui n'en est pas moins inoffensive. Leurs principaux moyens de défense sont dans la fuite, et l'émission d'excréments demi-liquides et doués d'une odeur alliacée très-pénétrante. Enfin, je vous ai raconté des faits qui le prouvent, ces animaux sont susceptibles de s'apprivoiser.

Dans quelques pays on leur fait la chasse et on les mange sous le nom d'anguille de haie, mais leur chair est sèche et d'un goût fade.

Le nombre des espèces de couleuvres est de près de 150; et comme les différences qu'elles présentent entre elles sont peu prononcées, leur classement devient très difficile. Quelques naturalistes les distribuent en trois groupes : Les couleuvres terrestres, les couleuvres d'arbres, les couleuvres d'eau douce.

Parmi les *couleuvres terrestres* nous trouvons en France :

La couleuvre verte et jaune (*coluber viridiflavus*), longue de 1 mètre à 1 mèt. 30, tachetée de noir et de jaune en dessus, et entièrement jaune-verdâtre en dessous, avec les écailles lisses.

La couleuvre à quatre raies (*coluber quadrilineatus*), se rencontre dans le midi de la France. C'est le plus grand serpent d'Europe; il atteint souvent 2 mètres de longueur.

La couleuvre lisse (*coluber lœvis*) est commune par toute la France. Ce serpent a la tête petite, le corps grêle, et ne dépasse pas 1 mètre; il est roux-brun marbré, de couleur d'acier en dessous, avec deux rangées de petites taches noirâtres le long du dos. Les écailles lisses portent chacune deux petits points à leur extrémité postérieure.

Les *couleuvres d'arbre* appartiennent toutes aux régions équatoriales, où elles se tiennent dans les grandes forêts et les contrées boisées.

Les *couleuvres d'eau* ont, généralement, des formes plus ramassées. Très bonnes nageuses, elles fréquentent les rivières, les ruisseaux, les étangs et les mares. La couleuvre à collier, que je n'ai plus besoin de vous décrire, est celle qui a été victime de son agression contre de faibles oiseaux.

La couleuvre vipérine (*tropidonotus viperinus*) est une espèce indigène du même genre que j'ai souvent rencontrée au bord de notre mare, gracieusement pelotonnée sur une touffe de plantes aquatiques. Sa couleur est gris-brun avec une suite de taches noires formant un zigzag le long du dos, et un autre de taches plus petites et œillées le long des côtes, ce qui la fait ressembler à la vipère. Le dessous du corps est tacheté en damier de noir et de grisâtre; ses écailles sont carénées comme celles de la couleuvre à collier : Ce reptile ne dépasse jamais un mètre.

Vous saurez la reconnaître, n'est-ce pas, quand vous la rencontrerez et vous ne la confondrez pas avec l'affreuse vipère.

Mais j'entends toujours nos petits oiseaux qui commencent à se passer des soins maternels, et si vous le voulez bien nous allons en parler avec quelques détails.

J'ai eu la bonne fortune de trouver, dans une touffe de

roseaux, le nid dans lequel ils sont nés, et je suis certain que vous ne verrez pas sans intérêt ce petit chef-d'œuvre.

. . . .

Les oiseaux qui vous ont tant intéressés depuis l'injuste agression dont ils ont été l'objet, appartiennent au genre fauvette.

Tous les oiseaux de cette famille sont vifs, alertes, gracieux : on en rencontre à peu près partout; ils embellissent de leur présence les taillis et les buissons, les jardins et les vergers, les bords des rivières et des ruisseaux, et animent jusqu'aux roseaux des étangs et des marais.

L'espèce qui nous préoccupe est la fauvette effarvate (*sylvia arundinacea*), l'une des plus babillardes et des plus agiles de la contrée, mais dont le caractère est peu sociable. Elle ne peut souffrir d'autres fauvettes dans son voisinage; et elle semble avoir recours, pour les chasser, au bruit étourdissant qu'elle fait entendre à tout propos.

L'effarvate grimpe sans cesse, avec une grande agilité le long des roseaux où elle recueille des insectes; elle descend, remonte avec une grâce, avec une rapidité surprenantes; elle s'arrête à l'extrémité des tiges les plus flexibles, y reste un instant en observation; puis, tout à coup, elle s'élance avec la rapidité de l'éclair pour saisir au vol un papillon, une libellule, une tipule et reprendre ensuite son exercice.

La construction de son nid n'est pas une affaire de mince importance : Elle choisit habituellement, avec un soin judicieux, quatre ou cinq tiges de roseaux assez rapprochés les uns des autres; elle les réunit au moyen de filaments de plantes aquatiques, et compose l'extérieur de cette mignonne corbeille avec des brins d'herbes sèches, des feuilles entrelacées; elle en garnit l'intérieur avec des débris très fins, très déliés de roseaux, et prépare ainsi, pour ses petits, un berceau moelleux dans lequel ils sont doucement bercés au moindre souffle de la brise. Ils

sont là, cependant, en parfaite sécurité ; vous connaissez le vers
de La Fontaine :

« Je plie et ne romps pas. »

Les roseaux, en effet, s'inclinent sous la bourrasque et se
relèvent sans accidents quand elle est passée : Il est rare que la
tempête la plus violente les déracine.

M. l'abbé Vincelot, ami passionné des oiseaux, décrit ainsi
un nid d'effarvate, qu'il découvrit aux bords de la Sarthe, au
mois de juin 1865 :

« Ce gracieux travail reposait sur les branches entrelacées
d'une forte tige de mauve. Les feuilles de la plante ondulaient
au-dessus du nid, et semblaient destinées à préserver la mère
et les petits des ardeurs du soleil et des inconvénients de la pluie.
Les fleurs de la mauve s'épanouissaient comme une couronne,
au-dessus du riant berceau. Des touffes nombreuses et serrées
de roseaux formaient autour de la demeure de la future famille
un rideau de verdure et complétaient ainsi le charme de ce
séjour privilégié. Là, nous eûmes une lutte à soutenir : D'un
côté nous désirions augmenter les richesses de nos collections
et emporter le nid et les œufs; de l'autre, il nous répugnait de
ne pas laisser la pauvre mère jouir des fruits du pénible travail
qu'elle s'était imposé pour construire ce petit chef-d'œuvre, et
aussi de briser les douces espérances qu'elle y avait confiées. Le
sentiment de la générosité triompha; et nous nous éloignâmes
en faisant des vœux pour que le nid échappât aux regards de
tous les ennemis de la petite famille. »

Les œufs de l'effarvate sont au nombre de quatre ou cinq;
ils varient beaucoup de couleur. Le plus souvent, le fond de la
coquille est d'un blanc verdâtre sur lequel se trouvent des
taches brunes plus ou moins nombreuses et irrégulièrement
parsemées. Quelquefois, ils sont d'un vert-brun uniforme, ou

parsemé de taches un peu plus foncées qui s'harmonisent avec la première teinte.

Quand les eaux s'élèvent à une certaine hauteur et que l'effarvate redoute quelque catastrophe, elle s'empresse d'abandonner les roseaux et d'établir son nid dans les haies voisines des cours d'eau.

Les quatre petits oiseaux sont donc des effarvates qui vont établir de nouvelles colonies dans les environs de la Fosse-Noire.

J'ai souvent rencontré, sur les bords du Miosson et du Clain, une fauvette plus grosse que l'effarvate, et dont le nid, moins soigné, est aussi suspendu aux tiges de roseaux : C'est la fauvette rousserolle (*sylvia turdoides*) qui ressemble à une grive, et dont vous connaissez bien le cri saccadé, *cara, cara, cara* qui se fait continuellement entendre.

La rousserolle grimpe le long des tiges de joncs, pour y saisir des insectes, avec non moins de rapidité et de grâce que l'effarvate ; elle excelle à se dissimuler en se glissant derrière les roseaux et les herbes auxquelles elle reste suspendue comme un acrobate à son trapèze.

Le nid de la rousserolle a quelquefois 20 centimètres de hauteur ; l'oiseau le fabrique ainsi, pour préserver des dangers de l'inondation ses œufs et ses petits ; l'édifice ressemble alors à plusieurs nids superposés.

« Un jour, dit M. Vincelot, que nous visitions en bateau les différentes parties de la Fosse-de-Serges, notre attention fut éveillée par le chant d'une rousserolle ; plus saccadé encore et plus fatiguant que celui de ses congénères, il révélait une préoccupation très vive. Nous nous dirigeâmes vers l'endroit où elle faisait entendre ses cris, et nous trouvâmes un nid contenant cinq œufs : Soutenu par quelques joncs auxquels il était assujetti, il se trouvait à deux décimètres au-dessus de l'eau. En nous approchant pour l'examiner en détail, nous fûmes très étonnés d'en trouver un second lié aux mêmes roseaux et plongeant à deux centimètres environ dans l'eau. Il renfermait quatre œufs. Une crue subite l'avait submergé, et la pauvre mère, ne voulant pas abandonner entièrement l'espoir de sa jeune famille, avait construit un second nid au-dessus du premier pour veiller sur les deux en même temps. C'était la crainte d'un deuxième malheur, que lui faisait redouter notre présence, qui donnait à son chant cette expression saisissante de mélancolie et d'angoisse. »

Tous ces traits si touchants d'amour maternel ne suffiraient-ils pas à nous inspirer de l'intérêt pour les oiseaux, si nous n'avions des motifs plus puissants de les prendre sous notre protection.

L'effarvate et la rousserolle sont d'intrépides chasseurs d'insectes : elles les saisissent au vol, sur les plantes, dans les herbes, et savent aussi découvrir les larves de tipules qui causent dans les jardins de véritables désastres. Gardez-vous donc bien de détruire les nids de ces intéressants oiseaux.

VII

Maître et élèves avaient, dès le matin, exécuté une longue
promenade. En suivant le cours sinueux et pittoresque du
Miosson, ils étaient arrivés au point de jonction de ce ruisseau
avec le Clain. Là, dans un fourré de ronces, de viornes et de
vigne-vierge, ils avaient trouvé les débris d'une belle carpe
dont la capture paraissait récente, et dont la tête et la partie
antérieure du corps seules étaient dévorées.

Je connais, dit le naturaliste, le braconnier qui a fait lo
coup. Je l'ai vu, quelquefois, rôder autour de la Fosse-Noire,
je ne désespère pas de m'en emparer. Dans tous les cas, et si
vous le désirez, je pourrai vous le faire connaître.

Ces paroles semblaient impliquer une promesse que les
enfants prirent aussitôt la résolution de rappeler au moment
opportun. Les récits sur l'histoire naturelle les intéressaient de
plus en plus, et ils ne se faisaient pas faute de provoquer les
explications de l'oncle complaisant.

Le retour se fit gaiement : De nombreux échantillons de

plantes et d'insectes furent emmagasinés dans la boîte de ferblanc que le naturalis'e n'oubliait jamais d'emporter.

Arrivé à la Fosse-Noire, il commença aussitôt l'histoire de
l'oiseau de proie qui avait enlevé dans ses serres la couleuvre à
collier dont les enfants déploraient la fin tragique, depuis qu'ils
avaient appris à la connaître.

L'épervier commun (*falco sparvarius. Nisus communis*) tire
son nom d'un vieux mot qui signifie « oiseau de rapine. » Son
nom scientifique « *nisus* » se rattache à une légende mytholo-
gique : Nisus, roi de Mégare, avait un cheveu d'or à la conservation duquel était intimement liée l'indépendance de son
empire. Scylla, sa fille, coupa ce cheveu d'or, et livra du même
coup à leurs ennemis, son père et sa patrie. Les dieux irrités
d'un tel crime, changèrent Scylla en alouette et Nisus en épervier. Sous cette forme, le malheureux père, pour assouvir sa
vengeance, poursuit continuellement sa fille.

« L'épervier, dit Brehm, reste presque tout le jour caché, et
ne se montre que lorsqu'il est en chasse.

» Il est méfiant et hardi; il ne craint pas les oiseaux plus
fort que lui. Bechstein, dit le mâle plus courageux que la
femelle, et Naumann la femelle plus courageuse que le mâle;
ils se trompent, les deux sexes sont également courageux. La
femelle, il est vrai, est plus vigoureuse et peut soutenir un
combat dans lequel le mâle succomberait. J'en vis un jour un
exemple. Un épervier femelle avait pris un moineau, et l'avait
por'é derrière une haie, à dix pas au plus de ma maison pour le
dévorer. Elle avait à peine commencé son repas, qu'une
corneille arriva pour lui enlever sa proie. L'épervier la recou-
vrit en étendant ses ailes. La corneille l'ayant attaqué à
plusieurs reprises, l'épervier s'envola, tenant le moineau dans
une serre, puis, se retournant avec une agilité remarquable, le
dos presque touchant le sol, de sa serre restée libre, donna un
coup si violent à la corneille que celle-ci prit la fuite. Le mâle ne

se montre pas moins hardi que la femelle, et, comme elle. s'engage dans l'intérieur du village. »

L'ardeur avec laquelle ces rapaces poursuivent leur proie leur fait oublier toute prudence : On en a vu pénétrer dans des maisons, dans des voitures; on raconte même, qu'un épervier chassant un oiseau pénétra dans un wagon de chemin de fer en marche et y fut capturé.

L'épervier est l'ennemi le plus terrible des petits oiseaux, depuis la perdrix, jusqu'au roitelet. Il poursuit avec non moins d'ardeur les souris, les mulots, les reptiles et autres petits animaux.

Parfois il s'attaque à plus fort que lui et trouve une résistance sur laquelle il ne semblait pas compter.

« Me promenant un jour dans la forêt, dit Naumann, je vis un héron qui volait tranquillement, en rasant la cime des arbres. Tout à coup un épervier sortit du fourré, saisit au cou le héron surpris, et tous deux s'abattirent en poussant des cris épouvantables. J'accourus en toute hâte; malheureusement l'épervier m'aperçut trop tôt, il lâcha prise et s'enfuit. J'aurais bien aimé savoir ce qui serait advenu de ce combat inégal; si le téméraire rapace aurait fini par vaincre le héron et par l'égorger. »

Levaillant cite, de l'épervier, un fait de hardiesse vraiment extraordinaire : « Le trait suivant que je ne puis m'empêcher de rapporter, dit-il, prouvera ce qui a été déjà dit de ces petits oiseaux de proie. Un jour que j'étais occupé, comme de coutume, à écorcher devant ma tente tous les oiseaux que j'avais tués, il passa au-dessus de ma tête un de ces éperviers qui, ayant remarqué sur ma table plusieurs oiseaux, s'y abattit tout à coup, malgré ma présence, et m'en enleva un qui était déjà préparé; il l'emporta dans ses serres, et fut bien étonné, après l'avoir plumé sur un arbre à trente pas de nous, de n'y trouver, au lieu de chair, que de la mousse et du coton; cela ne l'empêcha pas, après avoir déchiré la peau en pièces, de manger le crâne tout ent.er, seule partie que je laisse dans mes oiseaux préparés. Comme j'examinais avec plaisir cet oiseau, arracher de dépit tout ce qui emplissait la peau bourrée qu'il m'avait dérobée, je le vis revenir planer au-dessus de moi à différentes reprises, mais il ne s'abattit plus, quoique j'eusse laissé exprès quelques oiseaux à sa portée. Je suis persuadé que si, à sa première tentative, il avait eu le bonheur de tomber sur un des oiseaux non préparés, il aurait infailliblement réitéré cette chasse, si facile et si commode pour lui ; mais, ayant été attrapé, il ne daigna probablement pas recommencer. »

Le caractère de l'épervier peut être modifié par la domesticité. Le docteur J. Franklin raconte qu'un de ses amis ayant acheté un épervier, il l'habitua à vivre en bonne intelligence avec des pigeons. Mais, ajoute le docteur, l'honneur de ce changement revient peut-être à la régularité avec laquelle il était nourri.

Lorsque, en passant auprès des arbres, ou des buissons vous remarquez de petits tas de plumes, soyez sûr qu'un épervier est venu là dépecer la victime qu'il s'était choisie !

Tous les petits oiseaux connaissent cet ennemi et le redoutent : « Les moineaux, dit Naumann vont, à sa vue, se réfugier dans les trous de souris. » D'autres oiseaux se laissent tomber à terre ; ils y demeurent immobiles, et soigneusement blottis, parviennent quelquefois à échapper par cette manœuvre. Les plus agiles le poursuivent en poussant des cris ; ils appellent à la rescousse tous leur petits compagnons. Les hirondelles de cheminées, notamment, troublent ses chasses ; et il n'est pas rare de voir ce terrible oiseau de proie fuir devant la troupe intrépide de ces courageux adversaires.

Ce rapace niche dans les fourrés, généralement à peu de distance du sol. Son nid est construit avec de petites branches sèches ; l'intérieur est tapissé de plumes. La femelle y dépose de trois à cinq œufs, assez gros, à coquille lisse, épaisse et dont la forme, la couleur et la longueur sont très variables ; cependant la couleur habituelle est le blanc-grisâtre ou verdâtre semé de points brun-rouge, et gris-bleu. Le père et la mère apportent la nourriture aux jeunes ; mais la femelle seule est en état de la leur préparer convenablement. De jeunes éperviers dont la mère avait été tuée, sont morts de faim, entourés d'une foule d'aliments que le père avait apportés, mais qu'il n'avait pas su préparer.

L'homme apprend sans cesse à ses dépens à connaître les déprédations de l'épervier : les perdrix, les cailles, les poussins égarés deviennent tour à tour ses victimes. Aussi, ce rapace ne mérite pas de pitié ; et nous devons nous efforcer d'en modérer la multiplication.

. . . .

En ce moment, un oiseau traversa la mare, rapide comme une flèche, et vint se percher à l'extrémité d'une branche de saule qui pendait au-dessus de l'eau. L'éclatante beauté de son brillant plumage provoqua chez les enfants un murmure d'admiration qui ne fut pas assez vite réprimé, car l'oiseau, peu soucieux paraît-il, de se faire admirer, reprit son vol et disparut dans la vallée du Miosson.

« Cet oiseau, mes enfants, dit l'oncle qui voulut éviter les nombreuses questions qu'il pressentait, est un martin-pêcheur ou alcyon (*alcedo ipsida*). La dénomination d'Alcyon est, paraît-il, comme le nom scientifique de l'épervier, empruntée à la mythologie : Alcyone, fille d'Eole, était inquiète de l'absence prolongée de son époux qui était allé consulter l'oracle de Claros. Elle se promenait triste et solitaire sur les bords de l'Océan, cherchant du regard, et espérant apercevoir dans le lointain, le navire de celui qu'elle aimait tendrement. Mais les flots irrités avaient mis le vaisseau en pièces, et les vagues ne roulèrent qu'un cadavre aux pieds de la pauvre désolée. Alcyone se précipita sur le corps inanimé du malheureux Céyix, cherchant bien inutilement à lui rendre la chaleur et la vie.

Les dieux témoins de ces regrets si vifs, et étonnés de ces sentiments de tendre affection changèrent les deux époux en oiseaux qui prirent le nom d'alcyons.

Le martin-pêcheur ou martinet-pêcheur est, dit Buffon, le plus bel oiseau de nos climats. Il n'y en a aucun en Europe qu'on puisse lui comparer pour la netteté, la richesse et l'éclat des couleurs : elles ont les nuances de l'arc-en-ciel, le brillant de l'émail, le lustre de la soie. Tout le milieu du dos, avec le dessus de la queue, est d'un bleu clair et brillant qui, aux rayons du soleil, a le jeu du saphir et le reflet de la turquoise. Le vert se mêle, sur ses ailes, au bleu, et la plupart des plumes y sont terminées et ponctuées par une teinte d'aigue-marine. La tête et le dessus du cou sont pointillés de même de taches plus claires sur un fond d'azur; la gorge est d'un blanc mêlé d'une légère teinte de roux; le devant du cou et le dessous du corps sont d'un marron-pourpre, plus clair et blanchâtre sur le milieu du ventre. Il y a de chaque côté de la tête, entre l'œil et le bec, une tache rousse, et derrière l'œil, deux bandes longitudinales, l'une rousse, l'autre d'un blanc-roussâtre; le bec est noir ainsi que les ongles; les pieds sont rouges. Tout cela forme un ensemble délicieux.

Cet oiseau que Cuvier avait placé dans le groupe des passereaux syndactiles est actuellement rangé dans la famille des alcédidés. Les oiseaux qui composent cette famille ont le corps épais, court, ramassé, pour ainsi dire; leur tête est allongée, grosse, couverte de plumes étroites, qui forment vers l'occiput une sorte de huppe; leur plumage est richement coloré.

Le martin-pêcheur a le vol rapide et filé, mais il ne franchit ordinairement que des espaces de peu d'étendue; il aime à se percher à l'extrémité des branches qui avancent au-dessus de l'eau; il se pose sur un petit tertre, une pierre, et il attend patiemment que le poisson se présente à la surface de l'eau. Alors il part comme un trait, pousse un cri aigu et fond sur sa

proie en rasant la surface de l'eau. Il l'enlève et l'emporte avec
non moins de rapidité. Si la proie est petite, légère, il va se percher sur une branche, près du rivage; si elle est plus volumi-
neuse, il va se poser à terre, la tourne et la retourne en tout
sens, la meurtrit à coup de bec pour l'avaler ensuite plus
facilement, la tête la première.

Le martin-pêcheur ou alcyon choisit pour y établir son nid et
élever sa couvée, un endroit commode, le long des berges à
pic, sur le bord d'une rivière, d'un canal, d'un ruisseau, d'un
étang, où il se trouve des trous assez profonds creusés par les
rats d'eau, abrités par des racines d'aulne ou de saule. Il ne
quitte plus alors ce lieu abrité; il en conserve la propriété même
quand on lui a déniché ses petits. Au besoin, il rend ce trou plus
profond, il en agrandit l'entrée ou la diminue en y appliquant
de la terre délayée.

La ponte est de six à neuf œufs ronds, d'un blanc lustré, ressemblant à de petites billes d'ivoire. Ces œufs reposent ordinairement sur une couche de petites arêtes de poissons entièrement
broyées.

Les parents enseignent aux petits à pêcher, à plonger, à
dissimuler leur présence sous les branches touffues, sous les
racines épaisses; ils ne les abandonnent que quand ils sont
capables de se suffire à eux-mêmes.

La chair de l'alcyon est détestable : Lorsque les paysans le
capturent, ils le tuent et le font sécher, non pas à cause de la
beauté de son plumage, mais parce qu'ils attachent à cette
dépouille un grand nombre d'idées superstitieuses : son corps
desséché, suspendue à un fil, par le bec, sert de boussole; la
mandibule supérieure du bec se tourne toujours dans la direction du nord; il tient aussi lieu de baromètre et d'hygromètre;
placé dans un meuble, il éloigne les teignes et les mites; il
détourne la foudre, augmente les trésors cachés, amène la paix
dans la maison, calme la mer. attire les poissons et favorise la

pêche. Malgré les progrès des lumières, ces idées fausses sont encore répandues dans certaines contrées et sont encore aujourd'hui l'objet de la croyance populaire.

Je veux, en terminant, vous citer une observation de Naumann qui prouve combien le martin-pêcheur est attaché à sa famille. Il s'était rendu, dans l'intention de se procurer des jeunes, au bord d'un cours d'eau où il avait reconnu l'entrée d'un nid. « Je n'étais pas seul, dit-il, et non-seulement nous avions beaucoup parlé, mais encore nous avions longtemps marché et piétiné au-dessus du nid. Aussi, grand fut mon étonnement, lorsque j'introduisis une baguette dans l'entrée, et qu'un martin-pêcheur, se décidant seulement alors à quitter ses petits, me frôla le visage en s'envolant. Mais la destruction de la famille avait été résolue; il me fallait me procurer un des parents, et comme nous n'étions pas convenablement outillés pour le moment, nous remîmes l'entreprise au lendemain, après avoir disposé un lacet à l'entrée du nid. Toute la perturbation amenée par notre visite n'empêcha pas la mère d'essayer de revenir auprès de ses petits. Le lendemain, nous la trouvâmes pendue au lacet et morte; pendant que nous enlevions les jeunes, le mâle passa plusieurs fois près de nous, en poussant des cris de détresse. »

VIII

La loutre — Ses mœurs. — Un étang ravagé. — La loutre et ses nourrissons. — Les loutres apprivoisées. — Une loutre et un coq. — La loutre dressée chez les Indiens. — La loutre du maréchal Chrysostôme Passek. — Jean Sobieski offre deux chevaux pour une loutre. — Le meurtre d'une favorite. — Un dragon condamné à mort.

Depuis la promenade à l'embouchure du Miosson, les jeunes gens avaient plusieurs fois exprimé le désir de connaître le singulier pêcheur qui mangeait cru le produit de sa pêche, et qui en abandonnait la plus grande partie sur le rivage.

Leur curiosité allait être satisfaite par l'oncle complaisant.

Si vous aviez été, leur dit-il, blotti dans quelques retraites bien cachées et que vous y fussiez restés bien silencieux, vous auriez été témoins, mes enfants, à la jonction du Miosson et du Clain, la nuit qui a précédé notre promenade, d'un spectacle qui vous aurait singulièrement intéressés.

Après avoir entendu dans la rivière des clapotements, le bruit d'une courte lutte, après avoir aperçu de grandes rides produites à la surface de l'eau tranquille, vous auriez pu voir un maraudeur se dissimulant de son mieux, nageant sans bruit, et venant déposer dans les broussailles, à l'endroit même où nous en avons trouvé les débris, la belle carpe, toute palpitante, qui allait servir à son repas.

Ce maraudeur, au corps souple et allongé, aux jambes courtes, à la tête aplatie, au museau obtus, aux yeux petits et saillants, aux oreilles petites et arrondies, aux doigts fortement palmés, à la queue longue, pointue, un peu aplatie, au poil court, roide, lisse et luisant, appartient à la famille des mustélidés aquatiques, et se nomme la loutre commune (*lutra vulgaris*).

Le dessus de son corps est de couleur brune, le dessous d'un gris-blanchâtre. Son pelage est composé d'un double vêtement : Des poils longs et fermes protégeant une espèce de duvet fin, soyeux et veloutés. Le tout constitue une excellente fourrure.

Les Grecs et les Romains connaissaient la loutre et nous ont transmis bien des fables sur son compte : Ils croyaient qu'elle attaquait l'homme et que, lorsqu'elle avait pu le saisir, elle ne le lâchait que lorsqu'elle avait entendu craquer ses os. Aristote et Pline en font une espèce de castor; Elien la qualifie du nom de chien de rivière.

« La loutre, dit Buffon, est un animal vorace, plus avide de poisson que de chair, qui ne quitte guère le bord des rivières et des lacs, et qui dépeuple quelquefois les étangs. Elle nage aussi vite qu'elle marche; elle parcourt les eaux douces, remonte ou descend les rivières à des distances considérables. Souvent elle nage entre deux eaux, y demeure assez longtemps et ne revient à la surface que pour respirer.

Ce carnassier à de 0 m 90 à 1 mètre de long; la queue a la moitié de la longueur du corps; elle ne dépasse pas 0 m 32 de hauteur et pèse de 10 à 15 kilogrammes. La taille de la femelle est un peu moindre que celle du mâle; son corps est plus fluet, son pelage plus clair. La loutre a quelque chose de la physionomie du serpent.

Elle habite une demeure souterraine dont l'ouverture est placée à 50 ou 60 centimètres au-dessus de l'eau; de là part une sorte de corridor qui monte obliquement et débouche sur une vaste retraite, toujours sèche et tapissée d'herbes, et de joncs; un second couloir, beaucoup plus étroit se dirige vers la surface de la berge et sert à la ventilation et à l'assainissement de l'habitation.

La loutre présente les particularités les plus curieuses. Elle marche avec une allure qui rappelle celle du serpent, la tête inclinée et le dos un peu recourbé; elle peut se retourner avec une très grande facilité, se dresser sur ses pattes de derrière et rester plusieurs minutes dans cette position. Ce n'est que pressée par la faim qu'elle se nourrit d'animaux terrestres. Vue dans l'eau, elle paraît un tout autre animal; elle est là dans l'élément qui lui convient, et elle y cherche un refuge au moindre danger. Ses dents pointues et solides lui servent à retenir sa proie. Elle nage avec autant d'agilité que le poisson qu'elle poursuit, et, si elle n'était pas dans l'obligation de reparaître à la surface pour respirer, aucune proie ne lui échapperait. Même après un long séjour dans l'eau, son poil est toujours sec et des observateurs prétendent que la nuit, il est phorphorescent. Elle reste tout le jour cachée dans sa retraite, où elle apporte souvent une partie de son butin; aussi sa demeure et le voisinage sont-ils infectés de la mauvaise odeur des débris de poisson qu'elle y laisse.

La loutre est passée maîtresse dans l'art de prendre le poisson : Dans les eaux peu profondes, elle pêche dans les anses du rivage; elle frappe de sa queue la surface de l'eau, effraye le poisson qui se réfugie sous des pierres, des racines, dans des trous et s'en empare facilement.

« Si à deux, dit Brehm, elles poursuivent un saumon, l'une nage au-dessus de lui, l'autre au-dessous, jusqu'à ce que celui-ci fatigué se rende sans défense. Si elle est seule et qu'elle ait affaire à un gros poisson, la loutre, pour mieux se dérober à sa vue, l'aborde par dessous, le saisit au ventre, et vient le dévorer sur le rivage; quant aux petits, elle les mange tout en nageant, et en é'evant la tête au-dessus de la surface du liquide. »

« Dans le parc de Stuttgard, dit Tessin, les étangs sont très poissonneux, et on y entretient beaucoup d'oiseaux aquatiques. Pendant l'été de 1824, une loutre fit, parmi ces derniers, de très grands ravages, durant p'us de six semaines, sans qu'on pùt se douter de sa présence. Tous les nids de canards furent détruits, les œufs dévorés; les jeunes canards et les jeunes oies disparaissaient, les poissons diminuaient sans qu'on découvrît leurs restes. Chaque matin, on trouvait deux ou trois canards adultes, dont il ne restait que le cou et la tête; des oies et des cygnes gravement blessés, qui succombaient plus tard à leurs blessures. Enfin, par un clair de lune, M. Bosch, jardinier en chef des jardins du roi, résolut de surveiller lui-même les étangs. Depuis neuf heures jusqu'à minuit, les oiseaux furent continuellement en alarme, et dispersés de tous côtés; il entendait sans cesse le cri d'effroi des jeunes canards, et le calme ne s'établit que lorsque tous eurent trouvé un refuge sur la terre. Il lui était impossible de découvrir la cause de cette agitation, et il essaya vainement de chasser de nouveau les canetons sur l'étang. Vers une heure, un canard sauvage s'abattit à quelques pas de lui; il remarqua bientôt que l'eau se ridait, comme si un gros poisson nageait près de la surface; mais ces rides marchaient plus rapidement que si c'eût été un poisson; dès que le canard les aperçut, il se leva et s'enfuit; les rides s'approchaient de plus en plus de M. Bosch, qui tira sur elles avec du gros plomb; l'eau devint tranquille. M. Bosch sauta dans un canot, explora le fond de l'étang, et rencontra bientôt une masse molle qu'il attira à lui et dans laquelle il reconnut une loutre. A partir de ce moment, les oiseaux purent vivre en paix. »

La loutre témoigne à ses nourrissons le plus tendre dévouement; elle se fait tuer plutôt que de les abandonner.

« J'avais privé une loutre de ses petits, raconte Steller : huit jours après, je retournai sur l'endroit de l'exécution; je trouvai la mère assise près de la rivière, dans une attitude de langueur et de désespoir. Elle se laissa tuer sur place, sans faire aucune tentative de fuite. En la dépouillant, je reconnus qu'elle était tout amaigrie par la douleur que lui avait causée la perte de ses petits. Une autrefois, je vis une vieille femelle, dormant à côté de son jeune, âgé d'environ un an. Aussitôt que la mère nous vit, elle éveilla son petit, et l'engagea à se jeter dans la rivière. Celui-ci ne suivait point l'avis qui lui était donné et semblait enclin à prolonger son sommeil. Elle le prit alors dans ses pattes de devant et disparut avec lui. »

Les ravages que commet la loutre font qu'elle est poursuivie avec acharnement; mais sa prudence est telle qu'on ne l'atteint que fort rarement.

Prises jeunes, les loutres s'apprivoisent assez facilement et sont susceptibles d'éducation.

Cependant Buffon a prétendu que la loutre ne pouvait pas être réduite à l'état de domesticité. « Toutes les jeunes loutres que j'ai voulu élever, dit-il, cherchaient à mordre, même en prenant du lait et avant d'être assez fortes pour mâcher le poisson; au bout de quelques jours elles devenaient plus douces; mais ce n'était peut-être que parce qu'elles étaient malades et faibles; loin de s'accoutumer à la vie domestique, toutes celles que j'ai voulu faire élever sont mortes dans le premier âge. » Buffon aurait sans doute obtenu de meilleurs résultats, si au lieu de confier ses expériences à autrui, il les eût faites lui-même.

Jonston, dans son *Histoire Naturelle des animaux*, publiée vers 1650, rapporte que les cuisiniers, en Suède, avaient l'usage d'envoyer des loutres dans les viviers pour leur apporter du poisson.

Lentz parle d'un habitant de la Scanie qui, au moyen d'une loutre dressée, prenait journellement autant de poisson qu'il lui en fallait pour nourrir toute sa famille.

La vérité est que capturées jeunes, nourries de pain et de lait,

surveillées avec soin, les loutres se privent parfaitement et
supportent facilement leur captivité.

Plusieurs écrivains citent de nombreux exemples de loutres
domestiquées et rendant de véritables services à leurs propriétaires. M. Joseph Lavallée en mentionne une élevée à Verdun
par le receveur municipal de cette localité, et deux autres qui
ont appartenu à un propriétaire d'Aubervillé. M. H. G. dans
« *Les Trois règnes de la Nature* », dit avoir vu à Rochefort, une
jeune loutre parfaitement apprivoisée par un condamné qui était
alors attaché au cabinet de zoologie de l'hôpital de la Marine.
« Son maître la tenait habituellement dans un cabinet obscur ;
mais la pauvre bête avait parfois des vélléités de liberté, surtout
lorsque son instinct l'avertissait que les pluies avaient rempli
les fossés extérieurs de l'établissement, et, dès qu'elle avait
obtenu la permission d'aller s'ébattre dans son élément favori,
tout le monde prenait plaisir à la voir nager, plonger, faire
mille évolutions dans l'eau qu'elle quittait avec peine à l'appel
de son maître. Celui-ci était-il obligé d'aller en ville, la loutre,
toujours sur ses talons, parcourait les rues les plus fréquentées,
ne s'arrêtant jamais que pour faire face aux chiens qui venaient
la flairer de trop près, et qu'elle savait fort bien éloigner.

« Elle n'était pas aussi heureuse, lorsqu'en sortant de
l'hôpital ou y rentrant, elle rencontrait un coq appartenant au
concierge. A peine l'oiseau l'avait-il aperçue que, furieux,
criant, battant des ailes, il accourait, engageait une lutte qui ne
durait pas longtemps, mais se terminait toujours à son avantage ; les spectateurs intervenaient en vain pour dérober la
pauvre loutre aux attaques incessantes de son ennemi qui la
criblait de coups de bec et d'ergot ; une fois, malheureusement,
l'intervention fut trop tardive et la loutre perdit un œil. »

Le même naturaliste a élevé lui-même une loutre : « Au mois
de février 1845, dit-il, pendant que nous habitions une campagne située dans le département de la Charente-Inférieure et sur

la rive droite de la rivière de la Seigne, nous apprîmes un jour qu'un cultivateur de nos voisins venait de s'emparer de deux petites loutres. L'occasion de tenter une expérience que nous désirions faire depuis longtemps se présentait enfin; nous ne la laissâmes pas échapper; une heure après la nouvelle reçue, notre élève, à peine âgée de huit à dix jours, était installée dans une boîte, sur un lit d'étoupes, et nous lui présentions du lait qu'elle buvait avec avidité, non en lapant, à la manière des chiens et des chats, mais en plongeant l'extrémité de son museau dans le liquide. Bientôt, nous apercevant qu'une nourriture plus substantielle devenait nécessaire, nous mettions dans le lait du pain émietté. Cet aliment suffit à la captive pendant plus d'une semaine; puis, le lait ayant été supprimé, il lui fut donné une pâtée composée de pain et de chair de poisson hachée.

« La première fois que le nouveau mets lui fut présenté, nous reconnûmes immédiatement la puissance instinctive de ses appétits naturels; néanmoinns, jamais elle ne chercha à laisser le pain de côté. Plus tard, quand elle eut pris de la force et fut devenue familière, c'est-à-dire parcourant les appartements ainsi qu'un animal domestique, elle se tenait, à l'heure des repas, sous la table, et acceptait comme un jeune chien tout ce qui lui était donné.

» Après trois mois de bons soins, notre loutre était bien portante et familière et nous allions commencer à la dresser lorsqu'un accident nous l'enleva. La malheureuse petite bête se tua un soir en tombant du premier étage sur les carreaux du rez-de-chaussée.

» Cependant, il nous est resté de cet essai l'intime conviction que, de tous les animaux sauvages de notre pays, il n'en est pas de plus facile à élever et à apprivoiser que la loutre. »

Les Indiens, au rapport de l'évêque Héber, avaient des loutres dressées à chasser le poisson :

« J'arrivai, dit-il, à un endroit de la rivière où, à ma grande surprise, je vis une rangée de neuf à dix loutres, toutes grandes et belles, qui étaient attachées chacune à un piquet de bambou planté sur le rivage, au moyen d'une laisse et d'un collier de paille. Quelques-unes nageaient aussi loin que cette laisse le leur permettait ; d'autres étaient couchées sur la rive, ayant une partie du corps seulement hors de l'eau ; d'autres, enfin, se roulaient au soleil sur le sable, en poussant une sorte de petit sifflement assez aigu, mais qui paraissait d'ailleurs être un cri de plaisir. On me dit que dans ce canton, beaucoup de pêcheurs avaient ainsi une ou plusieurs loutres qui n'étaient guère moins apprivoisées que des chiens, et qui leur rendaient des services analogues, tantôt poussant dans les filets les bandes de poissons, tantôt saisissant les plus gros avec leurs dents et les rapportant elles-mêmes. »

Une loutre apprivoisée est un animal fort agréable ; elle connaît son maître, le suit comme un chien, lui témoigne beaucoup d'affection.

« Une jeune loutre, dit Winkell, qui avait été élevée par le jardinier de mes parents, n'aimait rien autant que la société des hommes. Lorsque nous étions au jardin, elle arrivait, grimpait sur nous, se cachait dans notre poitrine, sortant la tête de dessous nos vêtements. Quand elle fut plus grande, il suffisait de siffler et de l'appeler par son nom, pour la faire arriver de l'étang où elle s'amusait à nager. Quand elle faisait quelque sottise, la punition la plus sensible était de l'arroser avec de l'eau ; elle craignait cela plus que les coups. »

« Un chasseur bien connu, dit Wood, possédait une loutre qui était merveilleusement dressée. Quand on appelait Neptune, c'est le nom qu'on lui avait donné, elle arrivait aussitôt. Déjà, très jeune, elle montrait beaucoup d'intelligence, et avec les années, elle crut en docilité. On la laissait courir et pêcher partout librement. Elle pourvoyait la cuisine, et employait souvent à cela ses nuits entières. Le matin, on la trouvait à son poste, et les étrangers ne pouvaient assez s'émerveiller de lavoir au milieu des chiens d'arrêt et des lévriers, avec lesquels elle vivait dans les meilleurs termes. »

Mais tous ces animaux, même apprivoisés, ne sont pas d'aussi bonne composition : Il en est qui ne demandent pas mieux que de chasser, mais qui entendent s'approprier le fruit de leurs exploits, témoin la loutre dont parle Richardson et qu'il avait lui-même apprivoisée.

Elle le suivait dans ses promenades en jouant comme un chien; elle sautait dans l'eau, nageait avec plaisir, mais il ne put jamais l'habituer à rapporter sa capture. Lorsqu'elle remarquait que son maître s'approchait d'elle pour la lui enlever, elle sautait dans l'eau avec sa proie, gagnait l'autre rive et la mangeait en paix.

De toutes ces histoires de loutres, la plus intéressante est sans contredit celle qui nous a laissée un seigneur polonais, le maréchal Chrysostome Passek. La voici telle que Lenz nous l'a conservée.

« En 1686, pendant que j'étais à Azowka, le roi Jean Sobieski m'envoya Stroszewski avec une lettre; le grand écuyer m'écrivit aussi et me pria de faire cadeau au roi de ma loutre, en m'offrant autant d'argent que je voudrais, et m'assurant toutes sortes de faveur en échange; c'était comme si l'on m'eût fait entrer du charbon ardent dans le cœur : je résistai longtemps, mais à la fin, voyant qu'il revenait toujours à la charge, je dus consentir à me séparer de mon animal favori. Nous bûmes de l'eau-de-vie et nous nous rendîmes dans la prairie, car la loutre rôdait autour de l'étang. Je l'appelai par son nom, « Ver »; elle sortit des roseaux, sauta autour de moi et me suivit dans la chambre. Stroszewski était émerveillé; et il disait : « Combien le roi va chérir un animal aussi apprivoisé! » Je lui répondis : « Tu ne vois et ne loues que sa docilité; mais tu

auras encore plus à louer quand tu auras vu ses autres qualités. » Nous nous rendîmes à l'étang voisin et nous nous
tînmes sur la digue. Je criai : « Ver, j'ai besoin de poisson
pour mes hôtes, saute à l'eau! » La loutre s'élança et apporta
d'abord une ablette; je l'appelai une seconde fois, elle apporta
un petit brochet, et la troisième fois, un gros brochet qu'elle
avait blessé au cou. Stroszewski se frappa le front et s'écria :
« Dieu! que vois-je! » Je lui demandai : « Veux-tu qu'elle en
cherche encore? Elle m'en apporte jusqu'à ce que j'en ai assez. »
Stroszewski était hors de lui de joie, et espérait surprendre le
roi par le récit de ces faits; je lui montrai, avant son départ,
toutes les vertus de ma bête.

» La loutre couchait avec moi ; elle était très propre, jamais
elle ne salit ni mon lit, ni ma chambre. Elle était un bon gar-
dien, un véritable cerbère. Dans la nuit, personne ne pouvait
s'approcher de mon lit; à peine si elle permettait à mon domestique d'enlever nos bottes; après, il ne devait plus se montrer,
sans quoi elle poussait un cri tel qu'il me réveillait du plus profond sommeil. S'il m'arrivait que m'étant couché un peu entre
deux vins, mon sommeil fut plus profond qu'à l'ordinaire, elle
s'agitait tellement sur ma poitrine et faisait tant de bruit qu'elle
finissait toujours par m'éveiller. Le jour, elle se couchait dans
un coin, et dormait si profondément qu'on pouvait la prendre
dans les bras, sans qu'elle ouvrît les yeux. Elle ne mangeait ni
poisson ni viande crue. Le vendredi et le samedi, jours de
jeûne, il fallait faire bouillir pour elle un poulet ou un pigeon,
encore ne voulait-elle pas y toucher, s'ils n'étaient accommodés
au persil, car elle aimait extraordinairement cette herbe. Quand
quelqu'un me prenait par l'habit et que je criais : « Il me touche! » Elle s'élançait avec un cri perçant, et sautait après ses
habits et ses jambes, comme un chien.

» Elle aimait un chien caniche, qui s'appelait Caporal. Elle en
avait appris tous ses tours; ils vivaient en bonne amitié, et,

dans la chambre comme en voyage, ils étaient toujours ensemble. Elle ne se mêlait pas aux autres chiens, les chassait à coups
de patte et à coups de dents, et aucun d'eux n'était assez hardi
pour lui faire du mal. Un jour, Stanislas Ozarawski descendit
chez moi, après un voyage que nous avions fait ensemble. Je lui
donnai la bienvenue. La loutre, qui ne m'avait pas vu depuis
plusieurs jours, s'approcha de moi, et me combla de caresses.
Mon hôte, qui avait avec lui un très beau lévrier, dit à son
fils : « Samuel, retiens le chien, qu'il ne déchire pas la loutre.
— Ne t'inquiète pas, répondis-je; cet animal, quelque petit
qu'il soit, ne supporte aucune insulte. — Comment! tu
plaisantes? reprit-il; mon chien saisit le loup, et le renard ne
respire qu'une fois dans ses pattes. » Après avoir joué avec
moi, la loutre aperçut le chien étranger, s'approcha de lui, et le
fixa; le chien la fixa pareillement. Elle tourna autour de lui, le
flaira, se recula et se retira. Je pensai en moi-même : Elle ne
fera rien au chien. Mais à peine avions-nous commencé à
parler, qu'elle se glissa près de lui, lui donna des coups de
pattes sur le museau, et le força à passer par la porte et à se
réfugier derrière le poêle, mais elle l'y suivit encore. Le chien,
ne retrouvant pas d'autre issue, sauta sur la table et brisa deux
verres taillés remplis de vin; on le mit à la porte, et il ne rentra
plus dans la chambre, quoique son maître ne partît que le
lendemain, à midi. Quand la loutre rencontrait un chien sur
son chemin, elle poussait un tel cri que celui-ci prenait la
fuite.

» Cet animal m'était très utile en voyage. Quand, lors du
carême, je passais avec elle près d'une rivière ou d'un étang, je
mettais pied à terre et criais : « Ver, saute à l'eau! » Elle sautait
aussitôt et m'apportait des poissons pour moi et pour ma suite.
Elle rapportait aussi des grenouilles et tout ce qu'elle trouvait.
Le seul désagrément était que les gens se rassemblaient en masse,
pour voir cet animal, comme s'il venait des Indes. Je rendis un

jour visite à mon oncle Félix Chociewski, chez lequel se trouvait le prêtre Srebienski; il était assis à table, près de moi; la
loutre était couchée sur mon dos, c'était sa manière favorite de
se reposer. Le prêtre, en la voyant, crut que c'était une fourrure, et la saisit; mais la loutre s'éveilla, cria, le mordit à la
main, tellement qu'il en tomba évanoui de terreur.

» Straszewski se rendit auprès du roi et lui raconta ce qu'il
avait vu et entendu. Le roi me fit demander ce que je voulais
pour ma loutre, et le grand écuyer Piekaeski m'écrivit : « Pour
l'amour de Dieu, ne refuse pas la demande du roi, donne-lui ta
loutre, tu n'auras, sans cela, pas de repos. »

Straszewski m'apporta la lettre, et me raconta que le roi
disait toujours :

« *Bis dat, qui cito dat.* » (Celui qui donne de suite, donne le
double.) Le roi fit venir deux beaux chevaux turcs de Jaworow,
les fit splendidement harnacher et me les envoya en échange. Je
donnai ma loutre. Lorsque je mis ma chère bête dans une cage
pour l'envoyer à son nouveau maître, la pauvrette se prit à crier
et à piauler si douloureusement, que je me sauvai au plus vite
en me bouchant les oreilles : jamais je n'ai autant souffert. Elle
s'agitait dans sa cage, tandis qu'on traversait le village. Elle
devint triste et maigrit. Quand on la présenta au roi, il se
réjouit et dit : « Cette bête est très maigre, mais elle sera bientôt
mieux. » Elle montrait les dents à quiconque voulait la toucher. Le roi dit à la reine : « Marie, qu'en penses-tu, si je la
caressais un peu? » La reine jeta un cri perçant, en le priant de
n'en rien faire; néanmoins, le roi approcha sa main en disant :
« Si elle ne me mord pas, ce sera un bon signe, et, dans le cas
contraire, qu'importe? On ne mettra pas cela dans les jour-
naux. » Il la caressa donc, et, au lieu de le mordre, elle fit la
mignonne : ce qui réjouit si fort le roi que, depuis ce moment,
il jouait sans cesse avec elle, et il répudia son oiseau favori, le
casoar, et le lynx apprivoisé qu'il avait dans son parc. En en-

voyant la loutre, j'avais écrit une page entière d'instructions relatives à ses habitudes et à la manière de la nourrir : on suivit à la lettre mes conseils, et elle s'accoutuma peu à peu à sa nouvelle habitation. Le roi lui fit apporter à manger, lui donna lui-même sa nourriture, et elle en prit une partie. Elle se promena librement dans la chambre pendant deux jours; on lui plaça alors des vaisseaux avec de petits poissons et des écrevisses; la loutre y sauta avec joie et rapporta les poissons. Le roi dit un jour à la reine : « Marie, je ne mangerai pas d'autres poissons que ceux que me pêchera ma loutre. Nous allons aller à Wilanow, et nous verrons comment elle se connaît en poissons. »

« Mais, la nuit suivante, la loutre sortit du château, rôda aux environs, et fut tuée d'un coup de bâton, par un dragon qui ne savait pas qu'elle était apprivoisée. Il en vendit la peau à un juif pour douze sols. Le lendemain, on chercha la loutre partout, on cria, on se lamenta. On finit par trouver le juif et le dragon; ils furent arrêtés et conduits devant le roi. Lorsqu'il vit la fourrure, il se couvrit les yeux avec une main, s'arracha les cheveux avec l'autre, et s'écria : « Qui est un honnête homme, qu'il le frappe; qui croit en Dieu, qu'il le frappe! » Le dragon fut condamné à mort. Alors parurent les prêtres, les confesseurs, les évêques; ils prièrent le roi, lui représentèrent que le dragon n'avait péché que par ignorance. Ils obtinrent qu'il ne fut que fustigé. Le roi ne mangea point de toute cette journée, et ne voulut parler à personne. Voilà quel fut le résultat de ce beau caprice royal; Jean n'en retira presque aucun plaisir, et il me priva du mien. »

Dès que l'oncle eut terminé son récit, la plus jeune nièce qui s'était bien gardée d'interrompre, affirma qu'elle avait vu, dans la Fosse-Noire, plusieurs petites loutres, et qu'il serait facile de s'en emparer pour les apprivoiser. Tout à l'heure encore, dit-elle, il y en avait une qui se glissait dans cette touffe de joncs.

Le naturaliste avait également aperçu la prétendue loutre, et tous les enfants éclatèrent de rire quand il leur eut dit que l'animal qui avait causé l'erreur de la petite fille était un rat d'eau.

Cependant, il leur promit, sur ce rongeur, quelques détails intéressants.

IX

Le naturaliste, nous l'avons déjà dit, aimait à faire, avec ses neveux, de longues promenades matinales. Au commencement, il y avait bien eu quelques protestations parmi les jeunes dormeurs, mais l'habitude fut bientôt prise et la santé n'en était que meilleure.

Ce jour là, le soleil venait de paraître derrière les collines du Clain, lorsque la petite colonie arriva aux environs de la Fosse-Noire où une surprise les attendait. Une silhouette bizarre se détachait sur le fond vert sombre du feuillage, et lorsque les promeneurs eurent franchi une partie de la distance qui les séparait de la mare, ils reconnurent un oiseau, debout sur de longues pattes, le cou enfoncé dans les épaules, la tête armée d'un bec formidable en forme de poignard, qui paraissait surveiller l'eau avec la plus grande attention. Tout à coup, prompt comme l'éclair, son long cou s'allongeait, se détendait comme un ressort, et venait frapper l'eau ou la vase, où sans doute une proie s'était montrée.

6

Cet hôte inattendu de Fosse-Noire devait offrir, pour la matinée, un intéressant sujet d'entretien.

L'oncle engagea les enfants à garder le silence. Ils purent observer un instant cet oiseau qu'ils avaient déjà vu derrière les vitrines d'un cabinet d'histoire naturelle et qu'ils savaient être un héron. Mais cet animal, qui prête constamment une oreille méfiante et attentive à tous les bruits, s'envola et disparut bientôt dans la direction du Clain.

— Voilà, mes enfants, dit le vieillard, un bel échantillon du héron cendré (*ardea cinerea*) qui ne se montre que bien rarement dans la vallée du Miosson. Cet oiseau appartient à la famille des *cultrirostres*, à l'ordre des *échassiers*, et à la tribu des *ardéidés*.

Les hérons sont des oiseaux semi-nocturnes ; ils chassent de préférence avant le lever de l'aurore et après le coucher du soleil. Solitaires par nécessité, puisqu'ils sont comme des chasseurs à l'affût ou comme les pêcheurs patients qui attendent anxieusement le mouvement du bouchon de leur ligne, ils restent souvent plusieurs heures, appuyés sur une patte, dans une immobilité complète, semblant rêver philosophiquement à la solution de quelques grands problèmes. Ils sont admirablement pourvus pour l'accomplissement de la mission qui leur a été confiée : « Les doigts du héron, est-il dit dans l'*Encyclopédie* du docteur Chenu, sont d'une longueur excessive ; celui du milieu est aussi long que le tarse ; l'ongle qui le termine est dentelé en dedans comme un peigne, et lui fait un appui et des crampons pour s'accrocher aux menues racines qui traversent la vase sur laquelle il se soutient au moyen de ses longs doigts épanouis. Son bec est armé de dentelures tournées en arrière par lesquelles il retient le poisson glissant. Son cou se plie souvent en deux, et il semblerait que ce mouvement s'exécute au moyen d'une charnière, car on peut encore faire jouer le cou plusieurs jours après la mort de l'oiseau. »

Les hérons, constamment sur leurs gardes, sont, nous l'avons dit, d'un naturel inquiet et défiant; on ne peut guère les approcher que par surprise. Il y aurait un réel danger à vouloir saisir, sans précautions, un héron blessé; il replie son cou en arrière, et, le détendant comme un puissant ressort, il cherche à crever les yeux de son adversaire avec son bec puissant et acéré. Plusieurs fois, des chasseurs inexpérimentés ont été blessés par ces oiseaux. Quelques-uns de ces faits sont rapportés dans *les Trois règnes de la Nature*. « J'ai eu, dit le vicomte de Dax, un héron qui, préférant la chasse à la trop facile provende qui lui était journellement donnée dans un baquet, cherchait les trous de souris et de musaraignes, et, montant la garde en se dissimulant autant que possible, ne manquait jamais de perforer, du premier coup, l'imprudente qui se hasardait à sortir seulement à mi-corps, puis, la tenant au bout du bec, il marchait gravement et à pas comptés jusqu'à son baquet, y plongeait la souris, et ne l'avalait qu'après une longue immersion. »

« On a dit du héron qu'il était poltron, timide, couard. Cette assertion n'est pas plus juste que celle qui en fait un être stupide. Il a l'instinct de la conservation, mais la prudence n'exclut pas le courage; nous l'avons vu à l'œuvre avec le faucon, et à l'état libre ou en captivité, il est fort souvent agressif.

» Lorsqu'il s'adresse à plus fort que lui, il vise souvent aux endroits les plus vulnérables, principalement aux yeux, et plusieurs fois j'ai été témoin de ce fait, qui était déjà connu du temps d'Aristote.

» Le héron chasseur de souris, dont j'ai parlé plus haut, avait horreur des chats. Etait-ce jalousie de métier? Je n'oserais l'affirmer, mais le fait est qu'après avoir crevé un œil à deux ou trois de ceux qui appartenaient à la ferme, il était resté complètement maître du champ de bataille. »

» Un matin, j'entends dans la cour des éclats de voix, des

aboiements, et, dominant le tout, le cri rauque de mon héron, qui, fièrement campé sur ses longues jambes, les plumes ondoyantes, les ailes entr'ouvertes, le col rentré jusqu'au ras du dos, suivait d'un rapide regard toutes les évolutions d'un gros chien, dont le maître, paysan du voisinage, excitait l'ardeur, à la grande joie du personnel de la ferme :

— » Je vous avertis, lui dis-je, que si votre chien s'approche trop du héron, il aura un œil crevé.

— » Ah! bah, Milord en a vu bien d'autres; mais peut-être Monsieur a-t-il peur qu'il ne mange sa volaille.

— » Non, certes; mais c'est pour votre chien que je crains.

— » Oh! bien, alors... xie! xie! Milord, attrape-le mon bonhomme!

» Le chien fait un pas en avant, bondit en hurlant de douleur, tournoie sur lui-même : il avait un œil entièrement arraché de l'orbite.

» Le maître de Milord n'était plus content. »

— « Dans une ferme de la Champagne, près du château d'Athys, un jeune héron avait été mis dans la basse-cour, où pendant près de deux ans il vécut fort paisiblement. Ayant eu alors maille à partir avec un coq fort querelleur de sa nature, il le tua roide d'un seul coup de bec, et ce triomphe facile changea son caractère. Il devint le fléau de la gent emplumée, massacra poules, coqs, canards et canetons, et fit si bien, ou plutôt si mal, qu'il fut occis sans rémission. »

« A l'état libre, le héron non-seulement se défend vigoureusement, mais parfois attaque sans avoir été provoqué.

— En avril, me trouvant en chasse dans la Camargue avec un de mes amis, nous marchions précédés de nos chiens, traversant joncs et roseaux, pour atteindre le bas des rizières du château d'Avignon, lorsque le chien de mon compagnon hurle douloureusement, et un héron part en même temps d'une touffe entourant un grand tamarix. A notre appel, le chien revient vers nous : le sang sortait d'une profonde entaille qu'il avait reçu au-dessus de l'œil droit, et l'aspect de la blessure offrait toutes les apparences d'un coup de poignard. Au milieu du tamarix se trouvait un nid de hérons, dans lequel nous trouvâmes quatre œufs, dont un cassé.

» Deux jours après, nous étions dans la partie avoisinant le Rhône mort, et, un peu écarté de mes compagnons, je passais à côté d'une grande touffe de roseaux, lorsque je me sentis frapper violemment à la cuisse gauche et éprouvai une sensation aussi désagréable qu'imprévue. Un héron s'enleva au même instant de son nid que je touchais presque.

» Ma veste, mon pantalon et ma peau étaient tranchés aussi proprement que par une lame de couteau. »

Toussenel parle d'un héron apprivoisé qui, se mettant à l'affût sur une vieille roue oubliée dans la cour d'une ferme, attendait au passage les pierrots et les hirondelles, et les poignardait au vol.

Gerbe, d'après Brehm, trace un portrait peu flatté des ardéidés, en général :

« Les mœurs, les habitudes des ardéidés, dit-il, ne sont pas faites pour trop plaire. Ces oiseaux peuvent nous intéresser, nous ne les aimerons jamais. Les rassemblements nombreux qu'ils forment offrent un spectacle curieux, donnent lieu à bien des observations, mais ils n'ont rien de très attachant. Les ardéidés peuvent prendre les postures les plus singulières; aucun, cependant, ne peut passer pour gracieux; ils sont assez agiles, mais leurs mouvements, comparés à ceux des autres hérodions, nous paraissent lourds et maladroits. Dans leurs allures se reflètent leurs mœurs. Leur démarche est lente, inquiète; leur vol n'est pas maladroit, mais uniforme et mou, et n'est pas à comparer à celui de la cigogne ou de l'ibis. Ils peuvent grimper avec agilité le long des roseaux et dans les arbres ; mais ils le font avec une maladresse manifeste ; ils nagent, mais d'une telle façon qu'on ne peut s'empêcher de rire. Leur voix est un grincement désagréable ou un hurlement retentissant ; le cri des jeunes est un glapissement insupportable.

» De leurs sens, la vue est le plus parfait ; leur œil beau, de couleur claire, a quelque chose de rusé comme celui du serpent, et les mœurs des ardéidés ne démentent pas l'expression de cet organe. De tous les oiseaux de marais, ce sont les plus haineux, les plus méchants. Ils vivent souvent en grandes troupes, sans être pour cela des oiseaux sociables, chacun semble envier le bonheur de ses voisins, et ne laisse perdre aucune occasion de le manifester. Ils craignent les animaux plus forts qu'eux, et les évitent en prenant la fuite ou en se cachant ; tandis qu'ils se montrent meurtriers, sanguinaires, querelleurs vis-à-vis de plus faibles qu'eux. Ils se nourrissent surtout de poissons. Les petites espèces sont principalement insectivores ; mais pour tous, grands et petits, toute proie dont ils peuvent se rendre maîtres est bonne. Ils mangent aussi de petits mammifères, de jeunes oiseaux, des reptiles de toute espèce (à l'exception peut-être des crapauds), des mollusques, des vers, des crustacés. Leurs longs doigts, leur corps léger, leur permettent de marcher sur la vase la plus fluide, de fouiller ainsi tous les cours d'eau.

Le même auteur est encore plus sévère à l'égard du héron cendré : « Le héron cendré a les mœurs, les habitudes que nous avons décrites à propos de la famille des ardéidés. C'est une des espèces les moins belles, les plus désagréables. Il est le plus craintif, le plus défiant de tous les ardéidés, par cette raison qu'il est le plus chassé. Un coup de tonnerre le remplit de terreur ; tout homme qu'il aperçoit de loin lui paraît suspect. Il est très difficile de surprendre un vieux héron cendré ; il connaît le danger, l'apprécie à sa valeur et fuit toujours à temps.

» Chez nous, dit-il, ailleurs, on chasse partout les ardéides.

car ils causent plus de mal que tous les autres oiseaux qui
viennent habiter nos cours d'eau. Là où il existe une héronnière,
on fait chaque année une grande battue, ou pour mieux dire un
grand massacre, dans lequel on tue le plus d'individus que l'on
peut. Ce n'est que là, d'ailleurs qu'il est réellement possible de
chasser ces oiseaux, qui sont d'ordinaire trop prudents, trop
défiants pour se laisser approcher ou surprendre. »

Je ne sais si les auteurs de ces massacres sont bien inspirés,
et s'il est vrai que les hérons doivent être considérés comme des
oiseaux nuisibles. Dans tous les cas, si les pauvres bêtes sont
l'objet de vives attaques, ils ont aussi des défenseurs con-
vaincus.

« Un naturaliste démontre, par une série de faits et par des
observations d'une logique rigoureuse, que les hérons sont des
oiseaux très utiles, et, comme beaucoup d'autres, victimes d'in-
justes préjugés. Si ces oiseaux causent quelquefois un léger
préjudice aux intérêts des propriétaires et des pêcheurs, ce préjudice est largement compensé par les incontestables services
qu'ils rendent. Dans ce cas même, ils sont de précieux auxiliaires
prélevant un mince salaire pour un travail pénible et persé-
vérant

» On a constaté que le héron gris se nourrit de vipères, de
couleuvres, de mulots, de grenouilles, de rats d'eau, de campagnols, de plantes marécageuses, et de cadavres de petits mammifères et d'insectes en putréfaction.

» Dans les environs de la héronnière d'Ecury-le-Grand, les
vipères sont très rares, tandis qu'elles pullulent dans les autres
localités au point qu'un villageois, le sieur Rozier, de Saint-
Blin, a eu pour sa part, dans une seule année, 1,400 francs de
primes pour la destruction de ces reptiles.

» De plus les hérons combattent la trop grande multiplication
des couleuvres, des lézards qui détruisent les œufs des oiseaux
insectivores; celle des grenouilles, des crapauds qui dévorent

beaucoup d'œufs de poissons, surtout ceux de la carpe qui sont déposés sur les herbes marécageuses parmi lesquelles vivent les batraciens; enfin, ils purgent les eaux de petits animaux et d'insectes dont les bavures, les suintements, les déjections de toute nature et les cadavres en putréfaction, exercent une influence mauvaise sur la qualité des eaux : d'où il résulte, évidemment, que le héron gris rend des services incontestables. »

Plusieurs auteurs, en parlant de la nourriture du héron, ont dit : « Jamais il ne mange de couleuvre ou autre serpent. »

Cette assertion est absolument erronée ainsi qu'il résulte des observations que nous venons de rapporter, observations corroborées par tous ceux qui ont étudié de près ces oiseaux : « Un matin vers huit heures, dit le vicomte de Dax, le mâle du nid le plus rapproché de moi arriva, apportant dans son bec une couleuvre d'à peu près un demi mètre de long. A peine fut-elle à portée du nid, que deux des petits prirent le reptile mort, l'un par la tête, l'autre par la queue, tandis que le troisième se démenait pour en avoir sa part. Comme chacun tirait de son côté, les deux premiers héronneaux, ayant chacun englouti leur portion, se trouvèrent bientôt bec à bec et s'escrimèrent avec des contorsions si burlesques, que j'eus une peine infinie à ne pas éclater d'un rire bruyant. Pendant ce temps, le troisième petit avait reçu une part de la provende dégorgée par le père, qui aussitôt après, mit fin à toute contestation, en coupant à coups de bec la couleuvre, cause de tant de débats. »

On raconte un fait assez singulier, mais qui pourtant s'est présenté, paraît-il, plusieurs fois :

« Des hérons, en pêchant le long des cours d'eau, et principalement pendant la nuit, rencontrent des lignes tendues, soit pour les anguilles, soit pour toute autre espèce de poisson. Mettant à profit l'occasion, ils s'empressent de haper tout ce qu'ils trouvent, et avalent captif et hameçon. Un instant, ils

sont arrêtés par les ficelles, mais ils se débattent, brisent le
lien qui les retenait, puis s'envolent, emportant souvent un
long bout de ligne qui flotte au vent derrière eux. Arrivés au
milieu des arbres de la héronnière, cette ficelle s'entortille autour d'une branche, et les pauvres oiseaux restent suspendus,
sans pouvoir se débarrasser des hameçons, et meurent victimes
de leur tendresse pour leurs petits. On m'a montré, en effet, un
brin de ligne encore accrochée à une branche sèche et au bout
de laquelle se balançait une tête de héron, dont le reste du corps
s'était détaché avec le temps. »

Nous avons fait justice des erreurs qui font considérer le
héron comme un oiseau nuisible; cet animal ne mérite pas
davantage la réputation de poltronnerie et de couardise qu'on a
voulu lui faire.

« Au treizième et au quatorzième siècle, dit un auteur, le
héron était dans la splendeur de sa renommée et de sa popula-
rité. Dans une circonstance surtout, il servit de prétexte à une
formidable coalition, et personne n'ignore les conséquences qui
faillirent être fatales à la France, lorsque Edouard III d'Angleterre, à l'instigation de Robert d'Artois, fit le serment à jamais
célèbre du héron, serment qui fut répété après lui par la reine
elle-même, Philippine de Hainaut, et par des milliers de
chevaliers.

» L'on ne s'explique pas comment le héron fut choisi dans
cette circonstance, et pourquoi il fut taxé de couardise, de
félonie; car, rien dans ses luttes énergiques, dans ses combats
aériens avec le faucon, dans sa résistance opiniâtre jusqu'à la
mort, ne justifiait d'odieuses imputations, et les scènes gran-
dioses qui nous sont retracées dans les anciens traités de fau-
connerie, nous le montrent, au contraire, dans toute sa beauté,
sa force et son ardeur; aussi, était-il en grand honneur en
France, et les rois, princes et grands seigneurs, avaient seuls
le droit de le chasser. »

Buffon constatait que les insulaires de Taïti professaient, pour le héron un respect qui tenait de la superstition. En Angleterre, il est partout protégé. La loi de Moïse interdit de manger l'ibis et le héron : L'ibis auquel les hébreux assimilaient le héron était considéré comme un oiseau sacré pour les Egyptiens. Quoiqu'il mangeât des poissons, les services qu'il rendait lui avaient mérité les honneurs de l'embaumement, comme à ceux dont la vie avait été utile et dont la mémoire n'avait pas été flétrie au tribunal de l'opinion.

« Parmi les héronnières que nous comptons encore, dit M. l'abbé Vincelot, la plus remarquable est sans contredit celle qui s'est formée à Champignol, département de la Marne, dans un parc appartenant à la famille Sainte-Suzanne, et qui s'y maintient grâce à la surveillance active d'un garde spécial.

» M. Lescuyer, de Saint-Dizier, a fait sur cette héronnière, au congrès scientifique tenu à Troyes, en 1864, une communication verbale des plus intéressantes. D'après les procès-verbaux des séances, les hérons qui forment la colonie de Champignol, habitent la forêt pendant six mois seulement. Leur arrivée et leur départ se font avec une merveilleuse régularité. M. Lescuyer a constaté qu'ils arrivent tous les ans à la héronnière, le 6 mars, et qu'ils l'abandonnent le 6 août.

» Pendant le séjour qu'ils y font, on les voit s'éloigner tous les soirs pour aller à la recherche de leur nourriture, et leurs excursions nocturnes s'étendent quelquefois à trois ou quatre kilomètres au loin; le nombre des individus qui la composent, en y comprenant les jeunes, s'élève à peu près à un millier. M. Lescuyer a compté 172 nids dans moins d'un hectare, et a constamment vu, debout, sur chacun d'eux, un héron faisant sentinelle. Le seul arbre sur lequel il soit monté supportait huit de ces nids. Ils étaient construits en plate-forme, avec des bûchettes se croisant, et contenaient en tout vingt-huit petits.

La population de ce seul arbre, en tenant compte des pères et des mères, était donc de quarante-quatre individus. »

Autrefois le héron cendré se reproduisait en France en beaucoup plus d'endroits qu'aujourd'hui.

« En basse Bretagne, dit Belon, les hérons sont moult fréquent, où ils font leurs nids sur les rameaux des arbres des forêts de haulte fustaye et pour ce qu'ils nourrissent leurs petits de poissons, et qu'en les abéchant, grande quantité en tombe par terre : plusieurs ont prins occasion de dire avoir esté en un pays où les poissons qui tombent des arbres engraissent les pourceaux. »

Je terminerai en vous faisant connaître comment Brehm, d'après Baldamus, décrit une héronnière de Hongrie :

« C'est au commencement de juin; les roseaux ont de six à sept pieds de haut et recouvrent l'eau sombre du marais. Partout où le regard se porte, il ne rencontre qu'une plaine immense, sans trouver un seul point où s'arrêter. Mais sur ce fond infini vert et bleu se détachent des formes superbement variées de blanc, de jaune, de gris et de noir : les aigrettes, les hérons pourpres, les hérons cendrés, les bihoreaux, les spatules, les ibis, les cormorans, les sternes, les mouettes, les oies, les pélicans. Sur les saules et les peupliers qui s'élèvent çà et là, nichent les ardéidés. Une de leur colonie avait quelques mille pas de diamètre, et les nids étaient répartis sur cent à cent cinquante saules; mais plusieurs de ces arbres portaient chacun de dix à vingt nids. Celui qui a vu une colonie bien nombreuse de freux, peut se faire une idée d'une héronnière en Hongrie. Sur les branches les plus fortes des saules les plus grands, se trouvaient les nids des hérons cendrés; puis, à côté, souvent bord à bord, ceux des bihoreaux; des branches plus faibles et plus élevées supportaient ceux de la garzette et du cormoran nain, tandis que plus bas étaient les petits nids transparents du blongios. Les bihoreaux étaient les plus nombreux, puis

venaient les garzettes, les hérons cendrés, et enfin les blongios.
Les petits carmorans exceptés, tous étaient si peu craintifs que,
même après plusieurs semaines de chasse, ils n'avaient pas
quitté l'endroit. A chaque coup de feu, ils s'envolaient, mais
pour se percher bientôt après. Souvent même, ils n'abandon-
naient pas !a place. Restait-on quelque temps en bateau au-dessous des arbres, tous ces oiseaux commençaient bientôt leurs
manéges, manéges si variés qu'on ne pouvait se lasser de les
contempler.

D'abord, ce sont les hiboreaux qui descendent du haut de
l'arbre à leurs nids ; ils ont à arranger ceci ou cela, à changer
la position des œufs ; ils ouvrent largement leur vaste gorge
rouge contre le voisin qui s'approche de trop près, et font entendre de rauques grincements. Puis viennent les garzettes, au
vol silencieux : l'une apporte dans son bec une brindille sèche,
l'autre saute de branche en branche pour gagner son nid ; en
même temps se montrent les beaux crabiers, au plumage roux,
au vol léger comme celui des hiboux ; enfin les hérons cendrés,
les plus prudents d'entre eux, apparaissent les derniers. C'est
un bruit, un tapage ; ce sont des grincements des grognements,
continuels ; ce sont des formes blanches, jaunes, grises, noires,
qui tourbillonnent ; l'œil en est ébloui ; l'oreille en est assourdie.
Enfin le calme arrive, le bruit diminue. La plupart des oiseaux
sont au repos ; les uns couvent, les autres montent la garde près
de leurs nids ; quelques-uns vont, viennent, apportant des
matériaux. Mais, tout à coup, un bihoreau qui s'ennuie à l'idée
de trouver que telle brindille du nid de son voisin serait mieux
dans le sien, et le bruit recommence. Un nouveau *piano* succède ; car de silence véritable, il n'y en a pas. Mais d'où provient
ce *fortissimo* qui s'élève ? C'est un milan, dont l'aire est à cinquante pas de là, et qui enlève tranquillement, dans chacune de
ses serres un jeune héron cendré. La mère quitte son nid,
menaçant, grognant, mais elle laisse le ravisseur s'éloigner

quand d'un seul coup de son bec formidable elle pourrait le
mettre à mort. Quelques bihoreaux poursuivent en criant leur
ennemi ; mais de nouveau cris plus forts les rappellent. Ici une
pie, là une corneille, ont profité de leur absence pour enlever quelques œufs. Les voisins de l'individu pillé poussent des clameurs
formidables, tandis que d'autres pillards, mettant à profit le
tumulte, se précipitent sur les nids abandonnés un instant et
s'enfuient avec leur proie. Les cris de vengeance et de douleur
retentissent encore, quand on entend un bruissement : tout se
tait aussitôt. C'est le roi des airs, un aigle majestueux qui plane
au-dessus de ce fourré impénétrable. Un coup de feu retentit
sur la rive; épouvantés, ils tournoient en tous sens, puis se
posent de nouveau.

« Dans tout le monde ailé, il n'y a rien de plus mouvementé,
de plus agréable à voir, de plus beau qu'une pareille héronnière. »

X

Nous voilà bien loin de notre point de départ : Le héron cendré que nous avons rencontré au bord de la Fosse-Noire nous a conduit à sa suite, dans une héronnière des marais de la Hongrie. Laissons-là ces intéressants oiseaux qui, au temps d'Aristote, dit Michelet, étaient pleins d'industrie et de sagacité, que l'antiquité consultait sur le beau temps et l'orage comme un des plus graves augures, et revenons à la petite loutre de notre jeune étourdie.

Le rat d'eau, ou plutôt le campagnol amphibie (*arvicola amphibius*) appartient à un genre de petits mammifères, à l'ordre des rongeurs et à la famille des rats ou muridés.

Cet animal, un peu plus gros que le rat commun, ressemble, par ses habitudes, beaucoup plus à la loutre qu'aux autres rongeurs de sa famille. Il a la tête plus courte, le museau plus gros, les oreilles moins apparentes, le poil plus hérissé et la queue beaucoup moins longue que le rat domestique. Son pelage est mélangé de jaune et de brun-noir dans la partie supérieure de son corps ; il est cendré et également mêlé d'un peu de jaune, dans la partie inférieure.

(94)

Comme la loutre, il ne fréquente que les eaux douces, et on le trouve communément sur le bord des rivières, des ruisseaux et des étangs où il gîte dans des trous ; comme elle, il ne vit guère que de poissons qu'il dérobe : Les goujons, les vérons, les ablettes, le frai de la carpe, du brochet et du barbeau sont sa nourriture ordinaire ; il mange aussi des grenouilles, des insectes aquatiques et quelquefois des racines et des herbes. Il n'a pas, comme la loutre, de membrane entre les doigts des pieds, et cependant, il nage assez facilement à la surface de l'eau ou quelquefois entre deux eaux. Il rapporte sa proie pour la manger à terre, sur l'herbe ou dans son trou ; les pêcheurs l'y surprennent quelquefois en cherchant des écrevisses : Plus d'un a été mordu aux doigts, par le rat d'eau. Le campagnol aquatique n'a pas une course très vive ; mais, nous l'avons dit, il nage à merveille, et creuse la terre avec une grande rapidité. Dans les endroits tranquilles, on peut le voir assez fréquemment, cependant il est très-prudent et difficile à surprendre.

Voit il qu'on le guette, il se réfugie dans son terrier. On peut mieux l'observer quand il circule au milieu des roseaux. Ces animaux semblent avoir surtout la vue et l'ouïe très développées ; leur intelligence quoique assez bornée paraît supérieure à celle des rats. Ils sont d'un naturel très-doux.

Les dégâts qu'ils causent sur le bord des étangs ou des ruisseaux sont souvent très considérables : Ils minent les digues qui s'affaissent ensuite ou s'écroulent sous l'action des grandes eaux ; ils dévastent les plantations de jeunes peupliers. Ils se nourrissent encore de tiges et de racines de roseaux qu'ils vont dévorer sur une espèce de table à manger.

« Cette table, dit Brehm, est placée sur des tiges de roseaux recourbées, à quelques centimètres au-dessus de la surface de l'eau. Elle est formée d'une masse solide, épaisse, d'herbes vertes, et a de 28 à 30 centimètres de diamètre : la surface en

est parfaitement lisse : L'animal s'en sert à la fois comme table
à manger et comme lit de repos. »

Les campagnols aquatiques se multiplient très rapidement.
Leur nid, construit à une certaine profondeur, est mollement
rembourré. On le trouve par exception, l'été, dans les buissons
épais, à la surface du sol, rarement dans les roseaux. Cependant, Blasius dit y en avoir rencontré un qu'il décrit de la
manière suivante :

« C'était à un mètre au-dessus du niveau de l'eau et à trente
pas du bord. Lié à trois tiges de roseaux, il avait une forme
sphérique et était composé de fines feuilles de graminées. Un
tampon de ces mêmes feuilles en bouchait l'entrée ; son diamètre,
à l'extérieur, était de 10 centimètres, et le vide intérieur
mesurait un peu plus de 5 centimètres. Il contenait deux jeunes
rats d'eau, à demi adultes, d'un noir de charbon. Un des deux
parents était également noir; il avait abandonné la place à mon
arrivée, et avait sauté à l'eau. Il nageait et plongeait avec beaucoup d'habileté. L'étang ayant de 70 à 80 centimètres de profondeur, les parents ne pouvaient atteindre le nid qu'à la nage,
et devaient ensuite grimper le long des tiges de roseaux.

» La situation ordinaire des nids de campagnols amphibies en
est toute différente, ceux-ci avaient toute facilité pour établir
souterrainement le leur dans les champs ou les prairies
avoisinantes, ou bien encore sur le sol, dans les buissons qui
couvraient la digue de l'étang; aussi, je ne sais comment m'expliquer ce fait. J'ai trouvé ce nid, par hasard, en fouillant les
roseaux pour découvrir celui de l'effarvate; jamais je n'aurais
eu l'idée de chercher à pareil endroit un nid de campagnols
amphibies. »

La femelle du campagnol aquatique soigne ses petits avec
beaucoup de tendresse. Quand elle ne trouve pas son nid assez
sûr, elle les prend dans sa bouche et les transporte dans un
autre endroit, au travers souvent de larges rivières.

Les petits sont-ils menacés, elle les défend avec courage : Elle s'élance sur les chats, les chiens, l'homme lui-même, et ses dents aiguës font souvent des morsures profondes.

En résumé, le rat d'eau est un animal nuisible dont les habitants des bords des cours d'eau font tous leurs efforts pour se débarrasser.

XI

Il y avait déjà quinze jours que le vieux professeur s'était installé, avec ses neveux, dans sa maison de campagne, voisine de la Fosse-Noire ; quinze jours qui, au gré des enfants s'étaient trop vite écoulés. Le moment de retourner à la ville était venu. Il fallait, pour quelque temps du moins, dire adieu au bonnes promenades, aux excursions attrayantes, aux récits pittoresques pour aller reprendre d'autres travaux.

Mais, avant de clore la première série de ses intéressants entretiens, le naturaliste voulut faire connaître à ses élèves, trois des hôtes de la Fosse-Noire qui n'avaient jusque-là pu être commodément observés.

Le premier de ces hôtes, aperçu à distance presque chaque matin, s'envolait au moindre bruit et disparaissait derrière le rideau de verdure qui encadrait la mare.

C'était une bécassine (*scolopax gallinago*) qui venait quêter quelques vermisseaux sur le fond vaseux des bords du Miosson.

La bécassine est à peu près de la grosseur d'une grive, ses

formes sont élégantes et gracieuses; elle est, comme la bécasse, remarquable par la longueur de son bec. Cet oiseau a la tête noire, rayée de trois bandes longitudinales d'un roux très-accentué. La même disposition se retrouve sur le dos et la couverture des ailes; la gorge est grise, la poitrine fauve, le ventre blanc. Le bec, d'un jaune brun, dans les deux tiers de sa longueur, est noir, déprimé et rugueux à son extrémité; les pattes et les pieds sont d'un gris verdâtre; elle appartient à l'ordre des échassiers et à la famille des longirostres.

Le cri de la bécassine est très caractéristique; il tient un peu du bêlement du chevreau; aussi, dans quelques contrées les paysans l'appellent chèvre céleste, chèvre volante.

Les bécassines ne vivent pas ordinairement en société; cependant elles ne sont pas, comme les bécasses absolument solitaires. Buffon a prétendu qu'on ne les rencontrait jamais plus de trois ou quatre réunies; c'est une erreur. J'ai souvent vu, vers le mois de novembre, après une gelée blanche, des bécassines réunies par centaines dans une prairie marécageuse traversée par un ruisseau.

La bécassine ne niche que rarement en France : Ce n'est qu'au mois de juin qu'on trouve quelques-uns de ces nids, cachés dans une touffe de jonc, sous une souche d'aulne ou de saule; mais toujours dans un endroit où le terrain n'offrant que très-peu de consistance, met les hommes et les bestiaux dans l'impossibilité de troubler la couvée.

Ce nid, arrangé sans art, est composé d'herbes sèches et de plumes; la femelle y dépose quatre ou cinq œufs un peu renflés d'un gris olivâtre parsemé de taches rousses.

Les petits quittent ce berceau, peu confortable du reste, dès qu'ils ont brisé leur coquille. Dans ce moment, leur bec est si mou que le père et la mère doivent récolter pour eux et diviser en petits morceaux les vermisseaux qui forment leur nourriture.

La bécassine adulte vole rapidement : Après s'être levée, elle décrit plusieurs sinuosités, puis elle s'élance ; elle peut s'élever haut dans l'air ; elle bat précipitamment des ailes, décrit un grand cercle, revient vers l'endroit d'où elle est partie, ferme les ailes et se laisse tomber obliquement dans le marais. Elle sait parfaitement nager ; elle le fait sans y être contrainte, et plonge, en cas de danger, quand elle est poursuivie par un rapace.

La chair de la bécassine est très estimée. Toussenel la proclame, avec conviction, le premier rôti du monde ; mais sa chasse n'est pas sans présenter de grandes difficultés. Voici comment M. de Cherville s'exprime à cet égard : « Quand il s'agit de battre la plaine ou de se promener dans les bois, pourvu que vous n'ayez pas sacrifié à la fantaisie de vous affubler d'une de ces impossibilités que préconisent les gravures de modes, peu importe comment vous serez habillé ou chaussé. Au marais, où nous allons tout à l'heure chercher les bécassines, c'est une autre affaire : vous vous trouverez exposé à des dangers contre lesquels certaines précautions sont indispensables. Ces dangers sont multiples : Je parlerai d'abord des accidents de toute espèce ; ici c'est une grande baignoire qui se révèle en forme de chausse-trape, sous un gazon du vert le plus appétissant ; là ce sont des culbutes sur et sous la glace, la rencontre d'un sable mouvant, etc... A ces accidents, vous n'avez guère à exposer que votre sang-froid, votre adresse, et surtout votre heureuse étoile ; avec tout cela on s'en tire, au moins quelquefois. Vient ensuite un danger moins pittoresque, moins poétique que ceux que je viens de signaler ; en revanche, il est beaucoup moins éventuel, et quelle que soit la chance qui vous favorise ordinairement, il est à peu près certain que vous ne lui échapperez pas. Il est d'autant plus redoutable, que rien ne le signale, que rien n'avertit de son imminence, que déjà il vous tient par un bras ou par une jambe avant que vous ayez songé à lui. Comme toutes les enchanteresses, la chasse à la bécassine présente une coupe à ceux qu'elle veut séduire. Toussenel a célébré les enivrements de la liqueur, je vous nommerai la goutte d'amertume qui reste au fond : elle s'appelle le rhumatisme. Ne souriez pas : non-seulement on en meurt, mais on en souffre, ce qui est bien pis. J'ai vu la cruelle agonie d'un ami qui n'était coupable que d'avoir aimé la bécassine, et depuis lors, je deviens toujours soucieux lorsque je sens la première goutte de l'eau traîtresse d'un marais s'infiltrer entre le cuir de mes bottes. Je ne vous affirmerai pas que des précautions hygiéniques, un choix judicieux de vêtements et de chaussures puissent conjurer la chute de cette épée de Damoclès, je mentirais; mais avec le marais, comme avec le ciel, il est des accommodements; vous pouvez vous arranger de façon à ne pas vous trouver trop rudement éprouvé. »

Malheureusement, les chasseurs sont incorrigibles, et les conseils de M. de Cherville seront perdus.

L'animal que vous avez vu plus d'une fois se glisser dans les joncs, comme un rat, plutôt que comme un oiseau est un râle d'eau (*rallus aquaticus*) de l'ordre des échassiers et de la famille des macrodactyles.

Le mot râle désigne, dans le langage vulgaire, le bruit sinistre que les moribonds font entendre en respirant. Ce cri déchirant a beaucoup de rapport avec le cri insupportable du râle, et c'est à cette particularité que cet oiseau doit son nom.

Le râle d'eau est un de nos plus beaux oiseaux de marais. Il a le dessus du corps d'un roux olivâtre, les côtés de la tête et le dessous du corps bleu-cendré; le ventre roux-jaunâtre; les rémiges d'un noir mat; l'œil rouge-clair, le bec vermillon ; les tarses d'un vert-brunâtre.

Cet oiseau est constitué de manière à pouvoir remplir facilement la mission qui lui est confiée. Il sépare sans difficulté les herbes les plus pressées, se glisse entre elles sans efforts. Ses jambes lui permettent une course rapide et soutenue : C'est à cet avantage que l'on doit l'origine du dicton populaire : « Courir comme un râle. »

Craintif et solitaire, le râle d'eau se tient caché pendant le jour dans les herbes des marécages. Quand il est poursuivi, il court longtemps sur les plantes aqua'iques avant de prendre son essor; avant de recourir au vol, il grimpe sur les arbustes et s'y dissimule de son mieux pour échapper aux chiens et aux chasseurs.

Cet oiseau vit de petits mollusques, de limaçons, de vers d'insectes, de graines de plantes aquatiques.

Il niche parmi les joncs et les roseaux. Son nid est composé de filaments de plantes desséchées; la femelle pond de six à dix œufs un peu oblongs, légèrement jaunâtres, quelquefois verdâtres, avec des taches violacées.

« Le râle d'eau, dit Naumann, habite les marais où l'homme n'aime pas à s'aventurer; les lieux déserts et humides où l'eau des marécages se cache sous un épais tapis de plantes entremêlées de buissons; les pièces d'eau couvertes de joncs et de roseaux, au voisinage, ou même au milieu des forêts; les fourrés d'aulnes et de saules, entremêlés de joncs et de hautes herbes, coupés par des canaux, des étangs ou des marécages. »

« Il marche léger et gracieux, dit le même auteur; il court avec rapidité; il franchit tous les obstacles sous lesquels il ne peut se glisser; il passe sur la vase la plus ténue, sur les feuilles flottantes, comme sur les branches tombées à terre; il se fait un passage au milieu des fourrés des plantes aquatiques les plus entrelacées, les plus serrées. Son corps mince le favorise beaucoup en cela; il passe entre deux tiges d'herbes sans les toucher, et jamais on ne peut reconnaître à l'agitation des herbes la direction de sa fuite. Le surprend-on par hasard, on croit plutôt voir un rat qu'un oiseau, et il a disparu aussi vite qu'on l'a aperçu. »

Il vole avec peine, ne s'élève jamais haut et ne peut aller loin d'une seule traite. Son attitude est embarrassée : Il écarte largement les ailes et en donne des coups brefs et vibrants : on dirait une chauve-souris.

Il déploie souvent beaucoup de ruse pour échapper aux regards de ses ennemis; mais il ne fait aucune attention à l'homme qui demeure immobile auprès de lui. On prétend même que dès qu'il est surpris par quelque apparition inaccoutumée, il perd toutes ses facultés et devient véritablement stupide.

Voici, pour terminer, un fait qui semble prouver cette assertion : « Un de mes amis, dit Brehm, chassait dans un petit fourré de joncs, lorsqu'il aperçut un râle d'eau qui cherchait à se sauver en courant : Il tira, mais le manqua. L'oiseau s'envola et alla s'abattre dans un champ, à une courte distance. Le chasseur courut après lui, et le prit sans peine avec la main. Je l'empaillai plus tard; il n'avait pas la moindre blessure. Trois autres râles qui figurent également dans ma collection, ont été pris également à la main. Cet oiseau, qui vit toujours caché, semble oublier qu'il a des ailes, lorsqu'il est surpris par l'homme dans un lieu découvert. Il pourrait le plus souvent échapper à l'homme qui le poursuit, mais il se perd, incertain du moment où il doit fuir. »

Enfin, pour terminer nos leçons d'histoire naturelle, il me reste à vous parler de cet élégant oiseau que vous avez vu un matin, courir sur les feuilles de nénuphar, en relevant sa queue à demi étalée, et disparaître ensuite dans le fourré de la rive.

La poule d'eau (*gallinula chloropus*) appartient au groupe des foulques de la famille des macrodactyles.

Malgré son plumage très simple, la poule d'eau est un bel oiseau. Le manteau est brun-olivâtre, le reste du corps est gris-ardoisé; les flancs portent des taches blanches; le croupion est entièrement blanc.

D'un caractère craintif, la poule d'eau dissimule sa présence dans les roseaux, les joncs touffus, les broussailles qui encadrent les bords des étangs et des marais.

A l'époque de la nidification, une jarretière d'un rouge brillant se déroule autour de l'articulation du genou de la poule d'eau, et la plaque caractéristique que l'oiseau porte sur son front revêt la même couleur.

Le nid est formé de feuilles et de plantes aquatiques : Il représente une coupe assez large et assez profonde.

Il est souvent recouvert d'une espèce de tonnelle qui dérobe la couvée aux regards des ennemis.

L'oiseau trahit fréquemment sa demeure par un cri bref, sonore et métallique qu'elle fait entendre quand elle redoute un danger et qu'elle se dispose à changer de place.

Le nid renferme de six à dix œufs, d'un roux jaunâtre, parsemés de taches brunes ou d'un gris-violacé. On peut, en enlevant les œufs avec précaution, sans défaire le nid, obtenir une seconde, voire même une troisième ponte.

Chaque paire de ces animaux veut posséder, en toute propriété, un étang ; elle n'y souffre pas de voisins. Ce n'est que dans les pièces d'eau de grandes dimensions que s'établissent plusieurs couples, dont chacun sait défendre et faire respecter le domaine qu'il s'est adjugé.

La poule d'eau s'établit souvent dans le voisinage de l'homme et se laisse facilement observer. Naumann dit que ce charmant oiseau est bien fait pour captiver l'affection de ceux qui lui accordent quelque peu d'attention. Elle a un certain degré de confiance et ne se dérobe pas trop à la vue si on l'aborde avec des intentions pacifiques.

Son port hardi, ses allures joyeuses, ses mouvements variés, toujours élégants, semblent indiquer la douceur, la tranquillité, la gaieté et rarement la colère ou la mauvaise humeur.

Quand elle nage, on la voit remuer les pattes avec une telle vitesse que, malgré l'absence de palmature, elle glisse rapide-

ment à la surface de l'eau. Tout en nageant, elle observe de tous
les côtés et baisse la tête à chaque coup de patte. De temps à
autre elle s'arrête, se pose sur quelque branche, sur une tige de
roseau, de préférence sur un morceau de bois flottant. Elle
nettoie son plumage, fait sa toilette, se remet à nager ou va
fouiller dans les herbes. Elle plonge admirablement, et, lorsqu'un danger la menace, elle disparaît subitement sous l'eau ;
elle nage entre deux eaux, sort de temps en temps le bec pour
respirer, et continue sa fuite.

« La poule d'eau, dit Brehm, a un talent tout particulier pour
se cacher. Là même où les roseaux sont rares, elle sait si bien
se tapir qu'il est impossible de la retrouver. Elle se tient le
corps sous l'eau, ne sortant que la tête qu'elle cache entre les
roseaux. Un chien d'arrêt s'approche-t-il, elle plonge et se met
ainsi en sûreté. J'ai vu des exemples surprenants de la facilité
avec laquelle elle se rend invisible. Nous chassions un jour une
poule d'eau qui disparut subitement. Je savais où elle s'était
cachée, mais ce ne fut qu'après de longues recherches que je
l'aperçus, tapie contre la rive, de telle façon qu'on n'entrevoyait
que le rouge de son bec. Elle était à un endroit où l'on aurait
pas cru qu'un petit passereau pût se cacher. »

« Une autre poule d'eau que je tirai, plongea immédiatement
et ne reparut plus. Un de mes amis chercha une perche, en
frappa l'eau partout où l'oiseau pouvait être ; il reparut et on le
tua. Une autre encore, qui disparut de la même façon, fut, après
de longues recherches trouvée au fond de l'eau, cramponnée à
des herbes ; nous pûmes la prendre à la main. »

Un naturaliste raconte que deux poules d'eau, qui habitaient
tout près de son jardin, étaient aussi privées que des animaux
domestiques ; elles savaient distinguer les personnes qu'elles
connaissaient ; mais elles n'aimaient pas qu'on eût longtemps l'œil sur elles. Les autres animaux leur étaient antipa-
thiques ; elles fuyaient les chiens et ne vivaient pas en bons

rapports avec les poules. Leur domination cherchait à s'étendre sur quelques oiseaux aquatiques vivant à côté d'elles. Elles chassaient les canards, attaquaient les oies; cependant, si ces dernières arrivaient en nombre, les poules d'eau étaient bien forcées de subir un repos fort désagréable.

« Une famille de poule d'eau, dit Brehm, est fort intéressante à observer. Les jeunes nagent à côté de leurs parents, ou derrière eux, et sont attentifs à tous leurs mouvements; ceux-ci ont-ils pris quelque ver ou quelque insecte, ils accourent rapidement pour le recevoir. Au bout de quelques jours, ils sont capables de chercher eux-mêmes leur nourriture, et les parents se contentent de les conduire, de les avertir, de les protéger. Au premier signal, ils disparaissent en un clin d'œil. Après quelques semaines, ils se suffisent à eux-mêmes. Les parents se préparent alors à faire une seconde couvée. »

. . . .

« Au moment où les jeunes de la seconde ponte arrivent sur l'eau, dit Naumann, ceux de la première, à demi-adultes maintenant, accourent, les reçoivent avec amitié, leur prêtent secours, les gardent. Grands et petits, jeunes et vieux, ces oiseaux ne font tous qu'un cœur et qu'une âme, si j'ose m'exprimer ainsi. Les aînées font, avec leurs parents, l'éducation de leurs jeunes sœurs; elles leur témoignent amour et sollicitude, leur cherchent des aliments, les leur apportent dans leur bec, les déposent devant elles, tout comme les parents l'ont fait autrefois pour elles-mêmes. Le spectacle est des plus charmants quand toute la famille vaque, sans crainte à ses occupations sur la surface d'un petit étang. Chacune des aînées est tout affairée à donner à manger à l'une de ses jeunes sœurs; celles-ci suivent tantôt l'un de leurs parents, tantôt une de leurs sœurs; leurs piaillements indiquent qu'elles ont faim, et elles acceptent à manger de celle qui leur apporte des aliments la première. D'ordinaire, le nombre des jeunes de la seconde couvée étant inférieur à celui de la première, et les parents ne se lassant pas de leur venir en aide, il en résulte souvent qu'une poule d'eau de la seconde couvée a deux guides qui veillent sur elle et pourvoient à ses besoins. Elle nage entre les deux, en recevant à tour de rôle des caresses et des aliments. En cas de danger, ce sont encore celles de la première couvée qui avertissent les autres et les font cacher. »

Ces sentiments d'amitié fraternelle chez de pauvres oiseaux, cet esprit de solidarité qui les porte à s'entr'aider, n'est-il pas extraordinaire ?

Nous nous arrêterons sur ce touchant tableau. Mais nous reviendrons dans quelque temps revoir notre mare, et nous étudierons ensemble les végétaux qui l'entourent et l'intéressante et nombreuse population d'insectes, de sauriens, de batraciens qui fourmille dans ses eaux.

FIN DE LA PREMIÈRE PARTIE.

Le Héron. (P. 81.)

DEUXIÈME PARTIE

LES PLANTES DE LA MARE

___

I

Le paysage. — Puissance de la végétation. — L'Eupatoire cannabine. — Le myosotis. — Légende. — La saponaire : Ses usages. — La ficaire. — Le populage. — La grenouillette. — Le cotylier ombiliqué. — La linaire cymbalaire. — Les arums. — La bugle rampante. — Sa culture dans les vases suspendus. — La menthe aquatique : Son utilité. — La doradille.

Quinze jours s'étaient écoulés depuis le départ du vieux naturaliste et de ses neveux, et ces quinze jours avaient suffi pour modifier le paysage et rendre méconnaissables, pour les enfants, les environs de la Fosse-Noire.

Le gazon s'était transformé en longues herbes, mélangées de mille fleurs brillantes, que la faulx du fermier n'allait pas tarder à abattre pour en faire la nourriture de ses chevaux et de ses bœufs; les plantes de toutes sortes s'étaient tellement enchevêtrées que les abords de la Mare étaient devenus presque inaccessibles.

Les rives du Miosson s'épanouissaient sous un soleil splendide; et les rochers d'alentour n'avaient pas une fissure qui n'eût donné asile à un végétal. Ce changement de décor, dans un si court délai, émerveillait les enfants qui ne s'étaient jamais rendu compte du développement prodigieux qu'acquiert la végétation pendant les chaudes et longues journées de la dernière partie du mois de juin.

Le long du sentier s'épanouissait la mélisse ; les pâturins et les brizes agitaient leurs panicules ; les liserons étalaient leurs corolles roses et blanches ; les larges spathes des arums se cachaient sous des touffes d'aubépine ; les bleuets, les nielles et les coquelicots émaillaient les champs de blé. Auprès de la rive, l'ancolie et la campanule balançaient leurs jolies fleurs dont les corolles bleues contrastaient avec les grandes fleurs jaunes de l'inule et les longs épis du bouillon-blanc.

Des milliers d'insectes, carabes et criquets, abeilles et frelons, papillons de toutes nuances s'empressaient autour du splendide festin que leur offrait la Providence.

Le vieux professeur regrettait presque de s'être engagé à continuer l'exploration de la mare : Il aurait voulu recueillir quelques-uns des trésors que la nature prodigue avait répandus à profusion ; mais, tout en revenant au programme qu'il s'était tracé, il se promit bien de butiner, plus tard, dans la féconde vallée du Miosson. Du reste, les nombreuses richesses végétales et animales réunies dans la Fosse-Noire devaient amplement suffire à le consoler.

Voici d'abord une véritable forêt de *cannabine* ou *eupatoire chanvrin*, (*eupatorium cannabinum*) dont les tiges terminées par de beaux corymbes rose tendre composés de cinq fleurs, s'élèvent à près de deux mètres de hauteur.

Cette plante appartient à la famille des *composées*, ainsi appelée à cause de ses capitules désignés vulgairement sous le nom de *fleurs*, et qui, cependant, sont en réalité constitués par une réunion ordinairement fort nombreuse de petites fleurs insérées sur un réceptacle commun. Les naturalistes ont divisé les composées en trois sections : Les *radiées*, les *semi-flosculeuses* et les *flosculeuses*. C'est à cette dernière classe qu'appartient l'*Eupatoire*.

Cette plante ainsi appelée du nom du roi de Pont, Mithridate Eupator, qui, prétend-on, la mit le premier en usage pour les maladies du foie, croît naturellement dans toute l'Europe.

Elle affectionne les terrains aquatiques, les bords des ruisseaux, des étangs, des fossés humides. Si nous en arrachons une tige, nous verrons que sa racine est oblique, fibreuse et blanchâtre. Sa tige droite, presque cylindrique, velue, rameuse et d'un vert purpurin, est remplie d'une moelle blanche qui répand, quand on la coupe, une odeur aromatique. Ses feuilles, nombreuses, sont attachées trois ensemble sur le même pétiole ; elles sont oblongues et ont quelque ressemblance avec celles du chanvre : C'est cette particularité qui a valu à l'eupatoire le nom de *cannabine*.

L'eupatoire était autrefois célèbre en médecine. Dans certaines parties de la Russie on regarde les fleurs de cette plante comme un préservatif de la rage.

Vous connaissez depuis longtemps la mignonne petite plante qui, abritée sous une touffe de ronces, baigne son pied dans l'eau : C'est le *myosotis* (*myosotis palustris*), appelé communément *grémillet, scorpionne des marais, ne m'oubliez pas*, etc... Le myosotis est très commun sur le bord des prairies humides et des ruisseaux ombragés.

On donne à son nom, devenu symbolique, une origine touchante : Un jeune homme se baignait avec ses compagnons de plaisir, dans l'eau limpide d'une profonde rivière. Attiré par le désir de cueillir une touffe de myosotis en fleurs, il nage vers elle, la détache ; mais, entraîné par le courant, il n'a que le temps de la jeter à ses amis, en s'écriant : « Ne m'oubliez pas!... » On ne le revit plus ; le gouffre perfide retint sa proie ; mais, la plante aux gracieuses fleurettes, bleues comme l'azur du ciel, a gardé ses dernières paroles et conservé sa mémoire.

Le myosotis, célébré par tous les poètes, est appelé en Suisse *herbes aux perles ;* il appartient à la famille des borraginées ;

et, au risque de le dépoétiser à vos yeux, je dois vous dire que le nom de myosotis signifie *oreille de souris*. Si vous voulez observer la forme singulière de ses petites feuilles, couvertes de poils grisâtres, vous comprendrez tout de suite que ce nom est parfaitement justifié.

Ici, sur ce petit banc de sable croissent des espèces qui vous sont familières : Ce sont des *saponaires* ou *savonnières (saponaria officinalis)*. Examinons de près ces plantes qui appartiennent à la famille des *caryophyllées* (*clou de girofle*), et nous verrons qu'elles se distinguent par leurs tiges renflées aux articulations, hautes de quarante centimètres environ, rougeâtres, moelleuses et se soutenant difficilement. Elles sont remarquables encore, par leurs feuilles opposées, larges, nerveuses, sans pétioles et ayant quelque ressemblance avec celles du plantain, et par la beauté de leurs grandes fleurs le plus souvent d'un rose tendre, quelquefois pourpres, quelquefois blanches, renfermant dix étamines et deux pistils.

Ces plantes sont fort employées, dans quelques contrées de la France, notamment dans le Nord, pour le blanchissage du linge fin.

La *saponine*, qui leur donne cette propriété, est une matière blanche, incristallisable, qui s'obtient, en épuisant, avec de l'alcool à 36°, la poudre de la racine de saponaire. Ses feuilles broyées et simplement mêlées à l'eau, la font mousser comme le savon, et lui communiquent une sorte de mucilage très propre à blanchir les dentelles, décruer les soies, nettoyer les étoffes de laine : C'est le savon du pauvre ; et il ne coûte que la peine d'être recueilli.

La saponaire est également intéressante comme plante médicinale : On emploie le suc de la plante, ses fleurs et ses racines dans le rhumatisme, la jaunisse, les affections du foie, etc.

Les enfants demandèrent à l'oncle, qu'elles étaient ces plantes à fleurs jaunes, comme les renoncules, dont ils avaient vu la fermière préparer de la salade, au risque de s'empoisonner.

— Vous ne vous attendiez pas, mes amis, à trouver au bord de notre mare, tant de végétaux curieux : Cependant, nous n'en avons pas terminé, et d'autres surprises vous sont réservées.

Cette plante appartient à la famille des *renonculacées*, dont un grand nombre d'espèces constituent de violents poisons. Elle forme une exception remarquable puisque elle est comestible et que vous pouvez, comme la fermière, la consommer sans danger. C'est la *ficaire renoncule* (*ficaria ranunculoïdes*), appelée encore *petite chélidoine, petite éclaire, éclairette, scrofulaire, fausse renoncule,* etc., remarquable par sa belle fleur jaune, radiée, dont l'éclat métallique attire le regard. Elle borde les ruisseaux, les rivières, et se retrouve également sur les buissons ombragés. C'est à ses racines tuberculeuses, allongées comme de *petites figues,* qu'elle doit son nom de *ficaire.*

Cette autre plante, que vous retrouverez souvent en compagnie de la ficaire, appartient à la même famille : C'est le *populage des marais* (*caltha palustris*), désigné sous les noms de *souci d'eau, cocusseau.*

Sa fleur éclatante brille sur le bord des ruisseaux et des marais, dans les prairies humides, dès les premiers beaux jours du printemps.

Son large disque d'or s'harmonise admirablement avec la grosse touffe de feuilles d'un vert luisant d'où il émerge.

Virgile n'a pas dédaigné de célébrer les beautés du populage. Moins âcre que les autres renonculacées, ses boutons peuvent se confire au vinaigre; ses fleurs teignent en jaune, et les ménagères utilisent cette propriété pour colorer leur beurre. Mélangées à l'alun, elles donnent de l'encre jaune, et une couleur employée en peinture.

On cultive différentes variétés de *caltha :* Le *populage* à

8

grandes fleurs est une plante superbe qui réussit partout et ne réclame que peu de soins.

Examinons avec soin cette autre espèce de renoncule dont les feuilles sont presque entièrement *immergées :* Celle-là, mes enfants, est un des plus dangereux poisons que puisse fournir le règne végétal. C'est la *renoncule des marais (ranunculus palustris)*, qui se trouve le long des petits ruisseaux dont le cours est peu rapide, dans les eaux croupissantes, dans les terrains humides et marécageux. On l'appelle *grenouillette d'eau, renoncule scélérate, mort aux vaches, herbe sardonique;* et elle justifie tous ces noms par ses propriétés vénéneuses et caustiques.

Sa racine, relativement grosse, est creuse et fibreuse; ses tiges sont droites, creuses comme la racine, cannelées et rameuses; ses feuilles sont verdâtres, luisantes, quelquefois marquetées de petits points blancs; ses fleurs, peu apparentes, sont les plus petites, et les moins belles d'entre les renoncules.

Elles sont, comme vous le voyez, composées de cinq pétales dorés; et, sur cette tige, arrivée à maturité, vous remarquez la singularité du cône allongé de ses fruits.

Le mot renoncule vient du grec *rana*, qui signifie *grenouille.*

Cette plante singulière, qui paraît s'échapper d'entre les fissures de ce rocher humide, appartient à la famille des *crassulacées :* C'est le *cotylier ombiliqué (umbilicus pendulinus)* du grec *cotulè (assiette creuse)*, et désigné vulgairement sous les noms de *nombril de Vénus, cymballion, écuelle, herbe à l'hirondelle, oreille d'abbé*, etc.

Le cotylier ombiliqué est remarquable par ses feuilles toutes rondes, épaisses, grasses, pleines de sucs, creusées en bassin, assiette, cymbale ou entonnoir, et adhérentes, par leur milieu, à un pétiole charnu comme elles. La feuille, développée longtemps avant la fleur, est souvent flétrie quand celle-ci paraît.

Cette fleur est singulière, non pas par ses petites cloches ou grelots de couleur vert jaunâtre ou blanchâtre tirant sur le purpurin, et disposées en grappe; mais bien plutôt parce que son épi est toujours parallèle au mur ou au rocher auquel la plante est attachée. On employait autrefois le cotylier, en médecine, comme émollient et rafraîchissant.

Cette autre plante, voisine du cotylier, et comme lui fixée à la paroi du rocher, appartient à la famille des *personnées* ou *scrophularinées* : C'est la *linaire cymbalaire (linaria cymbalaria)* qui doit son nom à ses feuilles arrondies comme des cymbales dont les gracieuses guirlandes, toutes festonnées de jolies fleurettes, tapissent les vieux murs et les rochers humides. Elle possède une saveur analogue à celle du cresson, et elle a été recommandée comme anti-scorbutique.

Voici, au pied de ce vieux saule, un genre de plantes dans lequel tout semble bizarre : Ce sont des *arums tachetés (arum maculatum), gouet, pied-de-veau, monsieur, religieuse, cornu, fuseau, racine amidonnière, giron, pain de pourceau.*

Vous voyez, mes enfants, que les noms ne manquent pas à la plante type de la famille des *aracées*, autrefois *aroïdées*.

Les feuilles de ces végétaux sont souvent marbrées, sagittées, et pétiolées, quoique engaînantes par leur base; leur spathe ressemble à un capuchon, ou à une longue oreille de lièvre; leur spadice forme une espèce de massue; leurs ovaires sont groupées en *sorose*, c'est-à-dire qu'ils forment une réunion de plusieurs fruits soudés ensemble de manière à représenter une baie mamelonnée, comme dans l'ananas et le mûrier. Mais, toutes ces particularités sont encore moins étonnantes que la chaleur extraordinaire développée dans la fleur au moment de son épanouissement. Dans quelques grandes espèces étrangères, cette chaleur est tellement intense que l'on ne peut tenir le spadice entre les doigts.

La plupart des gouets ont dans leurs feuilles un suc âcre, caustique; mais leurs racines les rendent très précieux : Elles perdent leur âcreté par des lavages et peuvent, par l'abondante fécule qu'elles contiennent, devenir, en temps de disette, assez utile pour remplacer le blé.

Arrêtons un instant notre attention sur ce groupe de plantes dont les longs stolons, garnis de feuilles glabres, rampent tout au bord de la mare, et dont quelques-uns se suspendent coquettement au-dessus de la nappe liquide qui réfléchit les aigrettes bleues, roses ou blanches qui les couronnent : Ce sont des plantes de la famille des *labiées* (*en forme de lèvres*).

La bugle rampante (*ajuga reptans*), *consoude moyenne, herbe de Saint-Laurent*, doit son nom scientifique *ajuga*, (*sans joug*), à l'absence de lèvre dans la partie supérieure de la corolle, ce qui laisse libre (*sans joug*) les étamines.

Les stolons rampants de la bugle font qu'on la cultive avantageusement dans des vases suspendus.

Ainsi disposés, ils descendent en s'inclinant avec grâce, pendant que la tige centrale dresse, au milieu du vase, son épi tout ruisselant de fleurs.

C'est surtout en réunissant les trois variétés, blanche, rouge et bleue, qu'on obtient l'effet le plus charmant; et, comme cette plante croît partout, cet ornement est des plus faciles à se procurer.

Cette autre *labiée* qui vous est mieux connue, et qui se trahit par son odeur fortement aromatique est la *menthe* (*du grec menos-théôn, soin des dieux*). Cette variété est la *menthe aquatique*, ou *baume d'eau*, remarquable par sa tige carrée, velue et rougeâtre, haute d'environ quarante centimètres. Ses fleurs sont terminées en tête sphérique et les étamines sont plus longues que la corolle.

Les menthes sont précieuses à cause de leurs propriétés pharmaceutiques, et encore, parce que, croissant en abondance dans les lieux insalubres, elles neutralisent, par leurs émanations balsamiques, les miasmes dangereux des eaux stagnantes et des marais fangeux. Elles sont toniques, stimulantes et antispasmodiques.

C'est encore à notre humide rocher que nous allons demander le dernier mot de notre leçon d'aujourd'hui.

Ces jolies fougères, fixées par touffes au-dessus des cotyliers et des cymballaires, sont des *doradille* ou *asplenium* (*du grec asplené, chassant le râle*). Elles croissent sur les troncs moussus, sur les vieux murs et les rochers. Leurs propriétés apéritives et béchiques les font employer comme succédanées du capillaire. On peut les recueillir en tout temps et les conserver sans difficultés pour les employer contre la toux, l'asthme, l'enrouement et les extinctions de voix.

Nous allons rentrer à la maison; et pendant que nous nous reposerons, rien ne troublera le sommeil de nos intéressants sujets d'études.

Demain, après leur réveil, nous reprendrons notre excursion autour de la mare.

Le sommeil des plantes. — Observations de Linné. — Plantes étrangères et plantes
indigènes. — L'horloge de Flore. — Tableau de l'horloge de Flore. — Le calendrier de Flore. — Tableau du calendrier de Flore.

Les intelligents élèves du vieux naturaliste avaient longue-
ment réfléchi à ces paroles : « Rien ne troublera le sommeil de
nos intéressants sujets d'études. »

Le lendemain, en se dirigeant vers la Fosse-Noire, cette
question ne pouvait manquer d'être adressée à l'oncle complaisant : « Les plantes dorment donc? »

— Oui, mes enfants, les plantes dorment : La nuit n'est-elle
pas faite pour le repos de toute la nature; n'est-ce pas elle qui
apporte à tout ce qui s'agite sous le soleil, le silence et la paix !
Il n'y a pas d'exception pour les plantes qui jouissent aussi de ce
bienfait.

C'est au grand Linné que nous devons la découverte de ce
fait intéressant.

Un soir qu'il était venu avec un flambeau visiter ses plantes,
il fut tout surpris de ne plus les reconnaître. Elles n'avaient pu
changer de place; mais toutes avaient changé de forme et de
figure. Il se penche vers chacune d'elles, les interroge avec soin,
les considère attentivement et reconnaît l'*arroche* dont les

feuilles se sont appliquées l'une contre l'autre comme pour se protéger mutuellement; la *mauve du Pérou* dont la tige est enveloppée par leur limbe arrondi en entonnoir; l'*impatiente* qui incline ses feuilles pour former un abri à la fleur. Continuant son examen, il voit que le *baguenaudier* a redressé ses folioles, que le *trèfle incarnat* a réuni ses trois feuilles pour en faire un pavillon à la fleur. L'attitude de la sensitive est encore plus curieuse : elle a abattu ses feuilles qui sont recouvertes les unes par les autres tout le long de leur pétiole. Toutes les plantes, les légumineuses surtout semblent couchées et endormies.

On a, dans la suite, nommé *sommeil des plantes* leur attitude pendant la nuit, et *réveil des plantes* leur retour à leur position habituelle.

« Une fois privées de lumière, dit un naturaliste, les plantes, comme les animaux, sont soumises au sommeil. Que l'on parcoure les bois ou les campagnes, que l'on suive l'eau murmurante d'un ruisseau ou qu'on s'égare sur la pelouse déjà couverte de rosée, partout les plantes sont endormies. Le vent des orages les courbe sans les éveiller, le tonnerre gronde sans nuire à leur repos, la pluie les inonde sans interrompre cet instant d'inertie.

» La sensitive, si délicate, s'endort tous les soirs d'un profond sommeil; elle rapproche ses folioles, les applique les unes sur les autres, puis elle abat ses longues feuilles pliées sur sa tige, et reste immobile jusqu'à ce que la lumière ramène son réveil. Les chocs, les cahots d'une voiture, le vent qui souffle avec violence ne font que prolonger cette immobilité.

» La nuit paraît avoir une influence plus grande encore sur le sainfoin des Indes, découvert au Bengale, en 1777, par Milady Monson, dans les lieux les plus chauds et les plus humides de ce vaste delta du Gange. Chacune des feuilles de cette délicate légumineuse a trois folioles comme celles de notre trèfle, une plus grande au milieu, deux plus petites sur les côtés.

Dans le jour, la foliole du milieu est horizontale et sans mouvement; la nuit elle se courbe et vient s'appliquer sur son support,
comme si la fatigue l'invitait au repos. Les deux folioles
latérales, nuit et jour sans discontinuer, se meuvent avec une
incroyable activité, descendent et remontent; s'inclinent et se
relèvent devant la première à raison d'une minute à peu près
pour chacune de leurs oscillations. Pas de sommeil pour ces
deux folioles; la nuit est sans action sur elles, tandis que la
supérieure s'endort paisiblement. A peine si, pendant le jour,
une d'elles s'arrête quelques instants, l'autre continuant à
osciller. Quelquefois, pourtant, la chaleur suffocante de ces
régions les oblige au repos, et notre plante fait la sieste pendant
quelques instants; ses deux folioles s'arrêtent endormies. Transporté dans nos serres, le sainfoin oscillant conserve en partie
son activité; mais loin du sol brûlant de sa patrie, de l'air
humide de ses marais, il n'a plus que des mouvements lents et
irréguliers. Nous l'avons vu tromper son exil par de longues
heures de sommeil.

» Mais nous n'avons pas besoin d'aller chercher au loin des
exemples de ces intéressants phénomènes; parcourons, la nuit,
nos prairies et nos coteaux, pénétrons dans nos silencieuses
forêts, alors qu'elles ne sont plus éclairées que par la lumière
tremblante et argentée de la lune à travers le feuillage, et nous
verrons bientôt que toutes les plantes ont changé d'aspect.

» Les trèfles ont redressé leurs folioles, qui dorment trois à
trois sur de longs pétioles; les délicats oxalis ont abaissé les
leurs, qui sommeillent inclinées et comme fatiguées de leur
végétation du jour. Les feuilles des arroches s'appliquent sur
les jeunes pousses et sommeillent en les protégeant. L'œnothère,
si commune sur le bord de nos rivières, dispose, le soir, ses
feuilles supérieures en berceau, formant ainsi un appartement
à jour, où la fleur peut veiller ou dormir à son gré. Ailleurs, ce
sont les mauves aux jolies fleurs lilacées, dont les feuilles se

'roulent en cornets et s'approchent des fleurs dans leurs instants
de repos. Le soir, pendant que le pois de senteur de nos jardins
et nos fèves fleuries abandonnent à la brise leurs effluves parfumées, leurs feuilles s'appliquent les unes sur les autres et
dorment d'un profond sommeil au milieu des suaves émanations
des corolles.

» Si, déjà dans la nuit, l'aspect de nos campagnes n'est plus
le même, cette différence est encore bien plus marquée dans les
contrées équinoxiales, dont le paysage doit quelquefois son
caractère à des légumineuses herbacées ou arborescentes, végétaux dormeurs par excellence. Aux premières ombres, les
feuilles étalées pendant le jour se hâtent de replier deux par
deux leurs nombreuses folioles. Dans les savanes de l'Amérique
du Sud, abondent au milieu des graminées, des plantes voisines
de la sensitive, qui, fatiguées de la chaleur du jour, s'endorment avant même que le soleil soit couché. Ce sont le mimosa
paresseux, le mimosa dormeur, désigné par les colons espagnols
sous le nom expressif de *dormideras*. Les bestiaux à demi sauvages qui parcourent les savanes recherchent avec avidité ces
sensitives herbacées, et de larges touffes complètement endormies sont broutées pendant leur sommeil.

» On voit dans un grand nombre de plantes, les feuilles protéger les fleurs pendant la nuit, et ne s'endormir qu'après avoir
dressé autour d'elles un abri protecteur. Tel est le trèfle incarnat, dont les feuilles entourent les riches corolles. Dans d'autres, au contraire, les feuilles descendent tout à fait, abandonnent les fleurs, se renversent et dorment sur le dos. Le lupin
blanc présente cette singulière disposition. Dans quelques
parties des Pyrénées, où l'on cultive ensemble les deux plantes
que nous venons de citer, les champs sont de magnifiques par-
terres où viennent s'enchevêtrer les panaches blancs du lupin et
les têtes carminées du trèfle. La nuit tout est changé ; le lupin
semble avoir perdu ses feuilles, et le trèfle ses fleurs. On ne re-

connaît plus pendant leur sommeil, le riche tapis si brillant pendant le jour.

» Pourquoi ces modifications profondes, ces instincts si divers dans deux plantes de la même famille? Pourquoi d'une part ces soins, et d'autre part cette espèce d'abandon? La rosée du ciel, utile aux fleurs de l'une, pourrait-elle nuire aux fleurs de l'autre qui cherche à les abriter? Dieu seul connaît ces mystères.

» Ce ne sont pas seulement les feuilles qui sont soumises aux alternatives de veille et de repos, les fleurs dorment elles aussi. Les unes se couchent de bonne heure et se réveillent très-tard; d'autres ont un sommeil que rien ne peut interrompre, et pendant lequel la mort les surprend. Il en est de capricieuses qui, à moitié endormies, à demi éveillées, hésitent et s'inquiètent, avant d'ouvrir complètement leurs corolles, si de gros nuages ne cachent pas l'horizon, si le ciel enfin sera pur pour qu'elles puissent développer, sans les compromettre, leurs magnifiques toilettes.

» La chicorée sauvage ferme ses jolies fleurs bleues dès onze heures du matin, mais quelquefois cependant elle attend jusqu'à trois et quatre heures pour dormir complètement. A deux heures le mouron des champs, si gracieux par ses corolles azurées ou rouges, s'assoupit jusqu'au lendemain matin. Les piloselles, aux fleurs dorées et symétriques, se referment à la même heure; et un grand nombre de synanthérées, imitant leur exemple, s'endorment en plein soleil. L'œillet prolifère, plus dormeur encore, permet à peine que midi ait sonné pour fermer ses pétales, et il attend neuf heures du lendemain pour les ouvrir. Chacun a pu voir le pissenlit se fermer à des heures diverses de l'après-midi, et les corolles blanches et roses des liserons sommeiller dès cinq heures du soir. L'ornithogale en ombelle ouvre ses fleurs une heure avant midi, comme l'indique son nom vulgaire *dame d'onze heures*, et les ferme dès que trois heures ont sonné. »

On peut tromper les innocentes à l'aide d'une lumière factice; on peut, malgré l'heure avancée, les tenir éveillées à la lueur d'une lampe; on peut, de la même façon, changer les heures de leur sommeil en les plaçant, pendant le jour, dans un endroit obscur. Ce n'est cependant pas sans crainte et sans résistance qu'elles se soumettent à ces expériences contre nature.

De Candolle a vu des mimosas ne se décider à dormir pendant le jour et à déplier leur feuillage pendant la nuit qu'après des hésitations singulières et de nombreux tâtonnements.

— Mais le souci des champs nous indique qu'il sera bientôt l'heure de retourner à la maison, et nous n'avons pas de temps à perdre, si nous voulons examiner, ce matin, quelques-unes des plantes de notre mare.

— Bon oncle, dit l'aînée des nièces, nous retrouverons demain les plantes de la mare; dites-nous, plutôt, comment le souci des champs nous indique qu'il faudra bientôt rentrer pour déjeuner.

— Je voulais, mes enfants, remettre à plus tard la description de l'*horloge de Flore;* cependant, puisque vous en exprimez le désir, je veux bien vous satisfaire immédiatement.

C'est Linné qui le premier a dressé le tableau de l'horloge de Flore; c'est lui qui, tout d'abord, eut la gracieuse idée de compter les heures du jour et de la nuit par l'épanouissement des fleurs.

Voici quelques-unes des indications qu'il m'est possible de vous fournir :

Le *liseron des haies* est une des plantes les plus matinales; il s'éveille et entr'ouvre sa corolle dès quatre heures du matin.

De quatre à cinq heures du matin, le *pavot* et le *salsifis des prés* saluent le retour de la lumière.

De cinq heures à six heures, c'est le tour de la *belle-de-jour* et du *laitron*.

De six heures à sept heures s'épanouissent la *morelle* et le *nénuphar*.

De sept heures à huit heures, le *miroir de Vénus* et le *mouron des oiseaux*.

De huit heures à neuf heures, le *mouron des champs*.

De neuf heures à dix heures, le *souci des champs*.

De dix heures à onze heures, les *mésembryanthèmes à fleurs noueuses*.

De onze heures à midi, la *dame d'onze heures* (*ornithogale en ombelle*).

De midi à une heure, la plupart des *mésembryanthèmes*.

Les heures du soir sont peut-être moins bien réglées, ou plutôt les observations faites jusqu'à ce jour n'ont pas permis de les déterminer avec la même exactitude. Cependant, on sait que la *scille* marque deux heures.

A cinq heures, s'ouvre le *silène noctifère*.

A six heures, ce sont les *belles de nuit*.

A sept heures, l'*onagre*.

A huit heures, le *cactus à grandes fleurs*.

A dix heures et jusqu'au matin, le *liseron pourpré*.

Les *graminées*, les *coquelicots*, les *primevères*, s'ouvrent pendant la nuit.

L'horloge de Flore a inspiré à Delille les vers suivants :

« Voyez comme l'instinct qui gouverne les plantes
» Assigne à leur réveil des heures différentes.
» L'une s'ouvre la nuit, l'autre s'ouvre le jour;
» Du soir ou de midi, l'autre attend le retour :
» Je vois avec plaisir cette horloge vivante.
» Ce n'est pas ce contour où l'aiguille mouvante
» Chemine tristement le long d'un triste mur;
» C'est un cadran semé d'or, de pourpre et d'azur,

» Où d'un air plus riant, en robe diaprée,
» Les filles du printemps mesurant la durée,
» Et nous marquant les jours, les heures, les instants,
» Dans un cercle de fleurs ont enchaîné le temps. »

Linné avait eu encore l'ingénieuse idée de marquer par l'épanouissement des fleurs, la série des mois de l'année.

Vous voulez certainement connaître ce gracieux zodiaque des champs, où chaque plante vient en son temps rendre hommage au soleil.

Le calendrier de Flore varie nécessairement avec les climats; et même, dans chaque climat, les variations de l'atmosphère et beaucoup d'autres causes lui enlèvent de son exactitude.

C'est en prenant le terme moyen de l'épanouissement des fleurs pendant plusieurs années, que les naturalistes ont dressé le tableau de toutes les fleurs des différents mois : Nous allons en citer quelques-unes :

Janvier, malgré le froid, la neige, le givre, voit s'épanouir les *mousses,* les *lichens,* l'*hellébore noir* et d'autres plantes robustes.

Février voit naître les fleurs de l'*aulne,* du *noisetier,* du *safran,* des *primevères.*

Mars est parfumé par la *violette,* l'*amandier;* déjà, le *saule* laisse flotter ses chatons fleuris, les *paquerettes* émaillent les prairies; les belles étoiles d'or de la *ficaire* ornent les bords du ruisseau.

Avril est égayé par les fleurs de la plupart des *arbres fruitiers* et par celles de la *saxifrage,* du *pissenlit,* des *cardamines,* etc.

Mai est par excellence le mois des fleurs : les *lilas,* les *maronniers,* les *tulipes,* les *renoncules,* les *orchis,* et les *ophrys* décorent et embaument les bois et les côteaux, les vallées et les plaines.

Juin voit fleurir la *rose* superbe, le *lis* majestueux, les *œillets*, les *coquelicots*, les *mauves* et une foule d'autres plantes.

En *Juillet*, ce sont les *menthes*, et les *millepertuis*, l'*aconit*, 'a *capucine*, les *courges*, etc.

En *août*, les *clématites*, les *lupins*, les *dahlias*, les *balsa-mines* et les *œillets d'Inde*.

Septembre nous ramène les fleurs des *astères géantes*, des *bruyères* et des *colchiques*; à cette époque, naissent beaucoup de *champignons*.

En *octobre* fleurissent l'*amaryllis jaune*, les *astères*, les *bruyères*; et, comme en septembre, paraissent de nombreux *champignons*.

En *novembre*, ce sont particulièrement des *renonculiers*, des *mousses* et des *lichens* et encore des *champignons*.

En *décembre*, le *tussilage odorant*, l'*hellébore noir*, le *bois-gentil*, les *lichens*.

La *bourse à pasteur* (*capsella bursa pastoris*). Tabouret, mollette-à-berger, millefleurs à le mérite de paraître en tout temps et de fleurir pendant toute la durée de l'année. C'est la silicule, en forme d'aumônière, qui a valu à cette singulière plante le nom sous lequel elle est désignée.

Notre calendrier de Flore est bien incomplet : C'est par milliers qu'on pourrait compter les espèces qui s'appliquent à chaque mois. Tel qu'il est, il aura pour résultat de vous faire comprendre, une fois de plus, que les savants les plus illustres ne dédaignent rien de ce qui a pour but l'étude des fleurs, ces charmantes filles du soleil, que le Créateur a répandues partout avec une prodigalité sans bornes, qui ne peut appartenir qu'à sa Toute-Puissance.

III

La cannette ou roseau des marais — Le rubanier rameux. — La massette ou roseau de la Passion. — Ses nombreux usages. — Les carex. — Les scirpes. — Le choin marisque. — Le souchet comestible. — Le souchet odorant. — Le souchet à papier ou papyrus. — Le jonc fleuri.

Nous allons continuer à explorer les bords de la Fosse-Noire, ou plutôt, aujourd'hui, c'est dans l'eau même qu'il nous faudra prendre nos sujets d'études.

Cette grande et belle plante dont il nous est facile de recueillir quelques tiges est le *roseau des marais* (*arundo palustris, phragmites arundinacea*); vulgairement *roseau à balai, cannette, petit roseau,* qui appartient à la famille des graminées. Le roseau des marais croît dans les endroits marécageux, dans les fossés remplis de vase, dans les prairies inondées, au bord des ruisseaux et des rivières.

Cette plante serait, de toutes les graminées, la plus élégante par son port et sa taille, sans le grand roseau à quenouille (*donax arundinaceus*), le géant des graminées d'Europe, dont vous avez vu les belles tiges dans notre jardin, et dont les pêcheurs se servent pour leurs lignes.

Le bourgeon des feuilles de la *cannette*, réunies en cône au sommet de la tige est rugueux et très piquant. Ses racines sont nombreuses, nouées, traçantes et vivaces ; les tiges, moins grosses que le petit doigt, portent des nœuds d'où sortent les feuilles longues et roides, rudes au toucher. Les fleurs naissent par petits paquets au sommet des tiges : Elles sont petites, molles, composées d'étamines qui sortent d'un calice à écailles, de couleur purpurine au moment de leur épanouissement. Ces petits paquets se développent, s'allongent, se répandent en manière de chevelure douce et soyeuse et prennent une couleur cendrée.

On plante quelquefois ce roseau en haies qui deviennent très productives : Les feuilles servent de litière et de fourrage, et, de même que les fleurs, elles teignent en jaune. On le coupe au moment de la floraison, avant la maturité des graines, pour en faire des balayettes. Dans certaines contrées ses tiges sont employées comme le chaume, pour la toiture des bâtiments rustiques : On en fait encore des flûtes de pan, des bobines, des paillassons, des nattes, des allumettes comme avec les chènevottes, etc...

Voici, tout près les unes des autres, plusieurs plantes de la famille des *typhacées* (du grec *typhos, étang*).

Le *rubanier rameux* (*sparganium ramosum*) est vulgairement désigné sous le nom de *clou-de-dieu*. Ses racines sont vivaces, fibrées, noires et rampantes. De longues feuilles droites, lisses, étroites ont valu le nom de *rubanier* à cette élégante fille des marais. Ces feuilles, pointues à leur sommet, rudes, coupantes, triangulaires à leur base, voient s'élever du milieu d'elles des tiges hautes d'un mètre environ, rondes, lisses, tortueuses. Les fleurs du rubanier sont des bouquets attachés sans pédoncule aux nœuds des rameaux.

On emploie les feuilles de cette plante pour couvrir les chaumières, pour faire des nattes et de la litière.

Autrefois, ses racines étaient estimées sudorifiques et propres à guérir la morsure des serpents. Enfin, dans l'antiquité, ses feuilles servaient, en guise de bandelettes pour emmaillotter les enfants ; et, à cette occasion, un vieux naturaliste dit que les Scythes, les Egyptiens, les Lacédémoniens qui n'avaient pas adopté cet usage abusif, et qui conservaient ainsi la liberté et la forme naturelle des membres, étaient plus robustes, et eurent toujours de grands avantages sur les autres nations.

La *massette à feuilles larges* (*typha latifolia*), vulgairement *masse d'eau, masse de bedeau, quenouille, chandelle, roseau de la Passion*, est cette plante dont les peintres mettent l'épi à la main du Sauveur, dans leurs *ecce homo*.

La *massette à feuilles étroites* (*typha angustifolia*) ne se distingue de la précédente espèce que par ses dimensions plus petites.

Les massettes sont peut-être les plus belles et les plus intéressantes de toutes les plantes aquatiques : Leurs racines volumineuses, d'un tissu charnu et féculent, servent de nourriture aux kalmouks, et sont dans certaines contrées, employées contre le scorbut; on peut, par la distillation, en retirer de l'eau-de-vie; et, quand elles sont jeunes, les confire au vinaigre et les manger en salade.

Leurs longues feuilles en glaive servent à faire des nattes, des chaises, des paillassons et des toitures aux habitations rustiques : Les tonneliers en garnissent les fentes des tonneaux. Leur pollen est inflammable et tellement abondant, qu'on le recueille, dans nos départements du midi, pour remplacer, dans les feux d'artifice, la poudre de Lycopode. Leur gros épi noirâtre et duveté sert de brosse aux horlogers pour nettoyer les rouages des horloges et des montres. La bourre est un remède pour les brûlures. Dans quelques pays, on en remplit des coussins, des oreillers, des matelas. Dans le Nord, on mêle cette bourre au goudron et à la poix pour calfater les navires. En Perse, on en fait, avec de la chaux et de la cendre, un ciment qui a la dureté du marbre. Mêlée au poil de lièvre, on en fait

9

des chapeaux; et, avec du coton, on en fabrique des ouvrages
de tricot, des bonnets, des bas, des gants, etc...

Mais, il n'était guère possible qu'un préjugé ne vînt pas s'attacher à une plante si remarquable : on a prétendu que la
bourre de la massette rend sourds ceux qui reposent sur les
oreillers qui en sont remplis. Je n'ai pas besoin de vous dire qu'il
n'y a rien de fondé dans cette assertion.

Si le roseau des marais et la massette sont des plantes intéressantes et utiles, on ne saurait en dire autant des *carex*,
laiche ou *blache* qui appartiennent à la famille des *cypéracées*.
Ces végétaux n'offrent guère d'attrait pour le botaniste que celui
d'une difficulté vaincue quand il est parvenu à les déterminer.

Les *carex* constituent une assez mauvaise nourriture pour les
bestiaux : Les dents aiguës des tiges leur ensanglantent la bouche, et leurs feuilles sont tellement tranchantes qu'elles ont reçu
le nom de *couteaux*.

La *laiche à vessie* (*carex vesicaria*) *ciseaux, rouchette*, croît
dans les prés marécageux et se rencontre aussi au bord des
étangs. Ses racines, assez grosses, sont noueuses et fibreuses :
Ses feuilles servent à empailler des chaises grossières et à em-
baller les verres et les bouteilles.

Les Lapons s'en fabriquent des espèces de chaussettes qui les
garantissent du froid et de l'humidité. La tige de la rouchette,
haute de près d'un mètre, triangulaire, sans nœud, porte à son
extrémité des épis à écailles, entre lesquels sont attachées des
fleurs à étamines rousses.

La *laiche des sables* (*carex arenaria*) est une plante utile
pour retenir les sables mouvants au bord de la mer. Ses longues racines traçantes sont tellement propres à cet usage, que
les Hollandais en garnissent leurs digues et leurs chaussées.

A cette même famille appartiennent les *scirpes* dont j'aperçois
quelques échantillons.

Ce superbe jonc dont la cime est surmontée d'épis roussâtres est le *scirpe des lacs* (*scirpus lacustris*). C'est un des plus beaux ornements des rivières au cours paisible et des réservoirs d'eau stagnante où il semble tout particulièrement se plaire.

Les *scirpes* sont employés à une foule d'usage : on en fabrique des paniers, des nattes; on en couvre les chaumières ; les chaisiers en emploient de grandes quantités. Le bas de la tige, fort tendre et d'une saveur douce, peut être consommé sans danger. Mais ces plantes sont surtout importantes parce qu'elles assainissent les marais, et qu'elles se convertissent rapidement en tourbe, précieuse pour le chauffage. En se décomposant, les scirpes élèvent peu à peu les bas-fonds qui, deviennent assez promptement propres à la culture des céréales.

Cette plante, qui décore merveilleusement les marécages, où elle croît abondamment est le *choin marisque* (*cladium mariscus*), *faux souchet*, dont les tiges dures, coriaces, triangulaires ne peuvent servir de nourriture aux troupeaux.

Le choin marisque atteint une hauteur d'environ deux mètres. Ses longues feuilles garnies de dents aiguës, ses grandes panicules roussâtres ornent les bords des lacs et des étangs. En Suède, il est employé pour les toitures des chaumières; et, on l'utilise également pour le chauffage.

Puisque nous en sommes aux *cypéracées*, je ne dois pas laisser passer cette bonne occasion de vous entretenir de quelques espèces qui ne croissent pas dans la Fosse-Noire, mais qui sont tellement remarquables que je tiens à vous les faire connaître. Asseyons-nous à l'ombre de ces peupliers et vous vous reposerez en écoutant cette partie de ma leçon.

Le *souchet*, *comestible* (*cyperus esculentus*), *amande de terre*, *trasi*, *souchet sultan*, *tubéreuse*, *souchet rond de Provence*, est cultivé en Espagne, en Italie et dans plusieurs de nos départements du midi. Ses racines à fibres menues sont garnies de tubercules charnus, gros comme de petites noisettes, ronds, relevés d'une espèce de petite couronne comme les nèfles, cou-

verts d'une écorce ridée assez rude, ayant la chair blanche,
ferme d'un goût sucré à saveur d'orgeat. On en retire de
l'huile.

On a prétendu que le suc des tubercules de ce souchet est un
excellent remède contre les maladies de poitrine.

Les tiges de cette plante sont hautes d'environ cinquante
centimètres ; ses feuilles sont arundinacées comme celles des
autres espèces, du même genre. Ses fleurs, sont ramassées en
tête jaunâtre, entre des feuilles à écailles, disposées en manière
d'étoiles ; elles donnent naissance à des graines triangulaires.
Les tubercules du souchet comestible, gonflés dans l'eau, se
plantent en mars, à trente ou quarante centimètres de profondeur, dans un sol léger, humide et profond. On arrose, on sarcle
fréquemment jusqu'au mois d'octobre, époque à laquelle on
arrache les tubercules.

Une autre espèce, le *souchet allongé* (*cyperus longus*), *souchet odorant*, a une racine longue, menue, genouillée, tor-
tueuse, garnie de plusieurs nœuds en forme d'olives et de
fibres capillaires. Cette racine, blanchâtre en dedans, d'un goût
suave, est un peu âcre, aromatique et exhale une odeur de
violette ou de nard : Les parfumeurs la mettent au vinaigre, la
font sécher et la réduisent en poudre.

Des racines vivaces de ce souchet sortent des feuilles ayant
certaine analogie avec celles du poireau, mais plus longues et
plus étroites. La tige haute d'environ soixante-dix centimètres,
est remplie de moelle blanche, et porte à son sommet une
collerette de plusieurs folioles, disposées en étoiles, et placées
au-dessous des épis de fleurs qu'elles surpassent en longueur.
Ces bouquets rous-âtres sont amples, épars et comme flottants
sur le sommet de la tige ; ils sont composés d'épis ou de têtes
écailleuses ; garnies de fleurs à étamines, sans pétales. Des
aisselles des écailles naissent les pistils qui se changent ensuite
en graines triangulaires, dures et revêtues d'une écorce noire.

Il me reste à vous parler du plus curieux de tous les souchets, du fameux *souchet à papier, jonc du Nil* (*papyrus antiquorum*) si célèbre dans l'antiquité.

« Le *souchet à papier*, dit un botaniste, croît en Egypte et en Sicile. Il forme des faisceaux de tiges sans feuilles de deux à trois mètres, qui se terminent par une large ombelle dorée, brillante et légère, de la plus grande élégance : On en faisait des couronnes aux dieux. Les anciens, et notamment Pline et Théophraste, ont beaucoup écrit sur le *papyrus*, si précieux pour les Egyptiens. Ses grosses racines leur servaient de bois de chauffage et à fabriquer des vases. Ils mangeaient la moelle et les jeunes pousses, qu'ils faisaient rôtir pour les rendre meilleures. Ils tressaient des nacelles ou corbeilles de jonc enduites de bitume avec ses tiges entrelacées; et ce fut sans doute dans une corbeille de papyrus que la fille de Pharaon trouva l'enfant qu'elle sauva des eaux. Les Egyptiens s'y croyaient en sûreté contre les crocodiles, qui les épargnaient, disaient-ils, par respect pour la déesse Isis, qui s'était servie d'une barque semblable.

» De l'écorce inférieure de la tige et du liber, ils façonnaient des voiles, des cordages et des vêtements, mais surtout ce fameux papier qu'ils préparaient en détachant avec une aiguille les membranes circulaires du liber : Les lames, ou minces feuillets, qu'ils en retiraient, étaient étendus sur une table et posés bord à bord, puis, on les humectait légèrement avec de l'eau du Nil, qui servait à les coller et à les unir ensemble. La feuille entière était alors mise en presse et séchée au soleil.

» Ce papier, sans autre préparation, était appelé *hiératique* ou *sacré*. D'Egypte il vint à Rome, où il fut perfectionné, et prit alors le nom de *papier d'Auguste, de Livie* ou de *Fannius*, papetier, qui le perfectionna.

» L'Egypte resta longtemps en possession de fournir le papier à toutes les nations civilisées, qui l'employaient seul ou conjointement avec le parchemin, jusqu'à ce que notre papier de chiffon fût venu remplacer tous les autres.

» Le *papyrus* ou *souchet à papier* se multiplie par éclat. On peut le cultiver en France en le mettant l'été dans un réservoir, et l'hiver en serre chaude dans un pot inondé. »

Cette histoire du papyrus intéressa vivement les enfants qui ne s'attendaient pas à trouver, au bord de la Fosse-Noire, l'occasion d'entendre parler des crocodiles du Nil, de Moïse et de l'Egypte.

Avant de reprendre le chemin de la maison, je veux encore, mes enfants, vous parler de cette belle plante qui élève au-dessus des eaux ses longues feuilles étroites et pointues du milieu desquelles part une hampe, portant une magnifique ombelle du plus beau rose, garnie à sa base d'une jolie collerette composée de trois folioles membraneuses et pointues. Voyez quel admirable effet elle produit au milieu de notre mare avec son gracieux entourage de nymphéas! C'est le *butome en ombelle* (*butomus umbellatus*), *jonc fleuri*, le plus bel ornement des eaux tranquilles. Il appartient à la famille de végétaux aquatiques des *butomées.* Le mot *butome*, qui vient du grec, signifie *pâture de bœufs*, et il n'est pas étonnant qu'on ait donné ce nom à une plante dont les bœufs sont très friands.

La racine et la semence du jonc fleuri ont été recommandées contre les morsures des serpents venimeux. On leur attribuait des propriétés émollientes et rafraîchissantes et on les vendait dans les officines sous les dénominations de *racines et semences de jonc fleuri*. Dans le nord de l'Asie, on consomme le rhizome après l'avoir soumis à la torréfaction.

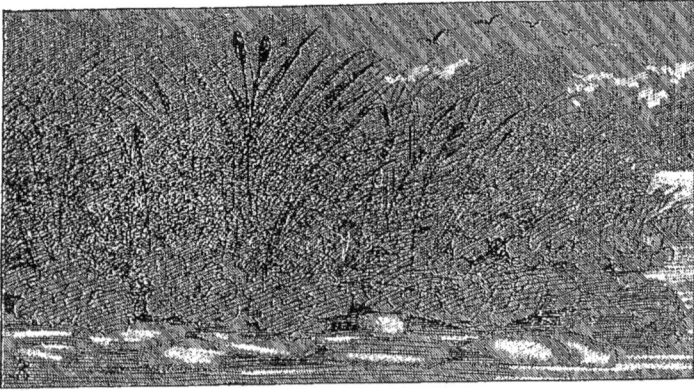

IV

L'iris des marais. — Le flûteau ou pain de grenouilles. — La sagittaire. — Le poivre d'eau. — Le ményanthe ou trèfle aquatique. — La mâcre ou châtaigne d'eau. — La fleur. — Organes de la fructification. — L'air indispensable à la fécondation. — Les plantes aquatiques. — La vallisnérie. — Etonnement des enfants. — L'utriculaire. — Moyens divers permettant l'émersion des fleurs aquatiques.

Pour peu que l'âme soit bonne, elle devient meilleure encore par l'étude de la nature. Le vieux naturaliste faisait chaque jour l'application de cette vérité : Il voyait se développer chez ses élèves l'instinct de tous les sentiments nobles et généreux à mesure que s'élargissait le cercle de leurs connaissances. Les enfants ne savaient comment exprimer leur admiration en pensant qu'un petit coin de terre, une simple mare, une légère dépression du sol, servaient d'asile à tant de créatures diverses.

Il ne fallait pas de bien grandes recherches pour découvrir chaque jour les espèces nouvelles que le complaisant professeur s'empressait de faire connaître à son jeune auditoire attentif et charmé.

Voici une plante de la famille des *iridées* qui, soigneusement cachée derrière un buisson de roseaux, avait jusque-là échappé aux investigations des jeunes botanistes. C'est l'*iris des marais* (*iris pseudo-acorus*), *glaïeul jaune, flambe d'eau, faux acore,* remarquable par ses feuilles en glaive dont la présence est très commune sur le bord des eaux, dans les fossés et les étangs. La racine de la flambe d'eau est vénéneuse; elle teint en noir. Les montagnards d'Ecosse en fabriquent de l'encre en la faisant infuser dans l'eau imprégnée de sels de fer. La graine torréfiée peut être mêlée au café, et les fleurs teignent en jaune.

La famille des *alismacées,* qui a été établie par le botaniste Richard, est représentée dans la Fosse-Noire par deux espèces remarquables :

Le *flûteau,* ou *plantain d'eau (alisma plantago),* appelé encore *pain de grenouille,* est cette plante dont la panicule est formée de petites fleurs blanches à trois pétales. Elle tire son nom scientifique du milieu dans lequel elle vit, et son nom français, *flûteau,* de ce que, sans doute, les longues tiges creuses de quelques variétés peuvent servir de flûtes aux bergers.

Plusieurs plantes de cette famille ont un rhizôme charnu qui peut servir d'aliment ; les Chinois en cultivent une espèce dans ce seul but.

Les Kalmoucks mangent la racine du plantain d'eau, après lui avoir enlevé son âcreté par la dessication.

L'alisma damasonium (étoile d'eau, flûte de berger) plus petit que le précédent s'en distingue par des capsules en étoiles, à six rayons, parfaitement formées.

Cette plante dont les feuilles ont une vague ressemblance avec celles de l'arum est la *sagittaire aquatique (sagittaria sagittifolia)* ou *fléchière aquatique.* Les feuilles de cette *alismacée* qui nagent, comme celles des nénuphars, à la surface des eaux tranquilles, imitent si bien la flèche ou *sagette* des anciens qu'elles ont donné lieu à tous les noms de cette fille des étangs. Leur singularité, non moins que ses fleurs, en épi blanc lavé de rose, méritent à la sagittaire une place dans les grands bassins des jardins. La tige est droite, nue, élevée de près d'un mètre ; et elle dépasse ordinairement de quinze à vingt centimètres la surface de l'eau. Aux fleurs, succèdent de petits fruits arrondis, d'un vert rougeâtre, gros comme de petites fraises, contenant plusieurs semences menues, longues et arquées.

Voici un plante de la famille des *polygonacées* que tous les animaux repoussent; elle est vénéneuse; son suc rubéfie la peau. C'est le *poivre d'eau (polygonum hydropiper) persicaire âcre ou brûlante, piment aquatique, curage, renouée âcre.* Le poivre d'eau, très commun dans les lieux humides, a dans ses feuilles toute l'âcreté qu'annoncent ses différents noms. On l'employait fréquemment dans l'ancienne médecine, notamment dans la goutte.

A côté, vous pouvez admirer dans toute la beauté de son épanouissement la fleur élégante du *trèfle d'eau (menyanthes trifoliata) menyanthe* (du grec *ménos anthos, fleur pour les maladies périodiques).* Cette belle *gentianée* affectionne les terrains marécageux tourbeux, où elle étale ses pétales duvetés, d'un blanc mê'é de rose, qui tranchent sur le feuillage vert de la plante. Le rhizôme du trèfle d'eau, *trèfle de marais, trèfle aquatique, trèfle de castor,* est considéré comme un des meilleurs toniques connus. Cette racine amère peut réveiller les forces vitales et digestives; on l'emploie également comme fébrifuge et dans les maladies de la peau; mais cette substance est tellement active que son usage exige de grandes précautions.

Dans certains pays du Nord on substitue le ményanthe au houblon; et l'on tire de sa racine une fécule qu'on mêle à la farine.

La décoction et l'expression des feuilles fournissent le *vert de vessie;* elles teignent en jaune les étoffes préparées par les sels de bismuth. En Angleterre, on emploie sous le nom de *buckbean,* les feuilles desséchées du trèfle d'eau pour la fabrication de l'*ale* et du *porter.* Il paraît établi que ces feuilles, employées d'une manière convenable par un brasseur expérimenté, égalent ou peut-être surpassent les qualités du houblon : Elles donnent à la bière une amertume qui n'a rien de désagréable et contribuent à sa conservation.

Là-bas, tout au milieu de la mare, j'aperçois une plante curieuse de la famille des *haloragées*. C'est la *macre flottante* (*trapa natans*) nommée aussi *tribule aquatique, corniole, châtaigne* ou *truffe d'eau, cornuelle, échardon, saligot*, etc. La *châtaigne d'eau* croît dans les rivières, dans les lacs, dans les étangs, dans les eaux croupissantes dont le sol est limoneux. Sa racine très longue est garnie par intervalle de fibres, en partie flottantes dans l'eau, en partie attachées vers le fond de l'eau; en grossissant, elle pousse à la surface des feuilles plus larges, presque semblables à celles du peuplier ou de l'orme, mais plus courtes, relevées de plusieurs nervures, crénelées à la circonférence, attachées à de longs pétioles. Aux fleurs petites, composées de quatre pétales blancs avec autant d'étamines, succèdent des fruits semblables à de petites châtaignes, mais armés chacun de quatre pointes ou épines dures, de couleur grise, couvertes d'une petite membrane qui ne tarde pas à s'en détacher. Ces fruits deviennent ensuite presque aussi noirs que le jais, lisses et polis. Ils renferment, dans une seule loge, une espèce de noyau ou d'amande formée en cœur, dure, blanche, savonneuse, d'un goût approchant de celui de la châtaigne, mais plus fade.

On prétend que c'est la macre qui a donné le modèle et le nom à ces instruments de fer pointu en tout sens, qu'on appelait *chausse-trappe*, et qu'on répandait en temps de guerre sur la route de l'ennemi pour le gêner dans sa marche.

Tout est singulier dans la macre : Sa germination au fond de l'eau et son apparition à sa surface; ses feuilles submergées divisées en menus filaments, et ses feuilles aériennes à limbe de forme deltoïdale; la bizarrerie de son fruit quadrangulaire, armé de quatre cornes opposées.

Les fruits de la châtaigne d'eau se vendent en Italie sous le nom de *noix-jésuites*; en Suède, on en fait du pain; et, dans certaines provinces de France une bouillie que l'on dit assez délicate. Cependant, ils. se mangent ordina`rement bouillis dans l'eau ou cuits sous la cendre.

On assure que les Thraces et les anciens habitants des bords du Nil en faisaient également du pain et utilisaient les feuilles pour engraisser leurs chevaux.

Il suffit, pour multiplier la macre, de jeter dans l'eau ses fruits mûrs; ils s'enfoncent dans la vase, poussent au printemps, et donnent leurs fleurs de juin, en août. Il faut être attentif à recueillir les fruits qui se détachent promptement et retombent au fond de l'eau.

Malgré tout ce que je vous ai raconté de la macre, je ne vous ai pas dit ce qu'il y a de plus extraordinaire dans cette plante et dans beaucoup d'autres végétaux aquatiques. Cependant, avant de satisfaire votre curiosité, j'ai besoin d'entrer dans quelques détails sur les organes de la fructification, et sur la manière dont s'opère la fécondation dans les différents végétaux.

Cette digression va vous permettre de prendre quelques instants de repos que la grande chaleur vous fera doublement apprécier.

La fleur, proprement dite, n'est pas cette partie brillante qui, dans les plantes, attire tout d'abord le regard, qui est composée de *pétales* et qu'on appelle la *corolle*. Cette partie n'est que l'enveloppe florale, protectrice de la vraie fleur, qui se compose des *étamines* et du *pistil*.

Les étamines sont des filaments plus ou moins allongés (*filets*) por'ant à leur sommet des espèces de petits sachets membraneux (*anthères*) remplis d'une abondante poussière jaune (*pollen*).

Au centre de la fleur, et entouré du faisceau formé par les *étamines* se trouve le *pistil*, portant à sa base un renflement qui est l'*ovaire*, lequel cont ent des semences (*graines ou fruits*) en voie de formation nommées *ovules*. Au-dessus de l'*ovaire* se dresse un filament appelé *style* terminé par une espèce de tête nommée *stigmate*.

Beaucoup de plantes ont, en outre, en dehors de la corolle, une autre enveloppe protectrice, verte comme les feuilles, et qui est le *calice*.

La fleur complète comprend donc, de l'extérieur à l'intérieur :

1° Le *calice*, composé de *sépales*.

2° La *corolle*, composée de *pétales*.

3° Les *étamines* qui comprennent le *filet*, l'*anthère* et le *pollen*.

4° Le *pistil* qui se compose de l'*ovaire*, du *style*, et du *stigmate*.

Mais les parties essentielles de la fleur, les seules indispensables pour la production des graines sont, comme je vous le disais tout à l'heure, les *étamines* et le *pistil;* le calice et la *corolle*, sont des ornements protecteurs presque superflus.

L'ensemble des enveloppes florales, *calice* et *corolle*, portent le nom de *périanthe*.

Pour que les ovules puissent se développer et devenir des fruits, l'action du pollen est indispensable.

Au moment où la fleur est dans son complet épanouissement, le stigmate se recouvre d'un suc visqueux sur lequel se fixe le pollen qui pénètre par endosmose dans le style, et de là dans l'ovaire où il se trouve en contact avec les ovules.

Lorsque les étamines et le pistil sont réunis dans une même enveloppe florale, quand ils font partie de la même fleur, la fécondation s'opère sans difficulté; mais il arrive que les étamines et les pistils sont comme dans la citrouille, le melon, logés dans des fleurs distinctes; et, quelquefois même, comme dans le caroubier, sur des pieds différents.

« Si, dit M. Fabre, la fleur possède à la fois des pistils et des

étamines, l'arrivée du pollen sur le stygmate est en général
très facile : Il suffit du moindre souffle d'air, du passage d'un
moucheron qui butine, pour secouer les étamines et faire tomber
le pollen. Du reste, des dispositions sont prises pour que la
chute de la poussière pollinique se fasse sur le stigmate. Si la
fleur est dressée, comme dans les tulipes, les étamines sont plus
longs que le pistil; si elle est pendante, comme dans les fuschias,
les étamines sont plus courtes; de manière que, dans les deux
cas, le pollen tombant, atteint le stigmate placé au-dessous.

» Dans les campanules, les cinq anthères, cohérentes entre
elles, forment un canal contenant le style, d'abord plus court
que les étamines. A la maturité du pollen, le style s'allonge
rapidement, le stigmate monte au-dessus du canal des anthères,
et de sa surface hérissée de poils rudes, brosse le pollen, qu'il
emporte avec lui.

» Dans les plantes aquatiques, des précautions spéciales sont
prises à cause de l'action nuisible exercée par l'eau sur le
pollen. En effet, les grains de pollen, mis en rapport avec de
l'eau pure, se distendent sans ménagement par une trop rapide
endosmose; ce qui amène la rupture des enveloppes et la disper-
sion de la fovilla (*matière fécondante contenue dans les sucs
polliniques*). En cet état le pollen n'est plus apte à son rôle, qui
est de faire parvenir à chaque ovule, à travers le tissu du style,
un tube pollinique gonflé de fovilla. Tout pollen mouillé est
désormais sans efficacité aucune. Nous trouvons là d'abord
l'explication du fâcheux effet des pluies continues au moment de
la floraison. En partie balayé par les pluies, en partie éc'até
dans son contact avec l'eau, le pollen n'agit plus sur les ovaires,
et les fleurs tombent sans parvenir à fructifier. Cette destruction
de la récolte par les pluies est connue des cultivateurs sous le
nom de *coulures des fruits.* »

— Mais alors, nous ne comprenons pas comment les plantes
aquatiques, à commencer par la macre, portent des fruits.

— Je m'attendais à cette réflexion, mes enfants, elle prouve
que vous avez suivi mon raisonnement avec attention. Je vous
ai dit que des précautions spéciales ont été prises, en faveur des
plantes aquatiques. Celui qui les a créées n'a rien négligé pour
en assurer la multiplication. Nous allons examiner quelques-
uns des moyens employés pour amener à l'air, à l'époque de la
floraison, les plantes submergées, et empêcher la coulure qui
serait inévitable si l'épanouissement se produisait dans l'eau.

La plus curieuse, peut-être, des plantes aquatiques, mais que
nous chercherions en vain dans notre mare est la *vallisnérie*
(*vallisnéria*); elle doit son nom au premier botaniste italien qui
l'a étudiée.

La vallisnério vit au fond des eaux : Ses feuilles planes et
linéaires, sont d'étroits rubans verts qui partent d'une souche
submergée d'où s'élèvent deux espèces différentes de fleurs. Les
fleurs à pistils sont portées par de longs pédoncules, menus,
flexibles, contournés en spirale ou tire-bouchon. Les fleurs à
étamines, au contraire, sont disposées en épi sur un pédoncule
fort court qui les maintient au fond de l'eau.

Comment la fécondation pourra-t-elle s'opérer ? Comment les
étamines pourront-elles porter leur pollen sur le pistil, captives
qu'elles sont au fond de l'eau ?

Ecoutez ce qui se passe, et vous me direz si vous avez jamais
rien entendu de plus merveilleux :

Lorsque le moment de la floraison arrive, la tige qui porte le
pistil déroule graduellement sa longue spirale, et la fleur monte
à la surface de l'eau pour épanouir sa corolle.

Les fleurs à étamines entraînées par une force mystérieuse
brisent leur lien, se détachent de leur court pédoncule, montent
également à la surface, viennent flotter parmi les fleurs à
pistils et versent leur pollen sur les stigmates de la fleur
pistillifère.

Cette dernière se referme, et resserrant la spirale de son

pédoncule, elle descend au fond de l'eau pour y mûrir tranquillement ses graines.

La vallisnérie est excessivement commune dans le canal du Midi; et elle s'y trouve parfois en quantités si grandes que la navigation serait interceptée si des faucheurs ne s'empressaient de la faire disparaître.

— On dirait un conte de fées, dit une des nièces, et je regrette que cette plante extraordinaire ne se rencontre pas dans la Fosse-Noire.

— Vous avez, mes enfants, dans cette mare, des exemples non moins curieux de ces mille moyens dont dispose la Providence pour arriver à ses fins.

La mâcre, dont la description m'a conduit à vous parler des plantes aquatiques en général, habite les eaux paisibles; et ses feuilles seraient constamment submergées si les pétioles renflés, creux et pleins d'air, en manière de vessies natatoires, ne servaient de flotteurs pour élever la plante et lui permettre de venir étaler ses feuilles et épanouir ses fleurs à la surface. Après la floraison, lorsque la fécondation est accomplie, ces espèces de ballons s'emplissent d'eau, et la plante descend au fond pour y mûrir ses fruits.

La renoncule aquatique épanouit ordinairement ses fleurs à la surface de l'eau; mais, si par suite d'une crue l'eau monte à un niveau que la longueur des pédoncules ne lui permet pas d'atteindre, les fleurs cessent d'ouvrir leurs enveloppes, elles se maintiennent à l'état de boutons globuleux, bien fermés; et, c'est dans cette étroite atmosphère que se fait l'émission du pollen.

L'*utriculaire* (*utricularia vulgaris*) de la famille des *lentibulariées* est cette plante que vous apercevez là, en partie submergée. Penchez-vous avec précaution vers cette touffe que je touche du bout de mon bâton. Vous voyez que ses feuilles, découpées en fines lanières portent des corps globuleux : Ce sont des petits sacs ou si vous voulez de petites outres (*utricules*) dont l'orifice est muni d'un couvercle, espèce de soupape. Le contenu de ces utricules consiste d'abord en une espèce de mucosité plus lourde que l'eau, et qui maintient la plante au fond. Mais, quand le moment de la floraison est arrivé, de petites bulles d'air transpirent au fond des petites outres; cet air chasse la mucosité qui force la soupape et s'échappe par l'orifice. La plante se trouve ainsi entourée d'une foule de petites vessies natatoires qui la soulève et qui lui permettent de venir à l'air, épanouir ses fleurs. Plus tard, quand les fruits sont près de leur maturité, une nouvelle mucosité vient remplacer l'air, et la plante, devenue plus lourde, descend lentement au fond où ses graines mûrissent, se sèment et donnent naissance à d'autres utriculaires.

« Des divers moyens qui permettent l'émersion des fleurs aquatiques, dit M. Fabre, le plus simple et le plus fréquemment employé est celui qui consiste dans l'allongement des pédoncules jusqu'au niveau des eaux. Ainsi le nénuphar blanc a pour tige un rhizôme qui rampe dans la vase sans pouvoir se dresser; mais ses pédoncules robustes montent verticalement et s'allongent jusqu'à ce qu'ils aient porté leur grosse fleur à quelques pouces au-dessus de l'eau, si profonde que soit celle-ci.

» D'autrefois, les pédoncules n'étant pas aptes à l'élongation que nécessiterait la profondeur des eaux, la plante tout entière quitte le fond, s'arrache de la vase et vient flotter pour fleurir à l'air. Cette migration du fond à la surface est déterminée par le petit nombre et la faiblesse des racines, le peu de résistance du support vaseux, et la poussée de l'eau, qui, agissant sur une plante spécifiquement plus légère, finit par en amener l'arrachement. C'est ainsi que la villarcie faux-nénuphar, le stratiole-aloës et autres végétaux des eaux stagnantes, abandonnent le sol où ils ont germé, et flottent, à demi émergés, quand vient l'époque de la floraison. »

V

Si vous le voulez, mes enfants, ce sera la cuisinière qui nous
aura fourni la première partie de cet entretien : Elle nous a
demandé de lui apporter du cresson, et nous allons tâcher d'en
découvrir dont la croissance ne soit pas trop avancée, pour
qu'elle puisse l'utiliser.

— Justement j'en aperçois, dit un des neveux, en désignant
un petit coin de la mare où se rendait un ruisselet long de quelques mètres, dont la source jaillissait, fraîche et vive, des
fissures du rocher voisin.

— Nous allons, mes amis, examiner avec quelque attention
cette plante que vous avez d'autant moins remarquée qu'il vous
semble mieux la connaître.

Le cresson de fontaine ou de ruisseau (nasturtium officinale),
santé du corps, cailli, appartient à la famille des crucifères. Il
croît dans les marais, les ruisseaux, les fossés pleins d'eau. On
le rencontre partout : Ami des fontaines et des eaux pures, il
s'y multiplie très vite et s'y conserve facilement.

La racine de cette plante est vivace, blanche, filamenteuse; ses tiges assez grosses, rameuses, cannelées, creuses et remplies d'air, soulèvent la plante et la maintiennent à la surface comme un petit radeau de verdure; elles sont d'un vert tirant quelquefois sur le rougeâtre. Ses feuilles d'un beau vert foncé, d'un goût piquant et agréable sont composées de sept ou neuf folioles ovales. Ses petites feuilles, à corolle blanche composée de quatre pétales disposées en croix avec plusieurs étamines à anthères d'un beau jaune, naissent au sommet des tiges et de leurs ramifications. Leurs épis, fort courts dans la jeune plante, s'étendent dans la suite. A ces fleurs succèdent des siliques un peu courbées, longues d'environ deux centimètres, comme vous pouvez en juger sur ces grosses touffes qui réunissent à la fois des feuilles, des fleurs et des fruits, se divisent en deux loges remplies de petites semences arrondies, âcres au goût.

Un peu de pain et de cresson, disent les anciens historiens, faisait du temps de Cyrus la nourriture ordinaire des Perses. Aujourd'hui, notre frugalité est moins grande et nos estomacs s'accommoderaient difficilement d'un pareil régime : On en fait simplement l'entourage des viandes rôties, des salades fort saines et très usitées; et celui que nous allons recueillir est sans doute destiné à l'un de ces usages.

Assaisonnement très salutaire, le cresson excite l'appétit, fortifie l'estomac : Il est apéritif et surtout antiscorbutique. On le recommande dans les maladies de poitrine; et l'on assure que des phthisiques arrivés au dernier période du mal, ont été guéris en faisant du cresson leur nourriture exclusive : Le cresson se prépare, pour les malades, en infusions et en sirops.

Si la médecine populaire a exagéré les vertus du cresson, la médecine savante est peut-être tombée dans un excès contraire : « Le cresson d'eau ou de fontaine, dit le docteur Foussagrives, est une des plantes auxquelles la crédulité populaire attribue les propriétés les plus merveilleuses. Ce n'est pas seulement comme antiscorbutique que le cresson a été vanté, on lui attribue vulgairement la propriété de guérir la phthisie. Le cresson est un leurre comme tant d'autres. Le traitement de la phthisie par le cresson a son côté légendaire. Qui de nous n'a entendu raconter dans son enfance, et n'a cru avec une naïveté adorable, l'histoire de ce poitrinaire qui devint gras et succulent sous l'influence du cresson, et auquel son médecin brûla la cervelle pour pouvoir percer par l'autopsie le mystère de cette résurrection. J'ai essayé le cresson dans la phthisie sous forme de tisane, à l'état vert, et préparé de diverses façons, sans obtenir, bien entendu, des résultats qui me permissent de persister dans l'usage de ce moyen. Le cresson constitue une salade agréable; on s'en sert comme litière de viandes grillées ou rôties.

» Sans admettre la réalité des propriétés préservatrices qui lui font donner par les consommateurs parisiens le nom populaire de *santé du corps*, il faut reconnaître au moins qu'au printemps, et après une privation prolongée de verdure et de sève fraîche, le cresson joue un rôle utile dans le régime. Il convient particulièrement aux gens entachés, à un degré quelconque, du vice scorbutique. Son suc est employé à la dose de quatre à six cuillerées à bouche par jour, à titre de dépuratif. »

De tout ce qui précède, il reste acquis, cependant, que le régime du cresson est excellent; et sans lui croire la propriété de guérir tous les maux, nous continuerons à faire figurer cette plante utile sur notre table.

Il est facile d'établir chez soi des cressonnières : A défaut d'eau courante, sur le bord de laquelle on puisse le semer, on remplit à moitié de terre des baquets ou des vases que l'on place auprès d'un puits ou d'un réservoir; on y sème des graines ou on y fixe des plantes enracinées qu'on recouvre presque entièrement d'eau : Cette eau doit être renouvelée de temps en temps pour empêcher la plante de se corrompre.

Voici deux plantes de la famille des *joncaginées* qui sont une nouvelle preuve de la nécessité de l'air et du soleil pour la floraison. Le *potamogeton natans* (*potamot flottant*), appelé vulgairement *épi d'eau* ou *langue de chien*, forme avec son voisin le *troscart des marais* (*triglochin palustre*) *faux jonc*, un assez joli tapis de verdure. Ces plantes habituellement inondées et flottantes au gré de l'eau dressent à sa surface tout leurs rameaux florifères au moment de l'épanouissement.

Les patomots peuvent se convertir en excellent engrais. Ils sont tellement abondants qu'on trouverait un grand profit à les enlever pour les mêler au fumier de ferme. On pourrait encore les enterrer dans des fosses voisines de l'eau ; et au bout de quelque temps on en retirerait un terreau d'une certaine valeur.

Parlons en passant de cette plante dont les jardiniers font un si grand usage pour palisser les arbres et pour lier les jeunes tiges à leurs tuteurs. C'est le *jonc glauque* (*juncus glaucus*), appelé encore *jonc des jardiniers,* que l'on rencontre partout au bord des eaux, dans les fossés, les marécages, les prairies inondées, où il forme un très-mauvais pâturage.

Indépendamment des services que l'on retire comme liens de ses tiges moelleuses et flexibles, ce jonc est précieux, en ce sens qu'il croît là où aucune autre plante ne pourrait prospérer, et qu'il absorbe les miasmes des eaux stagnantes qui corrompraient l'air.

Les jardiniers emploient encore le *jonc commun,* moins long, moins fort, mais plus souple que le jonc glauque.

En croisant deux épingles au-dessous de la fleur de ces joncs, on peut, en les tirant par la pointe, en extraire la moelle, dont on fait de jolis ouvrages, de petites couronnes, des mèches de veilleuses, etc.

Tout à côté de ces touffes de joncs et baignant une partie de ses racines dans l'eau de la mare, vous voyez une plante à tiges carrées, vigoureuses, hautes de près d'un mètre, rougeâtres en certains endroits, et dont les feuilles ressemblent un peu à celles de la grande ortie : C'est la *bétoine d'eau, herbe du siége, herbe aux écrouelles, scrophulaire aquatique, (scrophularia aquatica)* de la famille des *scrofularinées.* La racine de la bétoine d'eau est grosse, vivace et fibreuse; ses fleurs qui viennent de s'épanouir et qui forment une espèce d'épi, sont d'une couleur de rouille rougeâtre. A ces fleurs succéderont des fruits ronds, pointus, divisés en deux loges renfermant des semences très-menues de couleur brune.

« On a nommé cette scrofulaire *herbe du siége,* dit un vieux botaniste, soit parce qu'elle remédie aux maladies du siége, soit parce que l'on prétend qu'au siége de La Rochelle, qui dura longtemps, on n'employait, à la fin, pour toutes sortes de blessures, que cette plante, accommodée de toutes façons : En effet, cette scrofulaire a la vertu vulnéraire et consolidante à un haut degré; elle est bonne pour les écrouelles et les hémorroïdes; on s'en sert intérieurement et extérieurement, même pour les corps aux pieds; il suffit de l'écraser et de l'appliquer dessus. »

Ses propriétés contre les écrouelles ont valu à cette plante, à couleur triste et à odeur repoussante, son nom de *scrofulaire.* C'est dans ses grosses racines noueuses que résident ses vertus pharmaceutiques. On l'administre en poudre infusée dans du vin. Les graines sont vermifuges.

Si vous reportez vos regards dans l'anfractuosité du rocher qui forme une espèce de petite grotte et que nous avons déjà explorée, vous remarquerez deux plantes, deux *fougères,* qui ont échappé à notre examen.

Celle que vous apercevez auprès de la doradille qui vous est déjà connue et dont les larges feuilles forment une touffe superbe est la *scolopendre officinale (scolopendrium officinale),* appelée par les paysans *langue de cerf, herbe à la rate.* C'est une des rares espèces dont le limbe n'est pas divisé. Cette plante qui a une prédilection marquée pour les fissures humides des rochers, les grottes naturelles, dont son nom à la disposition de ses fruits distribués par paire tout le long de la feuille, comme les mille pattes de l'insecte, appelé scolopendre.

Tout au haut du rocher, et presque enveloppée par les rameaux d'une viorne, cette autre fougère est le *polypode vulgaire (polypodium vulgare)*. C'est la même espèce qui croît dans la haie du jardin de la ferme, et dont je vous ai vu croquer les racines qui ont un goût sucré et que vous appelez *réglisse sauvage*.

Le polypode jouit d'une grande réputation parmi le peuple qui emploie ses racines comme pectorales.

Cette charmante fougère persiste pendant l'hiver ; elle forme une verdure réjouissante sous les haies, au pied des murs, des vieux arbres et des palissades humides.

Mais voyez, nous n'en avons pas encore fini avec les fougères. J'aperçois plus haut encore, un échantillon d'une des plus belles plantes de cette famille.

— Je l'aperçois aussi, dit une des nièces ; ses tiges sont plus grandes que moi.

— C'est l'*osmonde royale (osmonda regalis) fougère royale* ou *aquatique, fougère fleurie*.

Cette plante magnifique est ainsi nommée de son port majestueux, de ses tiges hautes de plus d'un mètre, de ce qu'elle croît dans les terrains marécageux et de ce que ses sommités ont l'apparence de fleurs.

La racine est un amas de fibres longues et noirâtres entremêlées les unes dans les autres. Les tiges sont d'un beau vert, cannelées, rameuses, et s'étendent en larges touffes. Ses feuilles longues, étroites, terminées par une pointe émoussée sont rangées par paires. Le haut de la tige est partagé en quelques pédicules qui soutiennent chacun de petites grappes d'environ deux centimètres, chargées de graines, ce qui constitue le caractère générique de l'*osmonde*.

Les herboristes nomment fleurs d'osmonde les feuilles non développées qui cachent les graines naissantes. Ces fruits sont des capsules sphériques semblables à celles des autres fougères ; ils se rompent par la contraction de leurs fibres et jettent une poussière d'une extrême finesse.

Le *botryche lunaire, ophioglosse ailée,* que je ne puis vous montrer ici, était autrefois réuni au genre *osmonde*. Dans l'antiquité, on attribuait à cette fougère la propriété de rendre immortel.

De nos jours, on l'emploie avec plus de raison comme plante vulnéraire et astringente ; on la désigne vulgairement sous le nom de *langue-de-cerf.*

Encore une jolie petite fougère qui est presque dissimulée sous les ronces qui abritent ce filet d'eau. C'est l'*ophioglosse vulgaire (ophioglossum vulgare) herbe sans couture, petite serpentaire, langue de serpent,* etc. Elle croît dans les lieux humides, au bord des sources : Sa racine vivace s'enfonce profondément dans la terre ; elle est garnie d'un assez grand nombre de fibres assez grosses et ramassées : Elle pousse une tige simple, grêle, haute d'environ quinze centimètres, garnie d'une seule feuille ovale d'un goût douceâtre et visqueux. Elle se distingue de toutes les autres fougères, par ses fructifications groupées en épi terminal ressemblant à une lance, à un dard, à une petite langue aplatie, pointue, dentelée ; et, de là son nom grec fidèlement traduit par celui de *langue-de-serpent.*

Le dard de l'ophioglosse est partagé en plusieurs petites cellules renfermant une poussière menue qui s'échappe lorsqu'elles s'ouvrent au moment de la maturité de la plante.

Transplantée dans les lieux ombragés des jardins, cette fougere s'y conserve et repousse tous les ans en avril ; elle a terminé toute sa croissance vers le mois de juin, se fane et disparaît entièrement vers le mois de juillet. Si nous avions tardé de quelques jours, nous aurions dû remettre à l'année prochaine l'examen de la langue de serpent.

L'ophioglosse est encore connue sous le nom de *lance-de-Christ*, et sous celui de *luciole* parce que, prétend-on, elle brille pendant la nuit.

Cette plante singulière, et assez rare, est estimée comme tonique, vulnéraire et astringente. Les habitants de la campagne en font un fréquent usage.

La superbe osmonde royale, la jolie scolopendre nous ont entraînées sur les hauteurs et nous ont fait abandonner pour un instant les plantes modestes de notre mare, dont quelques-unes présentent de si curieuses particularités. Nous y reviendrons dans notre prochain entretien; car, celles qui nous restent a étudier sont également dignes d'attirer notre attention et de nous inspirer, pour Celui qui les a créées, les sentiments de la plus profonde admiration.

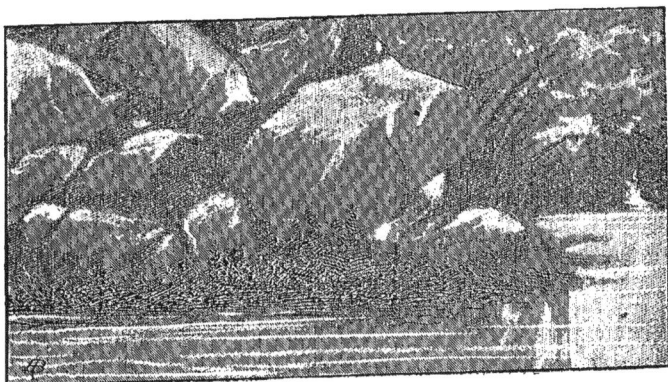

VI

A mesure que nos connaissances botaniques se complètent, notre tâche devient plus difficile. Toutes ces plantes qui se montraient à nous avec profusion, nous les avons examinées, et il nous faut maintenant en rechercher de nouvelles. Le moment n'est pas venu de parler des arbres et des arbustes qui protègent notre mare et dont le vert rideau se continue sur les deux rives du Miosson. Nous devons trouver encore, parmi les végétaux herbacés, d'intéressants sujets d'études.

— Mais, bon oncle, dit l'un des enfants, vous ne nous avez pas parlé des girandoles qui flottent dans les eaux de la Fosse-Noire et dans le cours du ruisseau; vous ne nous avez rien dit des beaux nénuphars dont les jolis fleurs blanches s'épanouissent sous nos yeux.

— Patience, mes amis, nous trouverons encore autre chose de non moins curieux; mais, avant de vous parler des girandoles aquatiques, je veux vous dire quelques mots de cette plante singulière dont les tiges et les rameaux articulés se dressent sur les bords humides de la Fosse-Noire.

Ce végétal, qui s'est montré à profusion sur notre globe aux époques primitives est la *prêle (equisetum arvense), chaquêne, queue de cheval*. L'épiderme de ses tiges fistuleuses, articulées et striées, est incrusté d'une matière siliceuse; les articulations, séparables, sont entourées d'une gaîne membraneuse dentée.

Les fructifications bizarres, en forme de clous, sont groupées en épi à l'extrémité des tiges.

Les prêles se rencontrent dans la plupart des pays du monde; elles habitent les endroits humides, ou inondés, les ruisseaux et les rivières.

La *prêle d'hiver (equisetum hiemale)* croit dans les bois où règne une humidité permanente; elle s'élève à un mètre de hauteur, et est employée à polir les bois et les métaux, après qu'on a fait passer dans sa tige un fil de fer pour lui donner plus de consistance. On s'en sert pour agrandir les trous de flûte et pour nettoyer les montres. Les doreurs en font usage pour adoucir le blanc qui sert de couche à l'or, et les parfumeurs pour mettre le talc en poudre.

Voyons maintenant les *girandoles d'eau, charas, charagnes, lustres d'eau (chara vulgaris)*, plantes toujours submergées, qui se rencontrent dans les eaux douces et salées, dont la couleur est d'un vert sombre, et qui exhalent une odeur fétide.

Examinez ces tiges que je viens de détacher : Elles se composent, comme celles des prêles, d'un axe cassant, composé de tubes articulés bout à bout, transparents, quelquefois incrustés d'une matière calcaire.

Ces sels calcaires qui recouvrent les charagnes, les rendent propres à nettoyer la vaisselle et leur ont valu le nom d'*herbe à écurer*.

Chaque articulation est entourée d'un verticille ou anneau de rameaux composés comme le tube principal, et se ramifiant à son tour de la même manière. Dans certaines espèces, l'axe se compose d'un seul tube transparent, coupé de distance en distance par des cloisons transversales ; dans d'autres, ce tube est entouré d'une sorte d'étui formé par d'autres tubes d'un calibre beaucoup plus petit et articulés à la même hauteur que le tube central.

Mais nous n'en avons pas fini avec les particularités singulières que présente le lustre d'eau.

Les organes de la fructification naissent à l'aisselle des anneaux les plus élevés, et sont de deux sortes : Les premiers, considérés comme les *pistils,* sont appelés *nucules* ou *thèques;* les seconds regardés comme les *anthères,* sont désignés sous les noms de *globules* ou *zoothèques.*

Les thèques ou nucules sont des corps oblongs qui renferment une spore unique ; elles sont formées par deux téguments ; l'un externe, membraneux, mince et transparent ; l'autre interne, opaque, épais, résistant, et composé de cinq petits tubes roulés en spirale, partant de la base de la thèque et venant former à son sommet une sorte de couronne à cinq dents. Ces cinq tubes paraissent n'être autre chose que les cinq rameaux d'un verticille qui se sont soudés entre eux et avec la thèque.

Les globules ou zoothèques, sont des corps sphériques, rouges ou orangés, composés de deux enveloppes, l'une externe, l'autre interne. La première enveloppe est lisse, incolore, transparente, assez épaisse et continue; la seconde est opaque, coriace, d'un beau rouge, et composée de huit plaques triangulaires, à bords crénelés et engrenées entre elles.

Du milieu de chacune de ces plaques naît une utricule oblongue qui se dirige vers le centre du globule ; et ces huit utricules viennent, comme autant de rayons, aboutir à un axe central composé d'une petite masse cellulaire, de laquelle s'échappent, dans tous les sens, des filaments formés par des tubes transparents et cloisonnés, dont chaque cellule contient un petit corps

filiforme, replié en spirale. Quand on vient à plonger ces
filaments dans l'eau, ces petits corps ne tardent pas à se mettre
en mouvement et à sortir des cellules qui les renferment; puis,
ils continuent à se mouvoir dans l'eau pendant quelque temps.

Dans leur jeunesse, les globules sont beaucoup plus gros que
les nucules; mais bientôt ils cessent de s'accroître, tandis que
les thèques grossissent et ne tardent pas à acquérir un volume
supérieur. A une certaine époque, ces globules se déchirent et
finissent par disparaître avant la maturité complète des thèques
qui les accompagnent.

Les lustres d'eau présentent encore une particularité curieuse
que je veux vous faire connaître : Il s'opère à l'intérieur des
tubes un mouvement singulier qui a reçu le nom de circulation
intra-utriculaire.

Chacune des utricules qui composent le tube des charas présente à sa surface quatre bandes longitudinales d'égale largeur.
Ces bandes sont parallèles entre elles, et quelquefois elles le
sont aussi à l'axe du tube; mais le plus souvent elles décrivent
autour de lui une spirale plus ou moins lâche. Deux d'entre
elles sont incolores, et n'offrent rien de remarquable : Les deux
autres sont formées par des séries longitudinales de granules
verts, placés les uns à la suite des autres et collés contre les
parois des utricules qui sont remplies d'un liquide aqueux et
incolore. Au milieu de ce liquide flottent des granules d'un vert
pâle qui se déplacent dans un sens déterminé et forment un
courant continu : Chaque granule remonte le long de la paroi
de l'utricule; arrivé à l'extrémité, il rencontre l'articulation;
alors, il redescend le long de la paroi opposée. Le mouvement
s'exécute toujours dans le même sens; et jamais il n'a lieu sur
les bandes dépourvues de granules.

Lorsque par un accident quelconque, un choc par exemple,
l'un des granules flottants vient à être détourné de son chemin
et chassé sur l'une des bandes dépourvues de granules, il s'ar-

rête, et ne continue sa route qu'après s'être rapproché de l'une des bandes verdâtres où s'opère le courant.

Les charas ne sont d'aucun usage, leurs tiges incrustées de matières calcaires pourraient sans doute être employées comme engrais. En revanche, l'odeur fétide que ces plantes exhalent et qu'elles communiquent à l'eau est regardée comme très-insalubre. On prétend qu'elle est une des sources de la *malaria* de la campagne de Rome.

Portons notre attention sur ce tapis si vert et si frais, qui flotte à la surface de la mare, et au milieu duquel nos canards aiment tant à s'ébattre.

— Est-ce que les lentilles d'eau sont aussi des plantes? demandèrent les enfants.

— Oui, la lentille d'eau, *lenticule fluette* (*lemna minor*), *lenticule de canard* est une plante : Elle a ses racines, ses feuilles et ses fleurs. On la trouve partout sur les eaux calmes et limpides; et elle semble destinée par la Nature à corriger l'air malsain des endroits marécageux. Elle retarde la putréfaction des eaux où elle se trouve, et indique même leur pureté, car elle périrait bien vite si elles étaient trop corrompues.

Les lenticules se multiplient avec une prodigieuse vitesse; elles donnent une multitude infinie de petites feuilles, noirâtres en dessous, vertes en dessus, luisantes et dont la forme rappelle celle des lentilles. Ces feuilles sont étroitement unies entre elles par des filaments blancs, très menus; et de chaque feuille part un filet, ou une racine, au moyen de laquelle la petite plante se nourrit.

Quoique les lenticules portent une petite fleur à l'extrémité de leurs folioles, elles paraissent plutôt être vivipares et se multiplier, comme les polypes, par la séparation, de leurs feuilles, sitôt que celles-ci sont assez bien formées.

Par un rapprochement singulier, on trouve souvent de

petites hydres, ou vrais polypes d'eau douce adhérentes à la
radicule des lentilles d'eau et se multipliant comme elles.

Les oies, les canards, les cygnes, les recherchent avec
avidité ; et elles disparaîtraient promptement des pièces d'eau
sans la rapidité prodigieuse de leur reproduction.

Leur nom de *lemna* leur vient de l'île de *Lemnos* que les poètes
disent avoir flotté sur la mer ou peut-être de *lemna,* écorce.
Les lenticules sont l'écorce verdoyante des eaux. Elles appartiennent à la famille des *pistiacées.*

Examinons encore cette espèce de tissu vert, formé par l'en-
trelacement d'une multitude de filaments, et dans lequel vous
pouvez observer de nombreuses bulles d'air qui semblent le
soutenir.

— Est-ce que ce sont aussi des plantes? demandèrent les
enfants.

— Est-ce une plante? Est-ce un zoophyte? Telle est la question que les naturalistes se sont souvent posée, comme vous
venez de le faire.

Ces filaments verts sont des *conferves* (du latin *confervere).*
Ils sont ainsi nommés à cause de leurs rameaux entrecroisés,
adhérents et soudés. Si vous cassez une de ces fibres, vous le
voyez se raccourcir, se contourner comme les vrilles des plantes
légumineuses ; c'est par cette propriété que se fait l'entrelace-
ment. Les naturalistes ont été longtemps partagés sur la nature
des conferves. Les uns voulaient les placer dans le règne
végétal, les autres dans le règne animal. Ce qui paraissait plus
juste, c'était d'en faire une espèce intermédiaire servant de passage d'un règne à l'autre.

Grâce aux intéressants travaux de Decaisne, on est aujour-
d'hui fixé sur la nature des *conferves,* et il est certain qu'elles ne
renferment que des végétaux de la classe des *algues.*

Néanmoins, il est curieux de voir les spores de ces plantes
exécuter des mouvements rapides et comme volontaires.

Voici comment J. Agardh décrit ce singulier phénomène :

« Les fi'aments de la *conferva œrca* sont divisés en petites loges n'ayant d'autre communication entre elles que celle qui résulte de la perméabilité des cloisons. La matière verte contenue dans ces articles semble d'abord tout à fait homogène, comme si elle était fluide; mais ensuite elle devient de plus en plus granuleuse. A leur naissance, les granules adhèrent à la surface interne de la membrane; mais bientôt ils s'en détachent, et d'irréguliers qu'ils étaient, ils deviennent sphériques.

» Alors ils se ressemblent peu à peu au milieu de l'article en formant une masse qui d'abord est elliptique, puis devient parfaitement globuleuse. Bientôt on voit une espèce de fourmillement s'opérer dans la matière verte. Les granules dont celle-ci est composée se détachent de la masse l'un après l'autre, et ainsi devenus libres, ils se meuvent à l'intérieur de l'article avec une vitesse extrême. En même temps, la membrane externe de l'article se gonfle en un point quelconque de son étendue et forme un petit mamelon qui finit par s'ouvrir. A l'instant, les granules s'échappent en masse; mais ensuite ceux qui restent, nageant dans un plus grand espace, ont beaucoup plus de difficulté à s'échapper, et ce n'est qu'après des chocs innombrables contre les parois de leur prison, qu'ils finissent par en trouver l'issue. Dès que ces granules ou sporules commencent à se mouvoir, ils sont munis d'un petit *rostre* ou pro'ongement antérieur, qui se distingue constamment du corps lui-même par sa couleur plus pâle. C'est des vibrations de ce rostre que dépend, à ce que je pense, leur mouvement; du moins, il eût toujours été impossible d'y apercevoir des cils. Les sporules lorsqu'elles se meuvent, présentent toujours ce rostre en avant, comme si elles s'en servaient pour se frayer la route; mais lorsqu'elles cessent de se mouvoir, elles appliquent cet organe le long de leur corps et reprennent leur forme sphérique. Avant leur sortie de l'article, le mouvement des sporules consiste principalement en courses vives le long des parois des articles, en les heurtant par des chocs extrêmement multipliés. Une fois échappées de leur prison, elles continuent de se mouvoir encore une à deux heures. Elles se retirent toujours vers le bord le plus obscur du vase, ou tantôt elles prolongent leurs courses vagabondes, et tantôt restent au même lieu, en faisant vibrer leur rostre en cercles rapides. Ces corpuscules se rassemblent ensuite en masses denses, et s'attachent à quelque corps étranger au fond ainsi qu'à la surface de l'eau, où ils ne tardent pas à se développer en filaments semblables à la plante-mère. »

Ces organes de mouvement qu'Agardh avait soupçonnés, un autre naturaliste, Thuret, est parvenu à en démontrer l'existence. Il a reconnu qu'ils étaient dus à des cils ou tentacules d'une extrême ténuité.

Ces conferves que l'on ne regarde qu'avec dégoût ont cependant d'utiles propriétés : Elles se changent promptement en tourbe et donnent de l'oxygène à la lumière du soleil; on les a conseillées dans l'asthme et la phthisie.

Pline raconte qu'un émondeur, s'étant brisé le corps en tombant d'un arbre, fut guéri par des conferves dont on l'enveloppa tout entier, et dont on entretenait continuellement l'humidité. On peut donc les appliquer avec succès dans les chutes et les contusions.

Un pharmacien de Genève en a fabriqué du papier.

En Angleterre on en consomme deux variétés, ce mets est assez recherché.

Suivant un auteur l'*ulva compressa*, très commune sur nos côtes, est mangée par les habitants des îles Sandwich.

Le *nostoc commun*, vulgairement appelé *gelée étoilée*, plante gélatineuse, tremblante, qui apparaît subitement après les pluies d'été, est regardée, par certaines personnes superstitieuses, comme un remède efficace contre les douleurs des articulations.

Une autre espèce, l'*ulva lactuca,* s'emp'oie quelquefois dans les affections scrofuleuses; les anciens s'en servaient contre les inflammations et les affections goutteuses.

Je vous ai dit que les *conferves* étaient de la c'asse des *algues* : On donne généralement le nom de *conferves* aux *algues* qui habitent les eaux douces; et on appelle *fucus* ou *varechs,* celles qui habitent les eaux salées et qui abondent au bord de la mer.

VII

Nous allons nous reposer des descriptions minutieuses et
fatigantes de notre dernier entretien, en étudiant les *nymphœns*
qui étalent sur notre mare leurs larges feuilles et leurs fleurs
éclatantes, blanches et jaunes.

On ne pouvait donner un nom plus gracieux à cette belle
plante qui est véritablement la fille ou la divinité des eaux et
qui règne en souveraine sur les rivières paisibles, sur les lacs et
sur les étangs. Nulle autre ne pouvait représenter comme elle le
ravissant cortége des naïades, des potamides et des limnades,
ces personnifications charmantes des fleuves, des ruisseaux et des
fontaines.

C'est en effet une belle et singulière plante que le nénuphar :
L'arrangement des pétales, les modifications graduées par lesquelles on les voit passer pour se transformer en étamines, sont,
pour un observateur attentif, un véritable sujet d'admiration. Il
prend en quelque sorte la nature en travail ; il la trouve occupée
du soin de métamorphoser son organe élémentaire, la feuille,

en organes plus parfaits, propres à perpétuer l'espèce ; du calice
à l'ovaire, la métamorphose est ininterrompue ; aux sépales
verts succèdent des pétales blancs, tachés de vert ; puis, peu à
peu, les taches vertes disparaissent et les pétales deviennent
d'une éclatante blancheur. Bientôt leur pointe se rétrécit ; peu
après ils se terminent par un filet jaune couvert du précieux
pollen ; enfin, tout à fait au centre ; ils ne sont plus qu'un long
filet surmonté de l'anthère : La fleur est pourvue de ses organes
les plus précieux et l'avenir de son espèce est à jamais assuré.

Le *nymphœa blanc (nymphœa alba) nénuphar blanc,
lunette d'eau, volet d'eau, lis des étangs, ploteau,* appartient
à la famille des *nymphœacées,* qui compte sur les eaux de la
Fosse-Noire un autre représentant, le *nymphœa iaune (nymphœa lutea, nuphar luteum) jaunet d'eau,* ou *plateau à fleurs
jaunes.*

Le nénuphar croît naturellement à la surface des eaux tranquilles, dans les marais, dans les étangs, les grandes pièces
d'eau, les rivières et les ruisseaux dont le cours est peu rapide ;
on le rencontre rarement dans les eaux croupissantes et peu
profondes.

Sa racine vivace est longue, fort grosse, garnie de plaques
brunes ou noires en forme de nœuds sur son écorce, blanche en
dedans, charnue et imprégnée de sucs visqueux ; elle est attachée
dans la terre, au fond de l'eau, par plusieurs fibres.

Cette plante, comme vous le voyez, donne des feuilles larges,
arrondies, épaisses, charnues, flottantes à la surface de l'eau,
échancrées en fer à cheval ou cordiformes, d'un beau vert
luisant en dessus, et brunâtres en dessous. Ces feuilles sont
soutenues par des pétioles qui s'allongent, suivant la profondeur de l'eau, de manière que la feuille puisse librement
s'étaler à la surface. Les fleurs, dont je vous ai déjà parlé, sont
composées de pétales blancs comme ceux du lis, et disposés en
roses ; elles sont peu odorantes. Il leur succède des fruits ronds,

ressemblant à une tête de pavot ou mieux à une petite urne, partagés en plusieurs loges contenant des semences oblongues, noirâtres et luisantes.

Le *nénuphar à fleurs jaunes* ou *nuphar* se distingue du précédent par la couleur des pétales. Sa feuille est un peu oblongue ; sa fleur, moins garnie que celle du nénuphar blanc a sa corolle plus courte que le calice, qui est composé de cinq sépales.

Les Turcs font une boisson rafraîchissante avec les fleurs du nuphar qu'ils appellent *pufer ciceghi*. Les feuilles et les racines ont un léger degré d'amertume et d'astringence : On les emploie dans la dyssenterie.

Les graines des nénuphars lèvent difficilement ; on les multiplie plus aisément par tronçons de tiges que l'on fixe dans la vase.

Dans la Suède, les racines de ces plantes servent d'aliment en temps de disette.

En Allemagne, on les emploie, avec des sels de fer, pour teindre en noir et en gris.

On les a aussi employées dans le tannage des cuirs ; et on en prépare une espèce de bière qui est supportable.

C'est dans l'Inde et l'Egypte que croît un nymphœa fameux en mythologie, la *colocase* ou *lotos* des anciens.

Sa fleur, qui rentre dans l'eau au coucher du soleil et qui en sort à son lever, passait pour être la favorite du dieu du jour. Les peuples du Nil en couronnaient leur Osiris et représentaient ce nymphœa dans leurs hiéroglyphes et sur leurs monnaies.

On mangeait autrefois ses racines sous le nom de *colocase* ; elles sont encore usitées, ainsi que ses semences nommées *fèves d'Egypte* ou *pontiques*.

Une plante gigantesque du Brésil, la plus grande et la plus belle des nymphœacées, peut être rangée parmi les merveilles du règne végétal.

« De toutes les nymphœacées, famille si remarquable par

l'ampleur de ses fleurs, dit M. Le Maout, la plus grande, la plus riche, la plus belle, est cette merveilleuse plante que l'on a dédiée à la reine d'Angleterre, et qui porte le nom de *Victoria Regia*. Elle habite les eaux tranquilles des lacs peu profonds, formés par l'élargissement des grands fleuves de l'Amérique méridionale. Ses feuilles sont circulaires et mesurent de cinq à six mètres de circonférence. Leur surface est plane, mais les bords se relèvent d'environ un décimètre au-dessus du niveau de l'eau. La face supérieure est d'un vert foncé brillant, l'inférieure est d'un rouge-cramoisi, et munie de grosses nervures saillantes, celluleuses, pleines d'air, hérissées, ainsi que le pétiole, d'aiguillons élastiques. Ces nervures forment un réseau élégant et régulier, circonscrivant des aréoles quadrangulaires.

Les fleurs s'élèvent un peu au-dessus de l'eau. Quand leur épanouissement est complet, elles ont une circonférence de un mètre à un mètre et un tiers. Le calice est composé de quatre sépales charnus, d'un brun foncé ; à la gorge du calice s'arrondit un bourrelet annulaire qui porte une centaine de pétales et autant d'étamines.

Les pétales s'épanouissent le soir ; leur couleur, d'abord d'un blanc pur, passe en vingt-quatre heures, par des nuances successives, d'un rose tendre à un rouge vif. Ils exhalent une odeur agréable pendant la première journée de l'épanouissement ; à la fin du troisième jour, la fleur se flétrit et replonge sous les eaux pour mûrir ses graines. Le fruit à sa maturité offre le volume de la tête d'un enfant ; les graines, riches en fécule, sont recueillies par les habitants, qui les font rôtir et trouvent en elles un aliment agréable.

La description de cette magnifique plante explique les transports d'admiration qu'ont éprouvés les naturalistes en la voyant pour la première fois. Le célèbre Haenke voyageait en pirogue sur le Rio Mamoré, un des principaux affluents de l'Amazone, en compagnie du Père Lacueva, missionnaire espagnol, lorsqu'il découvrit, dans un marais du rivage, la gigantesque nymphœacée. A cette vue, le botaniste se précipita à genoux, et exprima son enthousiasme religieux et scientifique par des exclamations passionnées et des élans d'adoration vers le Créateur, *Te Deum* improvisé qui dut singulièrement édifier le pieux missionnaire.

En 1845 un voyageur anglais, Bridges, suivant à cheval les rives boisées du Yacouma, l'une des rivières tributaires du Mamoré, arriva devant un lac enclavé dans la forêt, et y trouva une colonie de *Victoria*. Entraîné par son admiration, il allait se jeter à la nage pour en cueillir quelques fleurs, lorsque les Indiens qui l'accompagnaient l'avertirent que ces eaux abondaient en alligators. Ce renseignement le rendit prudent, sans diminuer son ardeur; il courut à la ville de Santa-Anna, dont le corrégidor lui donna des bœufs pour traîner un canot de la rivière jusqu'au lac qui renfermait les trésors, objets de son ambition. Les feuilles étaient si énormes, qu'il ne put en placer que deux dans le canot, et il fut obligé de faire plusieurs voyages pour compléter sa récolte. S'étant chargé de feuilles, de fleurs et de fruits mûrs, et voulant les emporter sans encombre, il les suspendit sur de longues perches, en soutenant les pétioles et les pédoncules avec de petites cordes; puis il les fit enlever par ses Indiens qui, posant sur leurs épaules chaque extrémité de la perche, les portèrent ainsi dans la ville.

Bridges arriva bientôt en Angleterre avec des graines qu'il avait semées dans une argile humide. Deux de ces graines purent germer dans l'aquarium de la serre de Kew; on en envoya une dans les grandes serres de Chatsworth; un bassin fut préparé pour la recevoir; on y mit de la terre, on le remplit d'eau, on éleva la température et la plante fut mise en place. L'opération fut faite le 10 août 1849. A la fin de septembre, il fallut agrandir le bassin du double pour donner de l'espace aux feuilles qui se développaient rapidement et formaient chacune sur l'eau un flotteur assez solide pour soutenir le poids d'un enfant. Le premier bouton s'ouvrit au commencement de novembre. La fleur épanouie fut solennellement offerte à sa royale patronne.

Pour contempler l'énorme nymphœacée dans toute sa splenpleur, ce n'est pas dans le bassin d'une serre qu'il faut la voir, mais bien dans son humide palais naturel, encadré par un amphithéâtre de forêts primitives; il faut la voir, au milieu des immenses nappes d'eau tiédies et illuminées par un soleil torride, étendre au loin ses feuilles lustrées, sur lesquelles les oiseaux échassiers marchent à grands pas, en s'appelant d'une voix aiguë, tandis qu'au-dessous les alligators circulent entre les feuilles de la plante qui les abritent de son ombrage. »

— La *Victoria regia* est certainement la plus grande de toutes les fleurs, observa l'un des neveux.

— Il paraît, mon enfant, qu'il existe une fleur dont les dimensions dépassent encore celles de notre admirable nymphœacée.

— « Le *Rafflesia d'Arnold,* dit M. Fabre, est une des singularités les plus étranges du règne végétal. Cette plante vient à Sumatra, et croît en parasite sur les souches des cissus, végétaux que leur organisation rapproche de notre vigne. Elle se compose uniquement d'une fleur monstrueuse, qui s'étale à la surface du sol, sans aucun accompagnement de ramifications et de feuilles. Cette fleur a près de trois mètres de circonférence; la capacité de son godet central mesure de six à sept litres, et son poids atteint et dépasse sept kilogrammes. Elle se compose de cinq larges lobes couleur chair, et d'une couronne annulaire. Les étamines sont nombreuses, réunies en un seul corps, et portent des anthères à plusieurs loges concentriques, qui s'ouvrent au sommet par un pore commun. Le fruit est une baie, sèche et dure à l'extérieur, pulpeuse à l'intérieur. Avant son épanouissement, cette fleur ressemble à une grosse tête de chou pommé. Quand elle a étalé ses cinq lobes d'un rouge livide, elle répand une odeur cadavéreuse qui attire des nuées d'insectes friands de pourriture animale. »

— Nous en avons, cette fois terminé avec les plantes de la mare et nous allons maintenant explorer sa verte ceinture.

— Mais, dit sournoisement la plus jeunes des nièces, il y a là sur les racines de ce gros peuplier, de jolies fleurs sans tiges, dont vous ne nous avez pas parlé.

Et l'enfant toute joyeuse de sa découverte montre à l'oncle pris en défaut, un assez grand nombre de jolies fleurs d'un fauve violacé, qui paraissent directement plantées dans le sol sans apparence de tiges.

— Tu as bien fait, mon enfant, de me signaler cette plante qui a de si grands rapports avec la gigantesque Rafflesia et qui vit comme elle en parasite, aux dépens des autres végétaux.

C'est l'orobanche clandestine (larthrea clandestina) dont les fleurs légèrement odorantes ne manquent pas de grâce, et se cachent modestement au fond des fossés, entre les racines des arbres.

Les orobanchées sont assez communes en Europe, surtout dans les régions du midi. Elles sont redoutées des agriculteurs parce qu'elles s'attachent parfois en grande quantié à certaines plantes cultivées, comme l'orobanche rameuse (orobanche ramosa), par exemple, qui s'implante sur la racine du chanvre et qui est si funeste à ce textile qu'elle est désignée vulgairement sous le nom de mort-au-chanvre.

Ces plantes se distinguent en ce qu'elles n'ont ni feuilles ni stipules; leurs racines ou plutôt leurs tiges souterraines sont garnies d'écailles, sortes de feuilles avortées, qui les recouvrent presque entièrement.

Je vous ai dit en commençant, comment les feuilles de nénuphar se transforment en sépales, ces dernières en pétales, qui deviennent ensuite des étamines, etc...

Je veux en terminant, dans cet ordre d'idées, vous lire une page charmante, des *Harmonies Providentielles* de M. Charles Levêque :

« L'harmonie végétale possède, elle aussi, ses modulations, ses passages d'une gamme à une autre, je dirais presque ses signes à la clef et ses notes accidentelles. Les feuilles, en tant qu'elles restent feuilles et qu'elles n'ont de rapport qu'entre elles et avec la tige, ne sortent pas de la gamme naturelle, de celle qui n'a rien à la clef ; mais elles tendent à y échapper, elles y échappent au moyen de certaines modifications qui les transforment insensiblement en organe de l'ordre floral. Un dièze à la clef change la gamme ; quelques accidents jetés dans la mélodie la déplacent sans la détruire. Semblablement une première modification change la feuille en sépale, une seconde change la sépale en pétale, une troisième change la pétale en étamine.

La fleur du magnolia, celle du tulipier montrent clairement la transformation des folioles du calice ou sépale, en folioles de la corolle ou pétales. La structure des sépales, des pétales, des étamines, des corpelles, présentent les mêmes parties élémentaires que la feuille elle-même.

Le fait est tellement certain qu'il se vérifie par la contre-épreuve. On pourra peut-être, plus tard, ramener à leur forme originelle les organes issus de la feuille en leur faisant parcourir, en sens inverse, la série des modifications. Dès à présent, on sait observer, constater les premiers pas de la rétrogradation vers la feuille qui a lieu quelquefois. Ce que nous appelons des monstruosités dans les plantes, consiste bien souvent en un retour de quelque organe floral à l'état foliacé. Par exemple, les fleurs deviennent doubles parce que leurs étamines revenant en arrière, se convertissent en pétales et se rapprochent ainsi de la feuille. Cette conversion a-t-elle porté sur la totalité des étamines, la fleur est frappée de stérilité. Telle est la rose des jardins, si différente de l'églantine, son aïeule.

La fleur, prise dans son entier, n'est donc qu'une véritable branche, une branche plus élégante, chargée de feuilles plus belles, et douées des énergies fécondes.

Les feuilles, par leurs formes symétriques et leurs symétriques insertions, exprimaient harmonieusement le travail si régulier de la circulation végétale. Les fleurs, ces feuilles graduellement perfectionnées et soumises à une symétrie qui leur est propre, traduisent les élans successifs qui élèvent la plante jusqu'aux harmonies reproductrices. Toutes les formes sont d'accord entre elles et d'accord avec toutes les fonctions. »

VIII

Nous pouvons aujourd'hui, mes amis, nous asseoir paresseusement à l'ombre de l'épais et sombre feuillage de ces vieux aulnes, et c'est à l'abri de leurs larges cimes que nous allons les étudier.

L'aulne (*alnus glutinosa* ou *betula alnus*), appelé vulgairement *verne*, ou *vergne* est un arbre de la famille des *bétulacées*, qui aime les terrains humides et marécageux, et peuple les bords de nos rivières et de nos ruisseaux ; cet arbre diffère peu du bouleau.

Les feuilles arrondies, dentées, glabres, sont d'un vert sombre en dessus, plus pâles et pubescentes en dessous, mais seulement à l'angle de séparation des nervures ; de plus, quand elles sont jeunes, elles sont enduites d'une matière glutineuse, d'où le nom de *glutinosa* donné à l'aulne.

Sa racine est rameuse ; son bois est rougeâtre, léger, facile à travailler. Son écorce est d'un gris-brun ; mais, vous pouvez remarquer sur cette plaque qui se détache, qu'elle est jaunâtre en dedans. Elle est amère, un peu astringente, et d'un goût désagréable.

L'aulne était connu et apprécié des anciens : Déjà, du temps de Théophraste l'écorce était employée à teindre les cuirs. Pline et Vitruve assurent que les pilotis d'aulne sont d'une très longue durée et peuvent supporter des poids énormes.

Virgile le cite comme ami des eaux : Il dit combien les aulnes aiment à s'associer aux saules, à croître le long des fleuves et dans d'épais marécages.

Ailleurs, il peint le développement rapide de cet arbre, au retour du printemps, et le compare à l'accroissement de son amitié pour Ga'l s.

Qu'il me soit permis de vous faire observer en passant que la croissance de l'aulne est bien moins rapide que celle des peupliers et des saules.

Les sœurs de Phaéton, au dire des poètes, furent changées en aulnes. Toujours chéri des Naïades, il n'est point de ruisseau qu'il ne protège : Sa racine rameuse garantit les bords, soutient les terres et empêche les éboulements.

Les fleurs de l'aulne sont disposées en *chatons*, dont les uns portent les étamines et les autres les pistils. Aux fleurs ou chatons à pistils succèdent de petits cônes qui contiennent les graines soigneusement protégées entre leurs écailles.

Cet arbre se multiplie facilement de semences, de boutures ou marcottes ; une branche couchée en terre produit autant de rameaux qu'elle a de bourgeons. Non-seulement il orne les sinuosités des rivières et des ruisseaux, les contours des lacs et des étangs ; mais, comme nous l'avons vu, il maintient les berges en consolidant les terres.

On peut l'élever en taillis ou le laisser venir en arbres dont le tronc peut atteindre jusqu'à vingt mètres d'élévation.

Une souche éclatée en morceaux, avec la cognée, donne autant de pieds qui réussissent parfaitement. Recouvertes de terres, ces souches fournissent, au bout de deux ou trois ans, une quantité de plants enracinés.

Pour faire une *aulnaie*, on doit mettre les pieds à cinquante centimètres de distance, dans des rigoles profondes aussi de cinquante centimètres et espacées les unes des autres d'un mètre environ. En général, cet arbre exige peu de culture et produit des jets qu'on peut couper tous les quatre ans : On en fait des échalas, des perches d'étendage pour les blanchisseuses et les teinturiers.

Une plantation d'aulnes peut servir à relever les terrains bas, par l'abondance de terreau que produisent les feuilles en se décomposant. Comme cet arbre verdit de bonne heure, on en fait de belles allées dans les endroits frais des parcs; on peut encore l'employer en palissades élevées qui se prêtent assez bien à la forme qu'on veut leur donner par la coupe.

Tout est utile dans cette plante : Racines, écorce, feuilles, fruits.

L'écorce est employée par les tanneurs et par les chapeliers. Mêlée à des oxydes de fer, elle donne une couleur dont les gens de la campagne font un grand usage pour teindre, aux jours de deuil, leurs vêtements en noir. Elle remplace très bien la noix de galle dans la fabrication de l'encre. On en prend quelquefois en décoction comme gargarismes détersifs et aussi comme fébrifuge.

En Suède, les pêcheurs s'en servent pour colorer leurs filets; elle peut, aussi, teindre la corne et les os dans les ouvrages de coutellerie.

Le feuilles sèches nourrissent les chèvres quand, pendant les rudes journées d'hiver, il est impossible de les conduire au pâturage. Dans les Alpes, on prétend guérir certains cas de paralysie en enveloppant les malades dans des feuilles d'aulnes, chauffées au four, qui provoquent une sueur abondante.

On brûle le bois dans les cheminées des appartements; et,

s'il ne produit pas beaucoup de chaleur, il fournit, quand il est bien sec, un feu très agréable.

Le bois de l'aulne qui se corrompt facilement à l'air, est presque incorruptible dans l'eau et les glaises humides. De là l'usage immense qu'on en fait pour les pilotis, les corps de pompes, les cuves, les tuyaux de conduite des eaux. C'est sur des pilotis d'aulne qu'a été construit le fameux pont du Rialto, à Venise. Les branches forment d'excellentes fascines pour le drainage.

Les sculpteurs apprécient ce bois doux, tendre, lisse, un peu rougeâtre, facile à manier, sans être trop cassant. Les tourneurs l'emploient pour confectionner des échelles, des chaises communes et différents ustensiles; il est également recherché des sabotiers; enfin, les ébénistes estiment beaucoup la racine du vergne, pour certains ouvrages : il prend facilement le noir, et ressemble alors à de l'ébène.

— Je n'aurais jamais pensé, dit l'aîné des neveux, que l'aulne fût un arbre si précieux, et qu'il servît à tant d'usages.

— Il en est de même, mes enfants, de beaucoup de plantes que vous serez heureux de connaître et que vous saurez employer au besoin.

Voici tout près de nous, dans ce buisson, un arbrisseau rameux qui n'a rien de commun avec le vergne, et qui, cependant, est vulgairement désigné sous le nom d'*aulne noir* : C'est la *bourgène* ou *bourdaine* (*rhamnus frangula*), *rhubarbe des paysans*. Elle est comme le *nerprun purgatif* (*rhamnus catharticus*) que vous voyez à côté d'elle, et dont les nombreux rameaux sont munis de fortes épines, propres à former des haies vives de bonne défense.

Le feuillage sombre du *nerprun*, type de la famille des *rhamnées*, produit un joli effet, et contraste agréablement avec celui des autres arbrisseaux qui l'avoisinent. Ses petites baies noires, contenant de deux à quatre noyaux, sont purgatives;

elles fournissent une couleur verte fréquemment employée par les peintres.

Cet arbrisseau, remarqué dès la plus haute antiquité, est souvent cité dans les livres saints comme plante épineuse et redoutée.

La *bourdaine* porte de petites fleurs axillaires auxquelles succèdent des drupes, longtemps rouges, mais qui noircissent à la maturité. Elles donnent, comme celles du nerprun, du vert, du bleu, ou du violet, suivant la façon dont elles sont traitées ; l'écorce fournit une teinture jaune.

Mais c'est surtout par son bois, fort recherché pour la fabrication de la poudre de chasse, et estimé le meilleur, que la bourdaine est remarquable. Cette réputation du bois de bourdaine est fort ancienne :

« Il est permis, dit un vieil auteur, au commissaire-général des poudres et à ses commis, de faire exploiter dans les bois du roi et autres, tant de bourdaines qu'il lui plaît, depuis l'âge de trois ans, jusqu'à quatre, et en quelque temps qu'ils le jugent à propos, après toutefois en avoir obtenu la permission des officiers des eaux et forêts, et avoir appelé les gardes à la coupe. »

« Un quintal de ce bois, dit Duhamel, qui coûte à peu près quatre francs, ne produit que douze livres de charbon. »

— Voilà donc encore deux arbrisseaux dont l'utilité est incontestable.

— Nous avons eu occasion de parler de la bière à propos de plusieurs plantes de notre mare ; j'aperçois une nouvelle plante à laquelle la bière doit la plus grande partie de sa célébrité.

— Voyez-vous ces tiges sarmenteuses qui s'enroulent autour des rameaux des arbres voisins et y suspendent à profusion leurs feuilles dentées, découpées en cœur, et leurs fleurs entourées de bractées qui forment des *chatons coniques*. C'est le houblon (*humulus lupulus*), *vigne du Nord*, plante précieuse,

dont les chatons fructifères donnent à la bière la légère amertume qui l'assaisonne et la conserve. Les anciens appelaient le
houblon *lupulus* (*petit loup*) parce que ses tiges volubiles
étranglent souvent les plantes du voisinage. Le houblon qui
porte des fleurs à pistils disposées en cônes, composées de
plusieurs écailles membraneuses, pâles, jaunâtres attachées sur
un pivot commun, à l'aisselle desquelles naissent de petites
graines aplaties, porte aussi sur d'autres tiges des fleurs à
étamines formant de petites *grappes*.

Les tiges sont faibles, mais dures, longues, anguleuses,
velues et rondes; et vous voyez comment elles embrassent
étroitement les plantes sur lesquelles elles grimpent en ser-
pentant.

Cette plante très commune dans différents pays, croît dans
les haies, dans les prés, au bord des cours d'eau, sur les berges
des ruisseaux et des rivières.

En Angleterre, en Allemagne, en Belgique, en Hollande,
dans le Nord de la France, dans tous les pays enfin où la bière
constitue la boisson habituelle des habitants, on sème et on
cultive le houblon avec grand soin et beaucoup de dépenses. La
culture exige un sol profond et très riche; peu de terrains lui
conviennent; et il faut, de plus, que l'exposition soit à l'abri
des vents violents.

La plante, vivace seulement par sa racine, émet de bonne
heure au printemps, un grand nombre de tiges sarmenteuses
qui reçoivent comme appuis de grandes perches, de grands
échalas ou des fils de fer.

Chaque souche donne beaucoup plus de tiges qu'elle n'en
peut nourrir; celles qu'on supprime sont utilisées dans le Nord
de l'Europe; on les mange comme les pousses d'asperges.

Toute cette plante devient beaucoup plus belle par la culture :
ses épis sont chargés de fleurs; ses écailles et sa graine sont
plus grandes.

Cependant, le produit d'une houblonnière est excessivement variable, car peu de récoltes ont autant que celle-là à redouter les influences contraires des vicissitudes atmosphériques.

La récolte des cônes se fait aussitôt qu'ils sont parvenus à maturité, ce qu'on reconnaît à la couleur des bractées, lesquelles deviennent brunes, de vertes qu'elles étaient auparavant.

Alors on coupe les tiges de la plante à un mètre environ du sol, et on détache les cônes au fur et à mesure : Le houblon de bonne qualité se reconnaît à son odeur forte et à son amertume.

Les cônes une fois recueillis, on les soumet à une dessiccation bien égale et bien complète dans des fours de briques construits spécialement pour cet usage.

On les étend ensuite dans une chambre très-sèche et bien aérée où on les laisse environ trois semaines, à l'effet de leur enlever leur extrême friabilité qui les endommagerait lorsqu'on les met dans des sacs pour les livrer au commerce.

Les propriétés toniques pour lesquelles on recherche les cônes du houblon, la saveur franchement amère et aromatique qu'ils communiquent à la bière, sont dues uniquement à la poussière jaune qui entoure les fruits.

D'après l'analyse qui en a été faite par des chimistes, cette poussière renferme de la résine, de la gomme, une huile essentielle, du soufre et surtout une substance particulière à laquelle on a donné le nom de *lupuline*. C'est cette dernière substance qui constitue le principe actif du houblon.

Les cônes sont fort usités en médecine sous forme de simple infusion aqueuse. On les emploie dans les cas nombreux où les toniques amers sont indiqués, et plus spécialement dans les dyspepsies et les affections scrofuleuses.

Les propriétés grimpantes du houblon; ses rameaux longs et flexibles qui se renouvellent tous les ans et ne pourrissent point

12

leurs supports, font communément adopter le houblon pour garnir les tonnelles, les murs et les treillis.

Les abeilles le recherchent avec avidité; c'est pour cela qu'en hiver, pour conserver les ruches malades et à moitié pleines, on en remplit tous les vides avec du houblon.

Dirons-nous quelques mots de ces touffes de ronces qui envahissent les abords de la mare et s'entremêlent aux autres plantes qu'elles étouffent. Cette production spontanée d'une terre maudite n'est pourtant pas sans ressource; et vous découvrirez, même dans la ronce, de nouvelles raisons d'admirer la prévoyante nature.

Ces ronces qui ensanglantent les pieds du voyageurs servent de remparts à l'héritage du laboureur; leurs aiguillons à crochets enlèvent aux moutons des flocons de laine dont les petits oiseaux tapissent leurs nids; les fruits doux et sucrés des ronces sont le raisin du pauvre; et, vous savez combien ils sont recherchés des enfants. Leurs feuilles sont, par leur principe astringent, un bon remède aux maux de gorges et aux ulcères de la bouche. Les paysans fabriquent avec les branches souples de la ronce, des claies, des paniers, des corbeilles pour conserver les fruits secs, des ruches pour les abeilles.

La ronce (*rubus*) qui appartient à la famille des rosacées, comprend deux espèces principales : La ronce noire ou commune (*rubus fructicosa*), *mûrier des haies*, et le *framboisier* (*rubus Idœus*) *ronce du mont Ida*. Les fleurs de la ronce sont disposées en roses. Les nombreux pistils s'y transforment en autant de petites drupes qui constituent le fruit multiple que vous connaissez. La forme des feuilles de ces arbrisseaux varie; mais la plupart des ronces les ont composées de trois à cinq grandes folioles, dentelées par les bords, et qui sont attachées aux extrémités d'un pétiole commun.

Ces plantes poussent de longues tiges, pliantes, sarmenteuses, dont les unes grimpent dans les buissons et les autres rampent

à terre. Ces jets prennent racine dès qu'ils touchent immédiatement le sol; ils sont d'un vert rougeâtre, anguleux, garnis
d'aiguillons piquants et crochus.

La ronce des haies donne des fruits qui, d'abord rouges,
deviennent bleuâtres dans leur maturité; on les appelle vulgairement mûres, à cause de leur ressemblance avec les fruits du
mûrier; les fruits de la ronce des bois, également rouges dans
leur primeur, deviennent noirs en mûrissant.

Les fruits des ronces sont rafraîchissants; on en fait du vin,
du sirop, de l'eau-de-vie et des conserves. On s'en sert en
Provence pour colorer le vin muscat blanc, et pour faire le
muscat rouge de Toulon.

La ronce la plus intéressante à connaître est celle que nous
avons appelée *ronce du mont Ida*, ou *framboisier.*

Cette ronce des montagnes est remarquable par son petit
fruit rouge, parfumé, et légèrement acide. Elle est cultivée
dans tous les jardins; mais elle est envahissante et effrite le
terrain.

Il faut la changer de place au moins tous les trois ans, et la
mettre en lieu frais, un peu à l'ombre.

La framboise se mange seule ou mêlée aux groseilles; on en
aromatise les glaces et les sorbets; on en fait du sirop et une
boisson très rafraîchissante et très parfumée connue sous le
nom de vinaigre de framboise.

IX

Nous retrouvons nos jeunes naturalistes en présence des vieux saules dont les flancs caverneux sont en partie remplis de matière végétale en décomposition, matière qui n'est autre chose que la propre substance dont ils étaient formés.

Malgré cette apparence de décrépitude, une couronne de vigoureux rameaux leur forme une tête verdoyante et touffue.

— Je ne comprends pas, dit l'un des enfants, comment ces arbres dont les troncs sont pourris, peuvent encore vivre et se couvrir de verdure.

— Tu fais là, mon ami, dit le vieux professeur, une observation intéressante, à laquelle je vais tâcher de répondre.

— La plante n'est pas formée d'une seule pièce : C'est un être complexe, une grande société, dont le bourgeon est l'individu. Les individus vivent plus ou moins longtemps, puis dépérissent et meurent; mais il s'en est formé de nouveaux, et la société (*la plante*) poursuit son existence

La plante, décomposée pièce à pièce, se réduit à quelque chose de bien simple, à *son organe élémentaire* qui, réuni en nombre suffisant, forme son bois, son écorce, ses fruits ou sa graine, ses fleurs et ses feuilles.

Cette petite parcelle, qui est de même substance dans tous les végétaux et dans toutes leurs parties, est un infime globule, si petit qu'il en faudrait un grand nombre pour arriver à la grosseur d'une tête d'épingle. Il faut l'aide d'un microscope pour l'apercevoir : Il est creux, formé d'une délicate membrane, et ressemble à un petit sac sans ouverture. Il a reçu le nom de *cellule.*

La cellule est à la plante ce qu'est la pierre à la maison, ce qu'est le brin de laine à la pièce d'étoffe ; elle est amoncelée par milliers de milliers suivant les dimensions des végétaux, et en forme toutes les parties.

La formation des cellules s'accomplit avec une rapidité prodigieuse : On a observé qu'une feuille de haricot, au moment de sa croissance, en fait environ deux mille par heure. Les citrouilles, les champignons, amoncellent et groupent les cellules avec une précipitation beaucoup plus grande encore.

Parfois les cellules s'allongent, se rétrécissent et forment des *fibres ;* d'autrefois elles s'ajoutent bout à bout, par série, et s'ouvrant aux extrémités pour communiquer entre elles, elles constituent des canaux, des *vaisseaux* plus ou moins longs.

« Pour conduire sous terre l'eau de nos fontaines, dit un auteur, nous ajoutons bout à bout, un certain nombre de tuyaux plus ou moins longs. Pareillement la plante, pour amener aux bourgeons l'humidité du sol, empile cellule sur cellule et s'en fait des canaux, autrement dits *vaisseaux.* Dans ses attributions ordinaires, la cellule est close. Quand elle concourt à la formation d'un vaisseau elle s'ouvre à ses extrémités pour laisser le canal libre. »

Ces vaisseaux, ces conduits ne se ramifient pas, ne se déver-

sent pas les uns dans les autres. Disséminés dans le bois, habituellement réunis par petits groupes, ils vont directement des
racines aux feuilles, sans émettre de tubes secondaires. Ils sont
plus ou moins longs suivant les dimensions de la plante; mais
leur ouverture, leur diamètre, est à peu près invisible.

Dans quelques espèces de bois qui font exception, le canal des
vaisseaux est cependant perceptible à la vue simple. Une branche de chêne nettement coupée vous permettra de distinguer,
surtout au voisinage de la ligne de jonction de deux zones des
bois, une foule de très-petites ouvertures qui sont les orifices
des canaux. L'observation est encore plus facile sur un sarment
de vigne bien sec; vous le voyez criblé de petits orifices assez
ouverts pour qu'on puisse y engager un cheveu délié.

La substance qui compose la paroi des organes élémentaires
des plantes est la *cellulose,* qui se conserve intacte malgré toutes
les épreuves auxquelles on peut la soumettre, et qui sert à la
fabrication du papier.

Une tige est dite *annuelle* ou *herbacée* quand elle ne doit
durer qu'un an; elle se compose alors d'un amas de cellules
vertes dans lequel plongent quelques paquets de fibres et de
vaisseaux formant une couronne étroite, facile à reconnaître à
la couleur blanche. Deux régions sont à distinguer dans la
masse cellulaire d'une tige herbacée : La *moelle centrale* et la
moelle externe.

Toute tige, malgré la grosseur et la consistance qu'elle doit
plus tard acquérir, débute par l'état herbacé; puis à la fin de la
première année, elle devient ligneuse.

Elle comprend alors une *moelle centrale,* une *zone ligneuse;*
et au-delà de cette zone, une mince couche d'un liquide visqueux
et de cellules naissantes, laboratoire permanent d'organes
élémentaires : C'est le *cambium.*

Ensuite vient l'écorce qui comprend, de l'intérieur à l'extérieur, une couche appelée *liber,* composée de fibres ligneuses et

tenaces; une zone de tissus cellulaires formant la *moelle externe*
ou *enveloppe cellulaire;* une zone brunâtre également cellulaire, appelée *enveloppe subéreuse,* et enfin, une assise de
cellules protectrices qui constitue l'*épiderme.*

Il se forme chaque année une nouvelle assise aussi bien
pour l'écorce que pour le bois; mais cette assise est disposée des
deux parts en sens inverse. Elle se constitue au-dehors pour le
bois, et au dedans pour l'écorce.

Le bois, enveloppé d'une année à l'autre d'un étui ligneux
nouveau, vieillit au centre et rajeunit à la surface.

L'écorce, pourvue chaque année à l'intérieur d'un nouveau
feuillet, rajeunit au dedans et vieillit au-dehors.

Les matériaux nécessaires à ces formations annuelles sont
fournis par le fluide nourricier du végétal, par la sève descen-
dante ou *cambium.*

Puisque l'arbre se compose d'une série d'étuis ligneux qui
s'enveloppent l'un l'autre, le tronc comprend tous ces étuis, les
branches en comptent plus ou moins selon leur âge. Chaque
étui est le produit d'une génération de bourgeons; et l'étui
ligneux de la génération présente occupe l'extérieur immédiatement sous l'écorce; ceux des générations passées occupent l'intérieur et sont d'autant plus rapprochés du centre qu'ils datent
de plus loin.

Mais de tous ces étuis, le plus nécessaire est évidemment
celui de la superficie, puisqu'il met en rapport les bourgeons
avec la terre; et sa destruction amènerait la mort de l'arbre.

« Parvenus à un âge avancé, les arbres, surtout ceux dont le
cœur ne durcit pas, ont fréquemment la tige caverneuse. Tôt ou
tard, les couches intérieures, consumées par la pourriture, se
réduisent en terreau, et le tronc finit par devenir creux, ce qui
ne l'empêche pas de porter une vigoureuse couronne de bran-
chage. Rien de plus étrange, au premier abord, que ces vieux
saules rongés par les larves d'insectes, excavés, par la pourri-

ture, éventrés par les années, qui se couvrent, malgré tant de ravages, d'une puissante végétation. Cadavre en décomposition au dedans, ils jouissent au-dehors de la plénitude de la vie. La singularité s'explique si l'on considère que les couches centrales sont maintenant inutiles à la prospérité de l'arbre. Vieilles reliques de générations qui ne sont plus, elles peuvent être rongées par la pourriture; le reste de l'arbre n'en souffrira pas tant que les couches extérieures se conserveront saines, car là seulement réside la vitalité. Détruit dans ses parties centrales par les outrages du temps, et rajeuni chaque année par des générations nouvelles de bourgeons, l'arbre traverse les siècles sans vouloir mourir. Par une prérogative inhérente à son organisation d'êtres collectifs, il réunit les caractères les plus contradictoires. Tout à la fois, il est vieux et jeune, mort et vivant.

» Les zones ligneuses empilées dans l'épaisseur du tronc sont, en quelque sorte, les feuillets d'un livre où la vie de l'arbre est écrite. Voici les principaux renseignements que fournissent ces archives végétales.

» Lorsque sur un tronc coupé en travers, nous comptons cent cinquante couches ligneuses par exemple, cela signifie que l'arbre a cent cinquante ans puisque chaque couche correspond à une année. Connaissant l'année de son abatage, on remonte ainsi à l'année de la germination de la graine qui l'a produit. »

— Nous comprenons maintenant, dirent les enfants, pourquoi nos saules poussent des rameaux vigoureux, malgré la décomposition des couches centrales de leur bois.

— Les *saules* (*salix*) appartiennent à la famille des *salicinées*. Ils forment un genre nombreux d'espèces de toutes grandeurs; ce sont tantôt de grands arbres, tantôt de faibles arbrisseaux; et de même que les roseaux, dans le voisinage desquels ils croissent,

Le moindre vent qui d'aventure
Fait rider la face de l'eau
Les oblige à baisser la tête.

Ils se multiplient avec facilité; ils ont une végétation fort rapide; et leur extrême flexibilité les rend propres à une foule d'ouvrages.

Leur écorce douce, d'une saveur amère, est astringente et réputée tonique et stomachique. On en extrait un principe cristallisable, blanc, d'une saveur très amère, soluble dans l'alcool et dans l'eau, qui a reçu le nom de *salicine,* et dont les propriétés voisines de celles de la quinine ont été employées dans les fièvres intermittentes. Une forte décoction de l'écorce peut remplacer la salicine.

Tous les saules sont *dioïques,* c'est-à-dire que les fleurs à étamines et les fleurs à pistils sont portées sur des tiges différentes.

Disposées en chatons, les fleurs solitaires, à l'aisselle d'écailles ou bractées, paraissent avant les feuilles. Le fruit est une capsule s'ouvrant du sommet à la base et laissant échapper des graines nombreuses entourées de longs poils soyeux.

Parmi les espèces de saules les plus communes, on distingue le *saule blanc (salix alba), osier blanc, saule commun.* C'est celui qui nous abrite en ce moment. Ses feuilles sont velues, allongées, étroites, lancéolées, aiguës, soyeuses et argentées en dessous, ses jeunes rameaux sont flexibles; son écorce est verdâtre et lisse.

Il peut s'élever jusqu'à quinze mètres; mais en général on l'étête à trois ou quatre mètres de hauteur, afin de pouvoir l'émonder (couper de fortes branches) tous les cinq ans.

S'il pousse vite, il s'en va de même, et offre dans la

vieillesse, comme vous le constatez, un tronc caverneux dont le
centre tout vermoulu nourrit souvent des plantes étrangères,
ce qui n'empêche pas qu'à l'extérieur, l'écorce conserve toute la
vigueur de la jeunesse et pousse des branches en abondance.

Du bois léger de ce saule, on obtient du charbon qui, comme
celui de la Bourdaine, est employé pour la fabrication de la
poudre.

C'est du saule blanc que sont formées les charmantes
saulaies qui embellissent le voisinage des eaux. Et je n'ai pas
besoin de vous dire qu'au printemps, au moment où la sève des-
cendante coule à flots, les enfants se fabriquent avec les branches de ce saule des sifflets et des trompes.

Le *saule des vanniers (salix vitellina) ambrier, osier blanc,*
amarinier, verdelle, verdoison, est regardé comme une variété
du saule blanc. Il s'élève peu et ne se présente qu'à l'état d'arbrisseau. Il est précieux par la flexibilité de ses rameaux que les
jardiniers et les tonneliers emploient comme liens. Il est très
commun; et vous pouvez constater que ses feuilles sont d'un
très bel effet.

Le *saule à longues feuilles (salix viminalis), osier vert,*
luzette, ne se rencontre qu'à l'état d'arbrisseau à rameaux
longs, droits, à écorce verdâtre. Il est avec le *saule pourpre*
(salix purpurea), osier rouge, le principal ornement des
oseraies qui sont d'un grand produit; et, dans lesquelles il faut
remarquer encore le *saule amandier (salix amygdalina)* à
feuilles glabres, lancéolées, très pointues, dont les pétioles sont
purpurins.

Ce sont ces différentes espèces que les vanniers emploient de
préférence pour les paniers, les corbeilles les berceaux.

Ces osiers sont préalablement écorcés. A cet effet les vanniers les déposent dans un endroit frais, dans une cave, par

exemple, jusqu'à ce qu'ils poussent et soient en pleine sève. Dans ce moment, ils enlèvent facilement l'écorce : Ils les réunissent en bottes, afin qu'ils ne se contournent pas ; et lorsqu'ils veulent en faire usage, ils les mettent tremper dans l'eau pour les rendre plus souples.

L'écorce de ces osiers est souvent employée par les jardiniers, pour lier les écussons lorsqu'ils greffent.

Les espèces de saule qui se rompent au lieu de plier, servent généralement à faire des échalas pour la vigne.

Le *saule Marceau* (*salix caprea*) est probablement celui que Virgile a chanté : Il fait les délices des chèvres et est un des premiers arbres qui donnent des fleurs.

Ce saule ne dépasse guère les dimensions d'un arbrisseau ; ce n'est que grâce à quelques conditions locales, qu'il devient quelquefois un arbre.

Ses gros chatons dorés sont très recherchés des abeilles. Ses rameaux grisâtres sont garnis de feuilles ovales, arrondies plus amples que dans les autres saules : Elles fournissent un bon fourrage.

Le marceau a une croissance rapide, surtout quand il repousse sur sa souche, ce qui le rend très-propre à former des taillis qu'on peut exploiter tous les six ou sept ans.

Son bois est estimé pour faire des échalas, des lattes, etc... On en fait également des sabots fort légers, des cuves, des planches pour la menuiserie.

Enfin, disons en terminant un mot du *saule pleureur* (*salix babylonica*) *saule parasol, parasol du grand-seigneur,* cet arbre auquel les Israélites exilés suspendaient leurs lyres, lorsque, assis à son ombre ils pleuraient au souvenir des malheurs de leur chère Sion.

Ce saule est originaire de l'Asie ; il a été apporté des bords de l'Euphrate, près de l'emplacement où s'élevait autrefois la gigantesque Babylone.

Il n'est pas d'arbre plus remarquable lorsque le vent secoue sa large tête échevelée, ou lorsqu'il s'incline gracieusement sur une pièce d'eau.

Il prend dans les cimetières, la place du sombre cyprès, et est l'emblême de cette douleur calme qui, à travers son feuillage, entrevoit à la lumière du ciel, un rayon d'espérance.

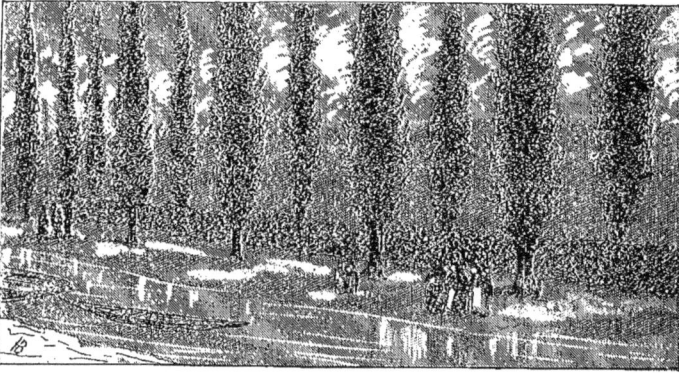

X

Nous allons aujourd'hui, mes enfants, clore la deuxième série de nos entretiens ; et, pour terminer l'histoire des plantes de la mare, il me reste à vous parler de deux beaux arbres : Le peuplier et le frêne.

Les *peupliers*, comme les *saules*, appartiennent à la famille des *salicinées;* les organes de la fructification sont à peu près les mêmes dans les deux espèces.

Les fleurs du peuplier, disposées en *chatons* à étamines ou à pistils, ne diffèrent guère de celles des saules que par le disque qui entoure l'ovaire : En forme de *cupule* dans le peuplier, il affecte celle d'un gland dans les saules.

Une autre différence, bien légère, consiste en ce que les écailles des chatons sont *incisées* dans les peupliers, et sont *entières* dans les saules.

Le nom latin du *peuplier (populus),* signifie à la fois *peuplier* et *peuple.* Les paysans de certaines parties de la France ne

font même aucune distinction dans la consonnance de ces mots :
Ils appellent le peuplier *peuple,* et quelquefois *pouple.*

Suivant quelques étymologistes, le peuplier a reçu des
Romains le nom de *populus,* parce que le feuillage de cet arbre
est, comme le peuple, dans une agitation perpétuelle. D'après
d'autres auteurs, *populus* désigne l'arbre du *peuple,* parce que,
dans l'ancienne Rome, les peupliers décoraient les places
publiques.

« Faut-il remonter jusque-là, dit Hœfer, pour expliquer
l'usage de planter des peupliers comme symbole de la liberté? »

« Les poètes, dit un botaniste, racontent qu'Hercule étant
descendu aux enfers couronné de peuplier, les feuilles qui tou-
chèrent son front devinrent blanches en dessous, tandis que le
dessus, noirci par les vapeurs de l'empire ténébreux, prit une
teinte sombre. »

Les feuilles du peuplier blanc sont assez remarquables pour
avoir donné lieu a cette fiction.

Les rameaux droits et élancés du peuplier d'Italie, ont aussi
inspiré à Ovide l'idée de la métamorphose des Héliades, sœurs
de Phaéton : Inconsolables de la mort de leur frère, et les mains
constamment levées vers le ciel, elles sentirent leurs pieds s'attacher au sol et leurs bras se convertir en longs rameaux.

Toutes les espèces de cet arbre poétique, élégant, noble et
majestueux, sont remarquables par la longueur et la compres-
sion de leur pétiole : De là l'extrême mobilité de leur feuillage
qu'agite le moindre souffle de vent.

Le *peuplier noir (populus nigra)* dont vous avez sous les
yeux un échantillon, a les feuilles d'un vert brillant : C'est un
arbre é'evé qui se distingue du peuplier d'Italie par ses branches étalées. Il doit son nom spécifique de *noir* à la couleur
pourpre foncé de ses anthères. C'est un des arbres indigènes que
l'on rencontre plus communément mêlé à l'aulne et au saule,
dàns les terrains humides et marécageux. Sa végétation vigou-

reuse et rapide fournit abondamment des branches feuillées, que l'on coupe tous les cinq ou six ans pour faire des fagots avec le bois, et nourrir, avec les feuilles, les moutons et les chèvres pendant l'hiver.

Avec le tronc, on fait des planches de bois blanc, estimées par leur légèreté et propres à la toiture et à tout ce qui est à l'abri de l'humidité.

Ses bourgeons sont enduits au printemps d'un suc résineux, et exhalent une odeur qui embaume l'air; ils entrent dans la composition de l'onguent *populeum*.

C'est sur ces bourgeons que les abeilles recueillent le propolis, espèce de cire dont elles enduisent leurs ruches.

Les chardonnerets recueillent sur le peuplier le fin duvet blanc qui tapisse si artistement leur nid.

L'écorce de cet arbre est employée en Russie pour l'apprêt des maroquins. Les habitants du Kamtchatka la réduisent en une sorte de farine qui entre dans la composition de leur pain; enfin elle sert à teindre en jaune; et on peut en fabriquer des nattes, des chapeaux, du papier.

Cet arbre précieux, cité par Homère comme faisant partie du jardin d'Alcinoüs, vient facilement de boutures et de graines. Ses racines ne pivotent pas; elles s'étendent horizontalement, et sont plus propres à arrêter le terrain du bord des eaux; mais elles résistent moins bien aux vents, et l'arbre est souvent renversé par de violentes bourrasques.

Le *peuplier tremble* (*populus tremula*) est extrêmement précoce, et doit son nom à la mobilité extraordinaire de ses feuilles tremblottantes que vous entendez bruire, malgré le calme dont nous jouissons. Le plus léger souffle de l'air, provoque dans le tremble un frémissement mystérieux qui dispose, au milieu du silence, à une douce rêverie.

Ses rameaux souples sont disposés en une large cime arrondie; ses feuilles, un peu plus larges que longues, cotonneuses dans leur jeunesse, sont pourvues d'un long pétiole très-comprimé.

Le bois du tremble, réduit en minces copeaux, sert à faire des tissus assez délicats, que les marchandes de modes emploient pour la fabrication des carcasses de chapeaux de femmes.

Son bois est recherché pour faire des voliges; ses cendres sont, en Sibérie, considérées comme un excellent remède contre les affections scorbutiques. Dans le Nord, on emploie son écorce comme fébrifuge et vermifuge.

Son écorce blanchâtre, et le frémissement de son feuillage, le font placer dans les jardins anglais.

Le *peuplier blanc* ou *cotonneux (populus alba) peuplier de Hollande, ypréau,* est la variété dont les feuilles blanches font le plus d'effet; il est, par son organisation, très rapproché du peuplier-tremble.

Le peuplier blanc est un arbre assez élevé. Ses jeunes rameaux sont revêtus d'un duvet blanc qui se voit également à la face inférieure des feuilles. Dans quelques pays, il se nomme simplement *blanc :* C'est la traduction littérale du nom *(leukè)* qu'il portait chez les Grecs. Homère le désigne sous le nom d'*achéroüs,* dérivé d'*Achéron,* lieu supposé de son origine.

Cet arbre figure très bien dans les parcs : La blancheur de la face inférieure de ses feuilles, agitées par la plus légère brise, contraste agréablement avec la verdure des autres végétaux.

Un usage curieux et bizarre de prévoyance, mais pourtant fort avantageux, s'est longtemps conservé en Belgique, particulièrement aux environs d'Ypres.

Lorsqu'une fille naissait, le père se préoccupait aussitôt de lui préparer sa dot. Pour cela, il plantait un millier d'*ypréaux,* en sorte que, à l'âge de vingt ans, l'heureuse jeune fille se trouvait en possession d'une vingtaine de mille francs qui servaient à son établissement.

À l'époque de la guerre entre les Etats du Nord de l'Amérique et ceux du Sud, lorsque le coton était devenu à un prix inabordable, on a essayé de lui substituer les poils soyeux qui entourent la graine des peupliers et particulièrement du peuplier blanc. Mais, l'industrie n'a pas continué cette intéressante expérience. Beaucoup de petits oiseaux apprécient fort ce duvet si doux et s'en servent pour tapisser l'intérieur de leurs nids.

Le bois du peuplier blanc, préférable à celui du peuplier noir est employé par les menuisiers et les tourneurs.

Les anciens s'en faisaient des boucliers. C'est avec le peuplier blanc qu'ils couronnaient les athlètes.

Voici un magnifique *peuplier d'Italie* (*populus fastigiata*) *peuplier de Constantinople, de Lombardie, peuplier turc,* que quelques botanistes ont appelé *peuplier pyramidal* (*populus pyramidalis*).

Le peuplier d'Italie est ainsi appelé, parce qu'il est depuis longtemps cultivé dans ce pays. Il ne fut introduit en France que vers la fin du siècle dernier, et il y fit sensation.

Cela ne saurait vous étonner, car aujourd'hui même que nous le rencontrons partout, nous ne nous lassons pas d'admirer son port élancé, sa verte pyramide, immobile par un temps calme, mais se balançant lentement au gré du vent et produisant des ondulations d'un admirable effet.

On le choisit partout pour borner des paysages, dessiner des contours, border des allées, former des points de vue. Mais il ne paraît nulle part mieux placé que sur les rives de nos ruisseaux et de nos rivières, où il forme de splendides rideaux de verdure.

On croit ce peuplier originaire de l'Asie-Mineure. Un voyageur l'a trouvé, à l'état sauvage, dans les montagnes de la Phrygie, de la Galatie, de la Cilicie, de la Cappadoce, à plus de 1200 mètres d'altitude.

Cet arbre dont les rameaux anguleux sont remarquables par

leurs grandes feuilles en cœur, très luisantes, est le *peuplier de Virginie (populus Virginia) peuplier de la Caroline, peuplier Suisse.*

C'est un arbre grandiose, qui s'élève en peu de temps jusqu'à trente mètres; mais dont les branches étalées et cassantes sont sensibles au fond.

Il lui faut un terrain humide; et comme il prend difficilement, en le greffe sur le peuplier d'Italie.

Ce grand et bel arbre que Virgile a appelé « l'honneur de nos forêts » est le *frêne élevé (fraxinus excelsior), frêne commun* qui appartient à la famille des *oléacées.* Son tronc verdâtre, droit et lisse, d'une grosseur bien proportionnée, se termine par une cime ample, assez élégante. Ses racines s'étendent de tous côtés à la superficie de la terre; son bois est blanc, lisse assez dur, fendant et ondé.

Le frêne ne craint ni l'ombre, ni le voisinage des autres arbres au-dessus desquels il aime à étendre ses branches, étalées presque horizontalement.

Ses feuilles sont pennées, c'est-à-dire que les folioles de la feuille sont disposées symétriquement comme les barbes d'une plume, avec une foliole unique au sommet.

Les fleurs du frêne paraissent en avril, avant les feuilles; et chose curieuse, il y en a sur la même branche de mâles ou à étamines, de femelles, ou à pistils, et d'autres hermaphrodites, c'est-à-dire contenant des étamines et des pistils dans la même enveloppe florale.

De tous les arbres de nos contrées, le frêne est le plus recherché pour le charronnage.

Son bois convient particulièrement pour la fabrication des essieux, des moyeux, des jantes, des brancards, des charrues, des maillets, des manches d'outils, etc. Il est propre aux ouvrages de tour et de menuiserie; les armuriers en font également ment usage; ses nœuds, bien nuancés, sont recherchés des ébénistes; les branches sont excellentes pour faire des cercles, des perches des échalas.

C'est encore un très bon bois de chauffage, qui brûle bien sans être très sec. Sa végétation rapide permet de l'émonder souvent; et on utilise même les plus petites branches qui sont mises en fagots pour servir, pendant l'hiver, à la nourriture des moutons et des chèvres.

— Est-ce le bois du frêne qui exhale l'insupportable odeur qui nous empêche de nous asseoir dans le voisinage de ces arbres? demandèrent les enfants.

— Non, mes amis, ce n'est pas le bois du frêne qui produit cette odeur désagréable; mais, ce sont les essaims de jolies mouches vertes qui bourdonnent autour du feuillage de ces arbres, s'y abattent et les dépouillent promptement de leur verdure. Ces insectes sont des *mouches contharides*, dont vous avez entendu parler, et qui sont d'un si fréquent usage pour les vésicatoires.

Cette raison fait bannir le frêne commun des jardins anglais; mais on y cultive plusieurs autres variétés, particulièrement le *frêne doré*, aux jolis rameaux jaunes; le *frêne jaspé*, à écorce rayée; le *frêne panaché*, à feuilles presque blanches; le *frêne pleureur* ou *parasol* à rameaux tombants.

Toutes ces variétés se greffent sur le frêne commun qui se ressème de lui-même. Le vent disperse au loin ses graines nombreuses, espèces de follicules membraneuses, oblongues, plates, fort déliées en leur pointe, renfermant à leur base une semence presque ovale et vulgairement désignées sous le nom de *langues d'oiseaux*.

L'arbre souvent désigné par Homère, sous le nom de *melia*, et dont le bois servait à faire des javelots, paraît être notre frêne commun.

L'écorce et le bois des frênes, passent pour être diurétiques et fébrifuges. Quelques médecins ont essayé de les substituer au quinquina. D'autres prétendent que les feuilles vertes sont un purgatif aussi sûr que le séné, mais à plus forte dose. Ce qu'il y a de certain, c'est qu'il découle de la plupart des frênes un suc particulier, concrété, qui est connu sous le nom de *manne*. On retire cette manne des gerçures naturelles de l'écorce, par les incisions qu'on y fait; on en trouve aussi sur les feuilles. Elle durcit promptement à l'air et au soleil. C'est dans le courant de juin qu'elle transsude et se concrète, depuis midi jusqu'au coucher du soleil, quand il ne tombe pas de pluie, car dans ce cas elle se dissout et se perd. On met les grumeaux dans des vases en terre, et on les expose au soleil pour les faire sécher : C'est la manne de première qualité; lorsqu'elle a cessé de couler naturellement, on fait des incisions profondes dans l'écorce pour en obtenir encore : Elle sort en abondance de ces plaies, mais elle est moins blanche que la première et d'une qualité inférieure. La manne n'est abondante que dans certains pays méridionnaux, tels que la Calabre et la Sicile. Presque tous les frênes en fournissent, mais elle se récolte plus particulièrement sur le frêne fleuri et sur une espèce à feuilles rondes (*fraxinus rotundifolia*).

Le *frêne fleuri* (*fraxinus ornus* ou *ornus europœa*) se distingue du frêne commun par ses fleurs blanchâtres, pourvues d'un calice et d'une corolle à quatre divisions; ses fleurs sont odorantes. Lorsque la manne est fraîche, elle n'est point purgative. Les habitants du pays s'en servent pour remplacer le miel et le sucre.

On prétendait autrefois que le suc des feuilles du frêne, ou la décoction de l'écorce de cet arbre, étaient un remède contre la morsure des serpents.

Pline avait prétendu que les serpents se jetteraient dans le feu plutôt que de rester à l'ombre du frêne ou se cacher sous ses feuilles. Il est facile de constater la fausseté de cette assertion.

Nous avons, dans notre première série d'entretiens, parlé des *animaux qui fréquentent la mare.* Nous terminons aujourd'hui nos leçons sur les *plantes de la mare;* mais l'histoire de notre Fosse-Noire, pour être complète, exige une troisième partie que nous intitulerons les *habitants de la mare.* C'est en fouillant ses bords, c'est en pénétrant sous ses eaux que nous découvrirons toute une population de grenouilles, de tritons, d'insectes de toute espèce dont les métamorphoses, l'existence et les mœurs sont du plus grand intérêt

FIN DE LA SECONDE PARTIE.

Les Épinoches et leur nid. (P. 235.)

TROISIÈME PARTIE.

LES HABITANTS DE LA MARE

I

Retour à la Fosse-Noire. — L'hydre. — L'un des travaux d'Hercule. — Singulier appareil de digestion. — Bourgeonnement de l'hydre. — Expérience de Trembley. — Le branchipe commun. — Comment l'espèce se conserve. — Les lombrics ou vers de terre, — Chaque morceau forme un animal nouveau. — La naïs. — Mode bizarre de multiplication.

Encadrée par les pittoresques collines qui bornent la vallée du Miosson, la Fosse-Noire miroitait à travers le feuillage des peupliers et des saules. C'était par une chaude matinée du mois de juin : des vapeurs tièdes et parfumées s'échappaient des bords de la petite rivière qu'on entendait bruire sur les cailloux. Tout paraissait joie et fête, travail et gaieté. La fauvette des roseaux grimpait, affairée, le long des tiges flexibles, et s'élançait de temps en temps pour saisir au vol une tipule, un papillon ou une élégante demoiselle aux ailes de gaze; le rossignol, caché dans les aulnes, jetait aux échos d'alentour son inimitable chanson; le coucou répétait gravement, à intervalles égaux, ses deux notes mélancoliques, pendant que des essaims d'insectes, abeilles, cétoines ou cantharides, bourdonnaient autour de leurs plantes de prédilections.

Cependant il y avait des promeneurs dans le petit vallon. Dè

frais éclats de voix interrompaient, par moments, les coassements des milliers de grenouilles cachées dans les herbes, dans
les joncs, ou se chauffant paresseusement au soleil, sur quelques larges feuilles de nénuphar.

Des chapeaux de paille, des paniers, des boîtes et des filets,
étaient épars sur un talus gazonné; et à quelques pas de là,
dans une petite anse ombragée par les larges feuilles du peuplier
blanc, on apercevait les hôtes de la vallée du Miosson, le vieux
naturaliste et ses neveux, qui depuis une année tout entière
n'étaient pas revenus à Fosse-Noire.

— Au milieu des petites lentilles aquatiques qui flottent sur
cette partie toujours tranquille de notre Mare, nous allons,
disait le professeur, en y mettant quelque attention, découvrir
un curieux animal.

— Comment s'appelle cet animal? demanda l'une des nièces.

— L'être que nous cherchons porte un nom effrayant; il s'appelle une *hydre*. Mais tranquillisez-vous, mes amis, cette hydre
n'a rien de commun avec le serpent monstrueux qui séjour-
nait dans les eaux du lac de Lerne, en Argolide, et dont
Hercule délivra la terre.

— Je connais l'histoire de l'hydre de Lerne, dit le plus âgé
des neveux : c'était un serpent à sept têtes, et chacune d'elle
repoussait à mesure qu'on la coupait, à moins qu'on ne cauté-
risât immédiatement la plaie. Ce serpent était l'effroi de tout le
pays; chaque jour il faisait de nombreuses victimes; mais la terreur qu'il inspirait était si grande, que personne n'osait entre-
prendre de le détruire.

Cependant Hercule, aidé d'Iolas, combattit le terrible reptile
et parvint à en délivrer le monde : C'était un des douze travaux
que lui avait imposés Eurysthée.

Après avoir tué le monstre, le héros trempa ses flèches dans
son sang empoisonné pour rendre incurable les blessures
qu'elles feraient.

Ce serpent fut transporté au ciel où il forma la constellation australe de l'*Hydre*.

— On a oublié de te dire, mon enfant, que l'hydre de Lerne n'était autre chose qu'un marais fangeux d'où s'échappaient des miasmes pestilentiels et qu'Hercule parvint à dessécher.

Laissons de côté les travaux d'Hercule et revenons à nos lentilles.

— Voyez-vous cette espèce de gelée verte dont je sépare cette partie longue d'environ deux centimètres, pour l'examen de laquelle nous allons nous servir de ma loupe? Ce filet vert est le délicat animalcule auquel les naturalistes ont imposé le nom d'*Hydre* : Il appartient à la famille des *sertulariens*.

Regardez attentivement et vous verrez que l'animal est composé d'un petit sac allongé qui, pour se soutenir, se colle par une de ses extrémités à quelque plante aquatique, pendant que l'autre extrémité est terminée par huit bras flexibles qui peuvent se mouvoir dans tous les sens.

Ces bras, ou pour parler scientifiquement ces tentacules, sont rangés autour d'un orifice qui communique avec l'intérieur du sac ou plutôt de la cavité dans laquelle s'opère la digestion des aliments.

L'ouverture de la cavité sert à la fois à absorber les petites proies saisies par l'hydre et à rejeter les résidus de la matière impropres à la nutrition. Cette double fonction nous paraîtrait bien singulière, n'est-il pas vrai, dans un animal plus parfait?

Pour se procurer sa nourriture, notre pauvre bestiole étale ses tentacules dans l'eau et se tient complètement immobile, jusqu'à ce que quelque infime gibier passe à sa portée : Alors le bras voisin se replie, enlace la victime et la porte à l'orifice du sac qui remplit dans ce moment la fonction de bouche.

Si nous pouvions, pendant quelques semaines, continuer nos observations sur une hydre bien formée, nous verrions plusieurs petites verrues, espèces de bourgeons, se montrer vers la partie inférieure du sac. Nous les verrions se gonfler, grossir peu à peu, puis se couronner de huit petits mamelons qui se développeraient de jour en jour : Enfin, nous verrions ces bourgeons s'ouvrir comme une petite fleur qui s'épanouit.

Ces fleurs étranges sont de petites hydres, implantées sur la mère comme des rameaux sur une branche, et portant, comme elle, un tube digestif et huit bras.

Le sac à digestion des petites hydres communique avec celui de la mère, de sorte que, les jeunes, incapables de chasser pour vivre, sont nourries par l'hydre-souche, jusqu'au jour où leur force, leur croissance, leur permet d'être sevrées des soins maternels. En ce moment, la communication, entre les estomacs des jeunes et celui de la nourrice se ferme, un petit étranglement se produit au point de jonction du rameau avec la souche; et les petites hydres se détachent pour aller vivre ailleurs, libres et indépendantes, et pousser à leur tour des bourgeons qui produiront une nouvelle lignée.

L'hydre est un de ces êtres qui servent de transition entre le règne végétal et le règne animal, et qui, sous le nom de *polypiers*, se reproduisent par des bourgeons, absolument comme la tige d'une plante pousse des rameaux qui sont aptes à perpétuer son espèce.

L'hydre présente encore cette analogie avec les végétaux qui peuvent se multiplier par bouture, c'est que, si on la coupe, chacun des morceaux reproduit un animal nouveau.

Le naturaliste Trembley, ayant coupé une hydre en petits morceaux, dans toutes les directions, vit chaque fragment reproduire une hydre complète.

Quelques observateurs prétendent qu'elle se reproduit encore au moyen d'œufs.

— Tout cela est bien extraordinaire, n'est-ce pas? Mais, ce qui vous le paraîtra encore plus, c'est qu'on peut retourner ces polypes comme un doigt de gant, de façon que la surface interne

devienne la surface externe et réciproquement. Non-seulement
la puissance extraordinaire de vitalité du faible animal n'est pas
supprimée; mais, ce changement n'altère en rien les fonctions
digestives qui continuent de s'exercer comme auparavant.

— J'ai remarqué, dit l'une des petites filles, là, dans la
flaque d'eau qui est derrière les peupliers, une quantité de petits
poissons.

— Je les ai vus aussi, dit la sœur aînée, et je me suis
demandé qui avait pu les y apporter, car cette flaque d'eau est
souvent à sec, et elle ne peut avoir aucune communication avec
la Fosse-Noire ou avec le Miosson.

— Voyons, dit l'oncle, ces poissons extraordinaires qui probablement ne sont pas venus seuls dans ce réservoir isolé.

Une multitude de petits animaux au corps allongé, presque
filiforme, nageaient dans le petit réservoir naturel formé par un
pli de terrain.

— Ce que vous avez pris pour des poissons, mes enfants,
sont de petits *crustacés* du genre *branchipe*. L'espèce que nous
avons sous les yeux est le *branchipe commun* (*branchipus
stagnatis*) au corps composé d'une tête, d'un thorax, et d'un
abdomen assez développé; sa longueur varie entre onze et
treize millimètres.

— Tâchons d'en attraper quelques-uns pour les examiner à
loisir.

Un étroit filet, plongé avec précaution dans la petite mare,
ramena plusieurs échantillons du singulier crustacé.

— Vous voyez, mes enfants, les divisions bien tranchées du
corps. Les yeux sont grands, portés sur un pédicule mobile; entre
la base des deux pédoncules se trouve un troisième œil, immédiatement fixé sur la tête; les antennes sont au nombre de quatre.

Maintenant, comment ces petits animaux sont-ils venus là?
La femelle du branchipe fait plusieurs pontes qu'on évalue de
cent à quatre cents œufs. Lorsque, pendant les chaleurs de l'été,

les flaques d'eau dans lesquelles vivent ces crustacés se dessèchent, ils périssent tous; mais les œufs, durs et coriaces, résistent à l'action de la chaleur, ainsi qu'à celle de la gelée. Dès les premières pluies, on voit donc reparaître partout, au bord des chemins, dans les fossés des routes, des légions de branchipes qu'on croirait sorties de terre.

Ces petits animaux sont, du reste, poursuivis par de nombreux ennemis : Les grenouilles, les salamandres, les dytiques en sont très friands.

Examinez-les encore dans l'élément liquide : Vous les voyez constamment renversés sur le dos, agiter sans relâche leurs pattes, et contracter leur queue et leur tête, dès qu'ils veulent changer de direction.

Vous connaissez les *lombrics,* appelés communément *vers de terre;* on les trouve dans la terre humide où ils paraissent vivre de matières organiques. Ce sont des êtres abjects et misérables, sans défense, composés d'anneaux soudés ensemble; chacun de ces anneaux porte en dessous huit soies roides, courtes, crochues et dirigées en arrière qui servent de pattes. Le premier segment du corps du lombric se prolonge un peu et lui sert de lèvre supérieure; l'anneau suivant présente un bord, au-dessus duquel s'étend une étroite ouverture : telle est sa bouche.

Ces animaux pondent au printemps leurs œufs, espèces de vésicules cornées, ovalaires ou allongées renfermant un et quelquefois deux petits vers.

Ces annélides possèdent la propriété remarquable de pouvoir être coupés en plusieurs morceaux sans périr. Loin de là, chaque fragment constitue un nouvel individu qui continue à vivre à la manière du tout.

Je veux vous entretenir d'un débile vermisseau, à peine long de trois centimètres, dont voici deux échantillons recueillis à l'instant au bord de notre mare, et que nous allons conserver

dans cette petite coupe, pour mieux suivre la description que je
vais vous en faire.

Cet animal, appelé *naïs* par les naturalistes, se rapproche
beaucoup du lombric et appartient comme lui au genre *sétigère;*
il a le corps moins allongé, moins distinctement annelé, et vit
dans les eaux douces, ou dans la vase et la terre molle qui les
borde.

« Figurez-vous, dit M. Fabre, qui a fait de la *naïs* une description minutieuse, un délicat ruban d'une largeur inappré-
ciable, d'une longueur de deux à trois centimètres, translucide,
comme l'ambre et divisé par de faibles sillons transverses en
segments ou anneaux. Cette organisation par anneaux disposés
bout à bout est, du reste, commune à tous les vers qui, pour ce
motif, prennent le nom général d'*annélides*. Chaque segment
de la naïs porte pour armure, l'une à droite, l'autre à gauche,
deux fines soies raides et blanches; de sorte que l'animal, en
son ensemble, rappelle, dans de mignonnes dimensions, l'épine
dorsale d'un poisson. Enlevez la chair à un anchois; ce qui
vous reste est une image grossière de ma bête étalée dans le
verre de ma montre. Les divers os consécutifs de l'épine du dos,
les vertèbres, figurent les segments de la naïs; les deux arêtes
qui en partent figurent les soies. D'une extrémité à l'autre, un
trait rectiligne se voit par transparence, tantôt brun, tantôt verdâtre, tantôt coloré de rouge, suivant le genre de nourriture de
la naïs. C'est le canal digestif. Maintenant, où est la tête, où est
la queue de la bestiole? Voici : à une extrémité, deux points
rougeâtres occupent la face supérieure : Ce sont les yeux. A la
face inférieure de la même extrémité, une espèce de langue ou
de trompe très-extensible, disparaît, reparaît, se raccourcit,
s'allonge et s'agite dans l'eau, apparemment pour saisir le menu
gibier qui peut passer à sa portée. Le segment terminal qui
porte ces deux points oculaires et cette trompe est donc la tête;
et le segment terminal de l'autre extrémité est alors la queue.

» Mais il y a tête et tête, vous allez voir ; il y a queue et queue. Promenons avec soin la loupe de l'extrémité antérieure à l'extrémité postérieure de la bestiole. D'abord les segments se succèdent tous pareils de forme à partir de la tête, tous armés de leurs deux soies ou épines ; aucune différence ne les distingue l'un de l'autre. Puis vers le tiers de la longueur, après un étranglement plus brusque, plus profond que les autres, voici encore un segment avec deux yeux rougeâtres, avec une trompe.

» Ce ne peut être qu'une tête, c'est réellement une tête : il n'y a pas à s'y tromper, car cet anneau est la fidèle image de l'anneau chef de file. Que vous en semble ? Une tête au premier tiers du dos, outre celle qui occupe l'avant ! il n'y a que les bêtes pour avoir de ces idées-là. Quand je vous dis qu'elles ont de l'esprit comme quatre ?

» Ce n'est pas fini. Reculons encore. Les segments recommencent identiques entre eux ; puis nouvel étranglement, deux points oculaires, une trompe, enfin une troisième tête. Ne vous récriez pas, continuons. Voici une quatrième tête, en voici une cinquième, et maintenant c'est fini : Le vermisseau se termine par une queue, la vraie queue, cette fois, puisqu'il n'y a plus rien par-delà. En somme, la naïs se compose de cinq bestioles pareilles, assemblées bout à bout, chacune embouchant la queue de celle qui précède. »

— Mais comment ? demanda l'un des enfants a pu se former cette étrange chaîne de vermisseaux.

— Avez-vous déjà oublié l'hydre-mère, sur le sac de laquelle on voit apparaître des bourgeons qui donnent naissance à de petites hydres.

La naïs, elle aussi, donne un bourgeon, mais ce bourgeon est toujours en un point fixe, à l'extrémité postérieure de son corps ; il se produit là une nouvelle naïs, absolument comme le rameau naît sur la branche.

Quand cette nouvelle naïs est suffisamment développée, il en pousse une autre, mais toujours à l'extrémité de la queue de la première; celle-ci se trouve donc soudée d'une part à la mère, d'autre part à sa sœur qu'elle refoule en arrière : Il en est ainsi de toutes les autres; elles naissent toujours entre la mère et celle de leur sœur qui les a immédiatement précédées.

Là encore, comme nous l'avons vu pour l'hydre, c'est à la mère qu'incombe le soin de la nourriture; c'est elle qui chasse, mange, digère, prépare des sucs alimentaires pour toute cette famille.

Bientôt la mère naïs est exténuée de ce travail qui se fait aux dépens de sa nourriture et de sa propre substance : Elle cesse de produire des bourgeons après avoir donné quatre ou cinq rejetons.

Mais vous allez voir comment la Providence sait veiller avec soin à la conservation des espèces, même les plus infimes. Les naïs ont de nombreux ennemis : Les sangsues, les épinoches, les larves d'insectes en font de véritables hécatombes; et nos cinq petites naïs ne suffiraient pas à rassasier tous les ennemis voraces qui les poursuivent. La race des naïs ne tarderait pas à disparaître.

Dans la mare la plus paisible, tout comme dans le monde, c'est une soif de destruction ; c'est une lutte incessante pour la conservation de l'existence.

Un peu plus tôt, un peu plus tard, tous les habitants subissent la loi commune : Ils dévorent aujourd'hui, demain ils seront dévorés.

Le moyen de conservation des naïs, c'est l'œuf, c'est la graine animale; il en faut considérablement aux naïs pour réparer les vides faits dans leurs rangs.

La transparence du petit ver va nous permettre de rechercher ses œufs, et nous ne tarderons pas à les découvrir.

La première naïs n'en a pas : Vous voyez, d'un bout à

l'autre, s'étendre le trait du canal digestif, et vous n'apercevez rien de plus.

Regardez, au contraire, la dernière du chapelet, celle qui est née la première; elle en est remplie; celles qui sont placées entre elle et la mère en ont également; mais cette graine est de moins en moins mûre, à mesure qu'on se rapproche de la nourrice.

Ainsi la première naïs, la souche, la mère, ne produit pas d'œufs; c'est au naïs bourgeonnées par elle qu'incombe le soin d'en répandre, d'en disséminer dans toutes les parties de la mare.

Quand la plus âgée sent mûrir la graine qu'elle porte, elle se détache spontanément, et désormais indépendante, elle va au gré de ses instincts semer les œufs, espoir de sa race. Après avoir rempli ce devoir, elle meurt; car elle ne sait pas chercher sa nourriture qu'elle serait inhabile à digérer.

Les autres naïs, ses sœurs, se détachent également lorsque le moment est venu, et meurent de même, après avoir répandu leurs germes.

De ces œufs éclosent des vermisseaux semblables à la grand'-mère, qui bourgeonnent chacun quatre ou cinq petites naïs par les soins desquelles de nouveaux œufs seront semés dans la mare.

— Tout cela est vraiment extraordinaire, observa l'aîné des neveux.

— Garde-toi de croire, mon enfant, que cette façon de vivre et de se multiplier, de la naïs, soit absolument exceptionnelle. Ces lombrics dont je vous parlais il y a un instant sont composés d'une série d'individus, puisque chaque morceau reproduit promptement un être complet. Et ne nourrissons-nous pas en nous-mêmes l'affreux ténia ou ver solitaire, qui bourgeonne et se multiplie comme les naïs?

II

A peine installés au bord de la mare, l'attention des enfants fut attirée par des insectes, longs d'environ douze millimètres, au corps mince et étroit, munis de longues pattes, qui marchaient, couraient à la surface de l'eau avec une vivacité extrême.

Ce n'était pas la première fois qu'il les voyaient arpenter en tous sens les eaux de la Fosse-Noire, mais il ne leur était pas venu à l'esprit de demander l'explication d'une faculté si curieuse.

— Je voudrais bien, disait l'une des fillettes, pouvoir marcher sur l'eau comme ces petites bêtes ; j'aimerais à faire à pied une jolie promenade sur le Clain.

— Contente-toi de pouvoir te promener sur la terre, lui dit son oncle, et ne te plains pas de ton sort.

Ces petites bêtes, pour parler ton langage, sont des *punaises d'eau :* Elles appartiennent à l'ordre des *hémiptères*, et font

14

partie de la famille des *géocorises*, et de la tribu des *hydromé-trides*.

Les plus grandes, celles que j'indique en ce moment du bout de ma canne, et qui sont les plus rapprochées de nous, sont les *hydromètres des étangs (hydrometra stagnarum)*. Leur corps est très mince et leurs longues pattes sont d'une ténuité extrême. De petits poils très serrés qui garnissent leurs corps et leurs tarses, et une matière grasse qui existe à l'extrémité des pattes, empêchent l'eau d'y adhérer, et la courbent en dessous.

Je vous ai montré comment on peut, en l'enduisant de graisse, faire surnager une aiguille d'acier; c'est le même phénomène qui se produit par rapport à l'insecte. Ses pattes huilées n'adhèrent pas à l'eau; il se place, au contraire, entre elles et le liquide, une mince couche d'air suffisante pour porter le léger animal.

On peut faire avec les hydromètres, une singulière expérience : Si on lave, avec un petit pinceau imbibé d'éther, les bouts de leurs longues pattes, ils enfoncent dans l'eau et ne se maintiennent à la surface qu'avec une peine extrême.

Les autres insectes plus petits, qui courent plus vite, et sautent plus rapidement par bonds à peu près égaux, sont des *gerris*.

Les deux espèces se distinguent des autres genres de punaises, d'abord par la longueur de leurs pattes, puis par la forme de leur tête qui est rétrécie postérieurement en manière de cou.

Elles sont très communes dans les mares et les eaux dormantes de notre pays.

— Poursuivons l'exploration de la Fosse-Noire, et nous ne tarderons sans doute pas à rencontrer d'autres punaises d'eau, non moins intéressantes à étudier que les hydromètres et les gerris.

En attendant, voici des mollusques avec lesquelles vous voulez sans doute faire connaissance.

— Regardez avec attention ces longs rubans d'eau et ces touffes de différentes plantes aquatiques; il y en a là toute une collection; ils paissent tranquillement les herbes de leur prairie flottante.

Ces mollusques ne peuvent habiter des eaux bien profondes; ils ont besoin de revenir à la surface pour respirer; ce sont des *pulmonés aquatiques;* et comme vous le voyez, ils n'ont que deux tentacules.

Nous pouvons, sans déranger les autres, enlever quelques-uns des individus de notre tranquille troupeau.

Celui-ci, large de près de trois centimètres, est le *planorbe corné :* Cette espèce est caractérisée par sa coquille mince, en forme de disque, dont les spires sont aplaties ou surbaissées et dont les tours sont apparents en dessus et en dessous.

Les tentacules de l'animal à la base desquels se trouvent les yeux, sont larges, minces et filiformes.

Le planorbe exprime des bords de son manteau une liqueur rouge, assez abondante; il se nourrit de substances végétales et passe l'hiver engourdi dans la vase.

Voici des *limnées,* à la spire oblongue, aux tentacules larges et triangulaires; ils ont les mêmes mœurs que les planorbes en compagnie desquels on les rencontre presque toujours.

Les limnées nagent renversées; et, dans la saison de la ponte, on les voit souvent réunies en grand nombre, formant ainsi de longs chapelets. L'espèce que vous avez sous les yeux, et qui est très abondante dans nos contrées, est la *limnée des étangs.*

A côté, ces petits mollusques qui ressemblent à des limnées, mais dont les coquilles très minces n'ont pas de rebords sont des *physes.* Vous en voyez qui nagent et d'autres qui rampent;

et vous pouvez remarquer que dans ces deux états, l'animal recouvre sa coquille des deux lobes dentelés de son manteau.

Les *physes* ont deux longs tentacules, grêles et pointus, qui portent les yeux sur leur bord interne.

La *physe des mousses*, de couleur fauve ou jaunâtre, avec un peu de blanc, est l'espèce type de la famille ; elle vit sur les mousses et sur les herbes des vallées humides, mais on la trouve aussi dans les eaux, puisque nous en avons sous les yeux un grand nombre d'échantillons. Cette autre espèce plus petite, de couleur jaunâtre, diaphane, est la *physe fontinale*, fort commune dans toutes nos fontaines.

Ce mollusque à coquille lisse et verdâtre traversée de plusieurs bandes longitudinales de couleur pourpre, est la *vivipare à bandes (paludium vivipara)*, ainsi nommée parce que ses petits naissent vivants.

Les paludines portent deux tentacules pointus et une trompe très courte. Elles ont, de chaque côté du corps, une espèce d'aile membraneuse : Celle du côté droit se recourbe en un petit canal qui sert à introduire l'eau dans la cavité respiratoire et qui représente ainsi un commencement de siphon.

On trouve cette coquille dans toutes nos eaux dormantes.

Pendant que ces explications étaient données, un mouvement se produisait dans les herbes, et quelques petites bulles d'air montaient à la surface de l'eau.

— Voilà, dit l'oncle, un ennemi des pauvres mollusques qui s'approche en tapinois.

Long d'environ treize millimètres, le nouveau venu était d'un brun-verdâtre et paraissait avoir les bords de l'abdomen dentés en scie ; il avait quelque ressemblance avec la punaise grise des bois.

— C'est une des punaises d'eau que nous cherchons, dit le naturaliste ; c'est la *naucore vunaise (naucoris cimicoïdes)* de la famille des *hydrocorises*, qui nage avec une agilité surprenante.

Les hydrocorises se distinguent des géocorises par leurs antennes qui sont plus courtes que la tête, ou à peine de sa longueur, et qui, en outre, sont insérées et cachées sous les yeux. Leurs tarses n'offrent qu'un ou deux articles et les yeux sont ordinairement d'une grandeur remarquable.

Ces hémiptères, essentiellement carnassiers, se nourrissent d'insectes et de mollusques.

Après être restée un moment en observation, la naucore se rua brutalement sur une pacifique limnée; elle plongea son rostre acéré dans le corps de l'innocente victime et se gorgea avec avidité de la substance dont elle fait ses délices.

— La méchante bête! dit la plus jeune des nièces.

— Au risque de troubler son festin, je veux, mes enfants, vous montrer les ailes blanches et transparentes cachées sous ses étuis verdâtres.

Et le filet, adroitement glissé sous les herbes, ramena la naucore sans défiance, tout occupée de son repas, et qui, toujours fixée sur le corps de la limnée, ne songeait pas à fuir.

Les enfants se précipitèrent pour s'en emparer; mais le professeur leur fit observer que les piqûres des punaises d'eau sont très douloureuses, et qu'il est imprudent de les saisir sans précaution. Armé d'une petite pince, il retira du filet l'insecte vorace que les enfants purent observer à loisir.

— J'aperçois un autre insecte qui nage sur le dos, dit l'un des enfants.

— On dirait un canotier du Clain qui regarde en l'air, couché dans sa nacelle, et qui agite vivement ses avirons.

— Ta comparaison est fort juste, mon ami; les étuis bombés de l'insecte représentent la coque du canot dans lequel l'animal est étendu, couché sur le dos; et, ses deux longues pattes contournées figurent les rames.

Cet animal est la *noctonète glauque,* à laquelle on a donné le nom de *punaise à avirons.* Un fin duvet retient autour de son corps, l'air nécessaire à sa respiration.

Penchez-vous, avec précaution, sur la mare, et regardez attentivement : On dirait que le petit canotier est enveloppé d'un élégant et délicat fourreau d'argent.

Les noctonètes se rencontrent dans les mares où elles se meuvent avec une rapidité surprenante.

Le soir, elles en sortent en marchant, et surtout en volant. Les femelles pondent un grand nombre d'œufs qu'elles fixent aux plantes aquatiques et dont sortent, au printemps suivant, de petites larves.

Nous allons draguer avec notre filet ce petit coin de la Fosse-Noire, où nous trouverons, sans doute, encore quelques punaises : Plusieurs espèces se traînent lentement sur la vase et n'apparaissent, qu'à de longs intervalles, à la surface de l'eau.

— Voyez, notre pêche a réussi : Voici deux échantillons nouveaux de nos hémiptères aquatiques.

— Mais, nous n'en apercevons qu'un, dirent les enfants, dont l'un d'eux saisit l'insecte désigné, avec la pince, comme il l'avait vu faire à l'oncle quelques instants plus tôt.

— Prenons cependant nos précautions et fermons le filet : Nous reverrons tout à l'heure s'il n'y a pas là un autre animal.

— L'insecte que tu tiens, mon ami, est la *nèpe cendrée* (*nepa cinerea*) très commune dans les eaux stagnantes.

Les nèpes ont les pattes trop grêles pour pouvoir bien nager; elles se tiennent le plus souvent dans la vase, au fond des mares, et ne reviennent à la surface que pour respirer; elles volent très rarement.

Leur corps est terminé par une longue tarrière formée de deux soies creuses destinées à introduire dans les stigmates placés à l'extrémité de l'abdomen, l'air nécessaire à la respiration.

Leurs pattes antérieures sont recourbées en pinces, comme celles des mantes, ce qui leur permet de saisir leur proie et de l'apporter facilement à leur bouche.

Les œufs des nèpes présentent plusieurs pointes : Ces mères prévoyantes les enfoncent dans les tiges submergées des plantes aquatiques où ils éclosent.

— Voyons maintenant dans le filet, et constatons s'il est bien vrai qu'il ne contient plus aucun animal.

— Il n'y a rien, dit l'un des neveux, qu'un petit morceau de bois sec et un peu de vase.

— Tiens! C'est extraordinaire : je crois que le petit morceau de bois remue; on dirait qu'il a de grandes pattes; c'est vraiment un insecte.

— Tu ne te trompes pas, mon ami; et, c'est encore une punaise d'eau que tu as là sous les yeux.

C'est la *ranâtre linéaire* (*ranatra linearis*) qui ne diffère de la nèpe que par la forme linéaire de son corps étroit, dont les deux soies creuses destinées à l'introduction de l'air doublent la longueur.

— Quelle singulière bête, s'écria l'une des nièces; il me semble que j'en ai déjà vu comme cela, mais elles étaient vertes.

— Tu as vu, en effet, la mante religieuse, que nous avons trouvée dans la prairie, et dont l'attitude a quelque analogie avec celle de la ranâtre; mais ces animaux diffèrent absolument sous tous les autres rapports.

— Vous ne vous doutez guère, mes enfants, du singulier usage qu'on faisait autrefois, au Mexique, de certaines punaises aquatiques de petite taille.

— J'ai lu quelque part, dit l'aîné des neveux, que les habitants s'en nourrissaient.

— Quelle horreur! firent les enfants.

— Dans les lacs voisins de Mexico, continua l'oncle, et principalement dans le lac de Tezcuco, les punaises d'eau existent en quantités innombrables.

Les indigènes récoltaient les œufs pondus entre les joncs. Quand ils en avaient réuni une provision suffisante, ils les réduisaient en farine, qui, sans doute, n'avait pas la blancheur de celle du froment, mais dont le parfum leur était particulièrement agréable. Ils en faisaient des galettes qui, paraît-il, avaient un goût très prononcé de poisson.

Tout grossier que nous paraisse ce pain, les naturels du Mexique en étaient très friands; et plus d'un combat sanglant eut lieu au bord des lacs, qui n'avait pas d'autres motifs que la possession contestée de quelques mesures d'insectes immondes.

Aujourd'hui les Mexicains se bornent à faire sécher les petites punaises qui, sous la dénomination de *mosquitos,* sont vendues, dans les rues de Mexico, pour servir de nourriture aux petits oiseaux conservés en cage.

Nous terminerons là cet entretien; et demain, nous tâcherons de découvrir dans la mare quelques-uns de ses habitants dont nous n'avons pas encore étudié les mœurs.

III

Hier, au moment où nous quittions la mare, vous m'avez fait remarquer de nombreux moucherons qui montaient, descendaient, s'entrecroisaient en tous sens, illuminés par les rayons obliques du soleil couchant. Je vous ai promis de vous faire aujourd'hui l'histoire de ces insectes qui ont inspiré à Bernardin-de-Saint-Pierre, les lignes suivantes :

« Je me suis arrêté quelquefois avec plaisir, dit-il, à voir des moucherons, après la pluie, danser en rond des espèces de ballets. Ils se divisent en quadrilles qui s'élèvent, s'abaissent, circulent et s'entrelacent sans se confondre.

» Il semble que ces enfants de l'air soient nés pour danser ; ils font aussi entendre au milieu de leurs bals des espèces de chants. Leurs gosiers ne sont pas résonnants comme ceux des oiseaux, mais leurs ailes, ainsi que des archets, frappent l'air et en tirent des murmures agréables.

» Mais souvent une sombre hirondelle traverse tout à coup

leur troupe légère et avale à la fois des groupes entiers de danseurs.

» Cependant leur fête n'est pas interrompue : Tous continuent à danser et à chanter. Leur vie, après tout, est une image de la nôtre : Les hommes se bercent de douces illusions, tandis que la mort, comme un oiseau de proie, passe au milieu d'eux, les engloutit tour à tour, sans interrompre la foule qui cherche le plaisir. »

Mais quittons ces pensées, bien sérieuses pour votre âge, et étudions les insectes danseurs : Ce sont, pour la plupart, des *cousins*, de l'ordre des *diptères* et de la famille des *némocères*.

« Les diptères ou mouches à deux ailes, dit M. Maurice Girard, offrent une immense quantité d'espèces; beaucoup sont très peu distinctes, et les naturalistes sont très loin de connaître complètement ces insectes, dont les larves ont cependant des habitudes curieuses et des plus variées. Ce sont les diptères qui s'avancent le plus vers les pôles, et ils forment les seuls insectes des régions glacées qui entourent le pôle boréal; ils peuvent vivre et voler à des températures inférieures à celle de la glace fondante. Il en est qui piquent les animaux et même l'homme pour se repaître de son sang. C'est au moyen de bouche, munie de lancette perforante, que la piqûre s'opère. Il n'y a aucun danger à saisir entre les doigts les diptères dont la piqûre est la plus douloureuse. Ils sont alors terrifiés et ne songent aucunement à manger. Ils n'enfoncent leurs lancettes que quand ils sont sans crainte et libres sur la peau. Au contraire, nous pouvons laisser courir une abeille ou une guêpe sur la main et le visage : Elle ne fera pas usage de l'aiguillon qui termine son abdomen. C'est que, chez les hyménoptères, ou mouches à quatre ailes, cet aiguillon est une arme et non une bouche, et l'insecte ne s'en sert que lorsqu'on le serre ou qu'on l'irrite. »

Avez-vous remarqué au bord de 'a mare et dans les flaques

d'eau qui en sont détachées, cette multitude de petits vers, ou
plutôt de petites larves ressemblant à d'imperceptibles poissons
à corps allongé, transparent, à grosse tête et à œil noir : Ces
vers qui affectionnent les eaux croupies, et que vous retrouverez dans les baquets ou dans les vases oubliés dans la basse-
cour de la ferme, dans les ornières des chemins, les fossés des
routes, les tonneaux d'arrosage, sont des larves de *cousins*.

Si vous aviez observé de près et avec attention nos danseurs,
vous auriez vu de temps en temps une femelle s'abattre doucement à la surface de l'eau pour y déposer ses œufs, afin que la
petite larve, en naissant, se trouve dans l'élément qui lui convient.

A cet effet, le léger insecte s'attache à une feuille ou à quelque autre corps flottant ; il croise ses pattes de derrière, et
place dans l'angle qu'elles forment son premier œuf qu'il range
à sa fantaisie avec le bout de son abdomen dont la flexibilité est
merveilleuse.

Il pousse successivement les autres œufs qui se collent les
uns aux autres, et qu'il dispose, en écartant ses pattes, en
forme de bateau, ayant sa poupe et sa proue.

Cette espèce de radeau vogue sur les eaux, en raison de sa
légèreté ; mais il n'échappe pas toujours au naufrage, et la
tempête vient quelquefois l'engloutir.

La femelle du cousin pond de deux cents à trois cent cinquante œufs de chacun desquels, au bout de deux ou trois
jours, sort une de ces petites larves dont je vous ai déjà parlé,
et que la chaleur solaire suffit à faire éclore.

Il s'écoule à peine un mois d'une génération à l'autre, et on
en peut compter sept par année : Nous serions donc ensevelis
sous des nuages de cousins s'ils ne devenaient la proie des
oiseaux, et particulièrement des hirondelles que vous voyez, à
chaque instant, raser la surface de la mare, et qui en engloutis-
sent des quantités innombrables.

On a observé que la présence des larves de cousins dans les eaux stagnantes leur enlève une partie de leur corruption.

Si l'on remplit deux vases d'eau corrompue et qu'on laisse dans l'un toutes les larves qui s'y trouvent, tandis qu'on les retirera de l'autre, il arrive que l'eau pleine d'insectes se purifie en peu de temps, pendant que l'autre répand une détestable odeur.

Les larves, ainsi que je vous l'ai fait observer, sont faciles à reconnaître dans l'eau : Approchez-vous de cette flaque où elles fourmillent et nous allons les observer en nous aidant de ma loupe lorsque nous en aurons besoin.

Ces larves ont une tête distincte pourvue de deux espèces d'antennes et d'organes ciliés qui leur servent, par le mouvement qu'elles leur impriment, à attirer les matières alimentaires.

Leur abdomen est divisé en dix anneaux dont l'avant-dernier donne naissance à un tube assez long, s'évasant à son extrémité comme un entonnoir, à l'aide duquel l'animal puise dans l'atmosphère l'air dont il a besoin. En conséquence, il se pend à la surface de l'eau, la tête en bas, pour respirer.

Ces larves sont très vives : Dès qu'on agite l'eau, elles fuient avec rapidité, se précipitent au fond, mais pour revenir bientôt à la surface. Elles restent dans cet état environ quinze jours ou trois semaines, suivant que la saison est plus ou moins chaude, et, pendant ce temps, elles changent trois ou quatre fois de peau.

Pour cela, elles sortent de l'eau la région dorsale du thorax ; la peau se dessèche, se fend et tout le corps parvient à sortir par cette ouverture, en laissant l'ancienne peau flotter à la surface de l'eau. Toutes ces peaux vides que vous voyez proviennent des mues successives des larves de cousins.

A la dernière mue, cette larve prend l'aspect d'une nymphe. Tout paraît changé ! Le thorax très élargi, gonflé d'air, vient flotter à la surface ; l'abdomen, replié en dessous, se termine par

des battants membraneux qui aident l'animal à nager; il porte
aussi deux larges branchies. La respiration se fait, en outre,
par deux tubes simulant deux cornes, implantés sur le thorax :
C'est le cousin lui-même, mais soigneusement emmaillotté dans
une membrane très-fine destinée à maintenir tous les membres
de l'insecte qui se forment et se fortifient, pendant les huit ou
dix jours qu'ils restent en cet état : Pendant ce temps la nymphe
ne prend et n'a besoin d'aucune nourriture; elle se tient à la
surface de l'eau pour respirer, mais roulée sur elle-même. Au
moindre mouvement, elle descend dans l'eau en se déroulant.
Vous pouvez voir que l'agilité et la manière de se mouvoir de
ces nymphes est très curieuse.

Mais vous allez assister à un spectacle plus intéressant
encore :

— Voyez-vous cette nymphe qui se tient tout à fait à la surface; elle élève une partie de son corps hors de l'eau. La queue
se déroule; son thorax se gonfle, se boursoufle; il se déchire il
se fend, il crève entre les deux cornets respiratoires.

La dépouille, maintenant, forme une élégante petite nacelle
au centre de laquelle se montre la tête du cousin.

Encore quelques efforts : La bestiole continue à sortir de ses
langes; elle se dresse peu à peu dans le microscopique batelet.
Comment la pauvrette a-t-elle pu se mettre dans une position si
singulière, et comment peut-elle s'y maintenir? Ni ses jambes,
ni ses ailes n'ont pu l'aider en rien; ses ailes sont encore trop
molles et elles sont encore empaquetées; ses jambes sont étendues et couchées le long de son corps : ses anneaux seuls ont pu
agir.

Examinez le devant du bateau : Il est beaucoup plus chargé
que le reste; aussi a-t-il beaucoup plus de volume. Mais comme
ce devant de bateau enfonce, et comme ses bords sont près de
l'eau! C'est un moment plein de périls. Cet insecte qui vivait
dans l'eau, qui serait mort si on l'en eût éloigné, il n'y a qu'un

instant, n'a maintenant rien tant que l'eau à redouter. Qu'un souffle fasse chavirer la nacelle, et c'en est fait de lui !

Mais regardez, le voilà dressé verticalement comme un mât, et l'esquif tournoie sans se remplir d'eau. Encore un peu de courage! Les pattes se posent sur l'eau ; voilà les ailes qui s'écartent.

— Quel gracieux spectacle, murmurèrent les enfants, qui depuis un moment retenaient leur souffle.

— Mais une douce brise agit sur ces voiles ouvertes, cent fois plus fines que la dentelle; le navigateur est poussé vers la rive; ses ailes sont sèches; il les replie, les ouvre encore, s'élance dans l'espace, et disparaît aux yeux des enfants émerveillés.

Chaque jour, mes amis, des milliers de nacelles exécutent le périlleux voyage : Lorsque le temps est calme, tout s'accomplit au mieux; et le soir, des danses joyeuses célèbrent l'arrivée des nouveaux venus.

Mais quand la mare est couverte de ces innombrables esquifs, et qu'une rafale, souffle de mort, court à sa surface, toute la flotte est submergée, anéantie; elle sombre dans les profondeurs du gouffre, sans qu'un seul de nos habiles nautonniers puisse échapper au désastre.

Je vois à vos figures sérieuses que vous vous apitoyez sur le sort de ces petits êtres, et vous oubliez qu'ils comptent parmi les plus terribles de nos ennemis.

Ce sont eux qui troublent souvent votre sommeil par leur bruit incommode et plus encore par leurs cruelles piqûres; et, si vous étiez obligé de passer, à la saison où nous sommes, une seule nuit auprès de la Fosse-Noire, vous n'auriez pas fini de les maudire.

Nous avons examiné le cousin à l'état de larve et de nymphe; nous avons assisté à son éclosion en bateau; voyons maintenant l'insecte à l'état parfait.

Les cousins sont montés sur de hautes jambes; leur tête est armée d'un aiguillon dont la structure est des plus curieuses; elle est ornée de belles antennes à panaches; ils ont des yeux à réseaux, et quatre stigmates, organes de la respiration.

Ces insectes n'ont que deux ailes; et, derrière ces ailes, ils portent deux petits balanciers qui leur sont communs avec tous les autres diptères. Les ailes, vues au microscope, paraissent transparentes; elles sont recouvertes de petites écailles disposées dans un ordre très régulier.

La trompe ou l'aiguillon du cousin est composée d'un nombre prodigieux de parties d'une délicatesse infinie, et se combinant toutes ensemble pour concourir à l'usage que doit en faire l'insecte.

Ce que vous pouvez apercevoir à l'œil nu, n'est que le tuyau qui contient le dard : Ce tuyau est fendu, et la fente est ménagée de telle sorte qu'étant d'une matière ferme, peu flexible, il puisse s'écarter de l'aiguillon, et se plier plus ou moins à mesure que le dard pénètre dans la blessure. L'aiguillon a le jeu d'une pompe d'une structure bien simple, et, par cela même d'autant plus admirable : Il est composé de cinq à six petites lames, semblables à des lancettes, appliquées les unes sur les autres; quelques-unes sont dentelées à leur extrémité en forme de fer de flèche, les autres sont simplement tranchantes. Lorsque le faisceau de ces lances est introduit dans la veine, le sang s'élève dans leur longueur comme dans des tuyaux capillaires; et il s'élève d'autant plus haut que les intervalles sont plus petits.

En même temps que le cousin lance son dard, il laisse écouler quelques gouttes d'un liquide qui occasionne ensuite des démangeaisons insupportables.

« On a, dit Réaumur, cherché avec beaucoup de patience à connaître la structure de la trompe, le nombre et la figure des aiguillons, et l'on a négligé, ce qui était beaucoup plus facile, sans être moins curieux, d'observer ce qui se passe quand le cousin nous pique. Après tout, sans un fort grand courage, et sans un amour excessif pour l'histoire naturelle, on peut être capable de soutenir patiemment cette piqûre. Loin de tâcher de tuer le cousin qui me piquait ou qui cherchait à me piquer, il m'est arrivé plus d'une fois de n'avoir d'autre crainte que de troubler son opération. Plus d'une fois, j'ai invité ces insectes à venir sur le dessus de mes mains ; plus d'une fois je l'ai offerte à ceux qui étaient en l'air, en l'approchant d'eux tout doucement, et cela, pendant que je tenais, de l'autre main, une loupe pour m'aider dans la suite à mieux voir le jeu de leur trompe. On croit bien que j'ai réussi à me faire piquer ; je n'ai pourtant pas été piqué toujours autant de fois que je l'eusse voulu. Lorsqu'on a eu une fois le plaisir de voir le cousin dans l'action, on oublie le petit mal qu'il nous fait en nous blessant, et les suites de la blessure qui, sur la main, ne sauraient être ni dangereuses, ni de longue durée.

» Après qu'un cousin m'avait fait la grâce de se venir poser sur la main que je lui avais offerte, je voyais qu'il faisait sortir du bout de sa trompe une pointe très fine, qu'il tâtait avec le bout de cette pointe successivement quatre à cinq endroits de ma peau. Il sait choisir, apparemment, celui qui est le plus aisé à percer, et celui au-dessous duquel se trouve un vaisseau dans lequel le sang peut-être puisé à souhait. Enfin, il a bientôt fait son choix, et l'on sent qu'il l'a fait, on en est averti par la petite douleur que la piqûre cause sur le champ. La pointe de l'aiguillon s'introduit dans la peau, par le bout du bouton qui termine l'étui. Cet étui, quoique solide, a une sorte de flexibilité, il se courbe à mesure que l'aiguillon pénètre dans la chair ; il s'éloigne de l'aiguillon, qui doit toujours rester tendu et droit. Celui-ci a besoin d'être soutenu immédiatement au-dessus du bord du trou ; aussi l'étui ne fait-il que se courber ; il devient d'abord un arc, dont l'aiguillon est la corde. Le bouton de l'étui

doit toujours rester sur le bord du trou, pour aider à y maintenir et à empêcher de vaciller un instrument délicat et faible.
C'est par un expédient semblable que les ouvriers qui ont à
percer de très-petits trous dans des corps durs savent maintenir
la pointe déliée du foret. »

Habituellement le cousin qui suce à son aise, sans être troublé, ne quitte l'endroit où il s'est fixé qu'après s'être repu. Quelquefois, pourtant, il ne se retire qu'après avoir fait trois ou
quatre piqûres dans des endroits différents. Une si légère piqûre
devrait être fermée sur-le-champ, cependant on voit des tumeurs,
souvent assez considérables, s'élever dans les endroits qui ont
été piqués. C'est que, comme nous l'avons déjà dit, le cousin ne
produit pas une simple plaie ; la blessure est arrosée par une
liqueur capable de l'irriter; et on peut voir, en effet, cette
liqueur sortir au bout de la trompe sous la forme d'une petite
goutte d'eau très-claire.

« La quantité de cousins dont les campagnes sont peuplées,
ajoute Réaumur, est si prodigieuse, et le nombre des grands
animaux qui habitent les mêmes campagnes est si petit en comparaison, qu'on doit juger qu'entre tant de millions de cousins,
il y en a bien peu qui, dans le cours de leur vie, puissent parvenir à se régaler de sang seulement une fois. Tous les autres
cousins sont-ils condamnés à un jeûne cruel, à périr de faim ?
Cela n'est nullement vraisemblable ; mais, apparemment qu'ils
se contentent de sucer des plantes, quand ils ne peuvent pas
sucer les animaux. Dans les jours chauds, et dans les lieux
éclairés du soleil, ils se tiennent tranquilles jusque vers le soir.
Ils s'attachent au-dessous des feuilles, et apparemment qu'ils
pompent leur suc, qu'ils s'en remplissent. Nous avons beaucoup
d'exemples d'insectes qui vivent indifféremment de matières
végétales et animales. »

La danse des moucherons recommençait, vive et animée,

15

lorsque le naturaliste et ses neveux quittèrent la Fosse-Noire. Le bon oncle avait promis, pour le lendemain, l'histoire d'une variété d'insectes, les uns plus grands, les autres plus petits que les cousins, qui étaient venus, sans façon, se mêler aux exercices chorégraphiques des anciens nautoniers de la mare.

IV

Les insectes dont je vous ai parlé hier sont très incommodes; leurs piqûres sont très douloureuses; et, nulle part on n'est en sûreté contre leur atteinte. Pourtant, ils sont très pacifiques, si nous les comparons à ceux du même genre qui habitent l'Asie, l'Afrique et l'Amérique.

Tous les voyageurs nous parlent de ce qu'ils ont eu à souffrir des morsures des *maringouins* ou *moustiques*, proches parents des *cousins* de notre mare. Ils rendent certaines localités absolument inhabitables : On les trouve en telle quantité dans le Canada que les bisons et beaucoup d'autres animaux passent les mois d'été, le corps enfoncé dans l'eau pendant la plus grande partie de la journée, dans le seul but de se soustraire aux attaques de ces terribles ennemis.

« Parmi les nombreuses misères inhérentes à la vie aventureuse du voyageur, dit Bach, il n'en est point de plus insupportables et de plus humiliantes que la torture que vous fait subir cette peste ailée. En vain vous essayez de vous défendre contre

ces petits buveurs de sang, en vain en abattez-vous des milliers,
d'autres milliers arrivent aussitôt pour venger la mort de leurs
compagnons, et vous ne tardez pas à vous convaincre que vous
avez engagé un combat où votre défaite est certaine. La peine
et la fatigue que vous éprouvez à chasser ces innombrables
assaillants deviennent à la fin si grandes, qu'à moitié suffoqué
vous n'avez d'autre ressource que de vous envelopper d'une
couverture et de vous jeter la face contre terre, pour tâcher
d'obtenir quelques minutes de répit. »

Plus loin, revenant sur le même sujet, il ajoute :

« Mais comment décrire les souffrances que nous causèrent,
dans ce trajet, les moustiques et leurs alliés les maringouins?
Nos figures ruisselaient de sang comme si l'on y eût appliqué
des sangsues. La cuisante et irritante douleur que nous éprou-
vions, immédiatement suivie d'inflammation et de vertige, nous
rendait presque fous. Toutes les fois que nous nous arrêtions,
et nous y étions souvent forcés, nos hommes, même les Indiens,
se jetaient la face contre terre en poussant des gémissements
semblables à ceux de l'agonie. »

A ce sujet, dit M. Girard, Bach rapporte une anecdote
assez curieuse :

« Leur guide Maufelly, le voyant remplir sa tente de fumée,
se jeter à terre, agiter des branches pour chasser les intolérables
insectes, témoigna sa surprise de ce qu'il ressemblait si peu à
l'ancien capitaine, sir John Franklin. Il paraît, en effet, que
celui-ci, se faisant scrupule de tuer une mouche, avait assez
d'empire sur lui-même pour continuer tranquillement son ouvrage, en dépit de toutes les piqûres de ces venimeux essaims.
Un jour qu'il en était affreusement tourmenté, il se contenta de
souffler dessus en disant : « Allez, le monde est assez grand
pour vous et pour moi. »

— Il est temps, n'est-ce pas, mes enfants, d'abandonner ces

contrées lointaines, et de commencer l'histoire des joyeux compagnons de danse des cousins de la Fosse-Noire.

Les *tipules* sont des mouches à deux ailes qui, au premier coup d'œil, ressemblent aux cousins, mais qui ne cherchent point à nous faire du mal, et qui, du reste, en seraient bien incapables. Leur bouche est trop faible pour attaquer l'homme ou les animaux; elles ne peuvent que sucer les fluides végétaux.

Chez les *tipulides,* la trompe est courte, épaisse, et terminée par deux grandes lèvres, ou bien en forme de siphon, ou de bec; cette trompe est perpendiculaire ou courbée sur le thorax.

Les insectes qui composent cette tribu se tiennent sur les plantes, dans les prairies, dans les jardins situés dans les marais ou au bord des cours d'eau, et quelquefois dans les bois. A l'état de larves ou de nymphes, plusieurs espèces vivent dans l'eau comme les cousins : Tel est le *chiron plumeux,* dont la larve, d'un beau rouge de sang, ressemble à un ver délié. Cette larve, fort recherchée des pêcheurs, est connue par eux sous le nom de *ver de vase;* ils en amorcent les lignes destinées aux petits poissons. Ces larves se récoltent en abondance dans les tas de sable amoncelés au bord des rivières.

Si les tipules ne nous attaquent pas personnellement; si elles n'en veulent pas à notre sang comme les cousins, elles ne sont pas tout à fait aussi inoffensives en ce qui concerne nos végétaux cultivés : Toutes ne vivent pas dans l'eau à l'état de larves; quelques grandes espèces déposent leurs œufs dans les champs et les jardins potagers; et, leurs larves allongées, grises, sans pattes, à la tête écailleuse, dévorent les racines des plantes, et sont souvent très nuisibles aux légumes.

On trouve encore de ces larves dans les trous des saules pourris, au milieu du terreau qui s'y dépose, surtout dans les endroits où cette matière est le plus humide.

La larve change de peau, pour devenir une **nymphe** immobile dans laquelle on reconnaît les ailes et les pattes couchées de l'adulte.

En déchirant le voile qui la recouvre, elle s'échappe de sa triste demeure à la faveur de ses ailes, et va prendre ses ébats dans les prés.

« Tous les cousins que je connais, dit Réaumur, ont été, dans leur premier état, des vers aquatiques, et ils n'ont quitté l'eau que lorsqu'ils sont devenus ailés. Des tipules de bien des espèces différentes ont pris aussi leur accroissement dans les eaux, sous la forme de vers; mais, des tipules de beaucoup d'autres espèces ont été des vers qui se sont nourris sous terre ou sur des plantes. »

Nous n'allons pas tarder à découvrir dans les herbes quelques tipules dont la prairie est peuplée. Voyez! il suffit de regarder pour les apercevoir : Il y en a partout autour de nous.

— Quelle drôle d'allure, s'écria l'un des enfants; on dirait qu'elles ne peuvent ni marcher, ni voler.

— Quoiqu'elles prennent quelquefois un assez grand vol quand le soleil est brillant et chaud, elles vont ordinairement peu loin; souvent même, comme vous venez de le constater, elles ne volent qu'à la surface des herbes.

Dans certains temps, elles ne se servent de leurs ailes que comme font les autruches, pour s'aider à marcher; et, réciproquement, leurs jambes les aident à voler; elles les utilisent pour soutenir un peu leur corps au-desus des herbes et pour le pousser en avant

Les jambes, surtout les postérieures, sont démesurément grandes; elles ont plus de trois fois la longueur du corps.

Elles sont, pour ces insectes, ce que sont les échasses pour les habitants des pays marécageux et inondés; elles les mettent en état de passer assez commodément sur des herbes élevées.

« Les tipules de la plupart des petites espèces, dit Réaumur, sont plus agiles que celles des grandes espèces; non-seulement

elles volent plus volontiers, mais il y en a qui se tiennent presque continuellement en l'air. Dans toutes les saisons, sans en
excepter celle où le froid se fait le plus sentir, on voit dans l'air,
à certaines heures du jour, des nuées de petits moucherons que
l'on prend pour des cousins, et ce sont ordinairement des nuées
de tipules. Rien n'est plus ordinaire que de voir ces nuées en
plein midi, dans les jours de printemps, et même dans ceux
d'hiver où le soleil brille. Les tipules qui les composent ont une
façon de voler qui mérite d'être remarquée ; chacune de ces
petites mouches ne fait continuellement que monter et descendre, et cela suivant la ligne verticale ou à peu près. »

« Voyez, dit Macquart, ces nuages vivants de tipulaires qui
s'élèvent du sein de nos prairies comme l'encens de nos tem-
ples, et qui rendent également hommage à la divinité en nous
montrant sa puissance créatrice; voyez ces myriades de muscides
répandues sur toutes les parties du globe, tourbillonnant autour de tous les végétaux, de tous les êtres animés, et même
particulièrement de tout ce qui a cessé de vivre : La profusion
avec laquelle ils sont jetés leur fait remplir deux destinations
importantes dans l'économie générale ; ils servent de subsis-
tance à un grand nombre d'animaux supérieurs ; l'hirondelle les
happe en rasant l'eau ; le rossignol les saisit de son bec effilé
pour les porter à ses nourrissons ; ils sont pour tous une manne
toujours renaissante. D'autre part, ils travaillent puissamment à
consommer et à faire disparaître tous les débris de la vie,
toutes les substances en décomposition, tout ce qui corrompt la
pureté de l'air : Ils semblent chargés de la salubrité publi-
que. »

C'est en effet par troupes, par légions formant de véritables
nuages, que tipules et cousins se montrent quelquefois.

Voici un fait qui prouve la fécondité prodigieuse de ces
petits êtres, et qui a été constaté, pendant un mois de septembre, dans les montagnes des Cévennes. « Des ouvriers, est-il

dit, dans un volume de la *bibliothèque des merveilles*, des ouvriers employés au reboisement d'une partie de la montagne de l'Espérou ont été témoins d'un phénomène extraordinaire dans ces contrées. A deux heures du soir, un bruit sourd et monotone, à peu près analogue à celui que produit un orage lointain, fixa l'attention sur un épais brouillard qui traversait un mamelon à environ deux kilomètres devant eux. L'air était très-calme; ils furent étonnés de ce bourdonnement, et leur première pensée leur fit croire à un incendie du côté de l'Espérou; mais, voulant connaître la cause réelle de ce brouillard intense, ils ne furent pas peu surpris lorsque, s'étant avancés, ils reconnurent que c'était une colonne immense de moucherons dont la longueur était de plus de quinze cents mètres, sur une largeur de trente, et une hauteur de cinquante. Cette colonne d'insectes se dirigeait de l'est à l'ouest. »

Poursuivons nos recherches, et continuons à observer les tipules qui courent dans les herbes.

Tenez, en voici une qui marche debout : On dirait un invalide appuyé sur deux longues béquilles. C'est une femelle; et, en ce moment, mes enfants, elle est occupée du plus grave et du plus sérieux de ses devoirs : Elle sème ses œufs dans la prairie.

L'abdomen de la tipule femelle se termine en pointe, formée par la réunion de quatre pièces écailleuses qui composent deux espèces de pinces d'inégales longueur.

Ne dérangeons pas la tipule pondeuse; mais voilà une autre femelle sur laquelle vous pouvez remarquer ces pinces dont vous comprendrez l'usage quand vous aurez mieux observé la première.

L'attitude de la tipule qui fait ses œufs ne peut manquer de vous paraître singulière : Elle ne tient plus son corps parallèle au plan sur lequel elle est posée, ce qui est la situation ordinaire du corps de tous les insectes, de celui de tous les quadrupèdes, et même de celui de tous les animaux. Il n'y a que l'homme dont le corps soit perpendiculaire.

Voyez, la tipule se tient droite, non-seulement quand elle est à l'état de repos, mais son corps ne sort pas de la direction verticale quand elle se déplace.

La plus longue de ses pinces lui sert comme d'une cinquième jambe, ou au moins comme d'un point d'appui qui aide aux deux jambes postérieures à la soutenir.

Ces deux dernières jambes sont les seules qui posent alors à terre; elles sont placées par delà le dos, assez en arrière; elles ont absolument la position des béquilles de l'invalide lorsqu'il lance son corps en avant.

La queue en longue pince contribue d'autant mieux à soutenir la tipule que cette dernière l'enfonce en terre, et qu'elle a besoin de l'y enfoncer, puisque c'est dans la terre qu'elle doit semer ses œufs.

La pointe de la pince est, vous l'avez vu, d'une grande finesse, et elle n'éprouve pas beaucoup de résistance pour pénétrer dans la terre; elle s'y enfonce aisément, et s'y introduit, au moins, jusqu'à l'origine de la pince inférieure : Celle-ci est le conduit, le canal dans lequel passent les œufs à mesure qu'ils sortent du corps.

Quand la tipule a laissé un œuf, quelquefois deux ou trois dans le trou qu'elle vient de percer, et sur lequel elle s'est arrêtée, elle fait un pas en avant, elle perce un nouveau trou, et ainsi elle continue à répandre, dans la prairie, cette graine espoir de sa postérité.

La plupart des grandes tipules sont bigarrées; elles ont les ailes panachées; les petites sont remarquables par leur finesse et leur délicatesse; il est très difficile de s'en emparer sans les froisser : Dès qu'on les touche, on les écrase.

Quelques espèces sont curieuses par la longueur de leurs pattes antérieures, qu'elles ne posent point à terre lorsqu'elles sont arrêtées, mais qu'elles tiennent élevées au-dessus du corps et qu'elles agitent comme des antennes.

Ces insectes servent de pâture aux poissons, aux insectes aquatiques voraces quand ils sont à l'état de larves. Devenus adultes, ils sont poursuivis par les oiseaux qui en détruisent des quantités prodigieuses ; mais qui ne parviendront jamais à en faire disparaître l'espèce.

— N'est-ce pas encore une tipule? dit l'une des petites filles, en présentant au naturaliste un insecte ailé qu'elle venait de saisir.

— Non, mon enfant, ce n'est pas une tipule, et cet insecte n'a aucune analogie avec les espèces que nous venons de décrire.

C'est une *phrygane* dont nous parlerons demain, si le temps nous le permet. Je vous réserve, du reste, d'autres surprises, et je vous ferai connaître deux des hôtes de la mare, que j'ai cru apercevoir aujourd'hui et dont les mœurs ne peuvent manquer de vous intéresser.

V

Observations au fond de la mare. — L'Epinoche. — Est-ce un nid ? — Pêche facile. — Mœurs de l'Epinoche. — Combats meurtriers. — Un duel dans une auge. — Les nids des épinoches. — Construction. — Un courageux père nourricier.

Le naturaliste et les enfants sont au bord de la Fosse-Noire. Installés à l'ombre d'un épais bouquet de saules et d'aulnes, ils sont étendus sur l'herbe, la tête surplombant l'eau limpide. Ils observent attentivement les ébats d'un grand nombre de petits poissons qui se meuvent à travers les plantes aquatiques, et qui paraissent très-affairés : Les poissons, objet de leur attention, sont des *épinoches*.

Il n'y a pas plus d'une quarantaine d'années, disait l'oncle, que ces petites créatures ont été observées et décrites avec le soin qu'elles méritent.

Avant de les suivre dans leurs évolutions au sein de la mare, voyons ce qu'en disaient et ce qu'en pensaient les anciens naturalistes.

« L'épinoche, disait Valmont de Bomare, il y a plus de cent ans, est un petit poisson du genre *gastré* ; on en voit descendre la rivière de Nar, en Ombrie, pour entrer dans le Tibre. La longueur de l'épinoche est d'un pouce et demi environ : Le corps est d'une forme très-rétrécie vers la queue, d'une couleur

(235)

olivâtre sur le dos, et argentée sur le ventre. Selon Willughby, les yeux sont assez grands, couverts de membranes ; les iris blancs ou jaunâtres ; la mâchoire de dessous dépasse un peu celle de dessus ; elles sont garnies de très petites dents ; le sommet du dos est garni depuis la tête, de dix ou douze épines inclinées alternativement à droite et à gauche ; elles sont suivies d'une nageoire dorsale, qui a huit ou neuf rayons ; chacune des pectorales en a neuf ou dix ; en place des abdominales, sont deux lames osseuses et triangulaires, dont chacune porte un aiguillon ; celle de l'extrémité postérieure et inférieure du corps est précédée d'une épine, et garnie de neuf rayons ; celle de la queue est d'une forme arrondie.

» On observe que l'épinoche est un poisson leste et agile ; son naturel est si peu farouche, qu'il vient jusque sur les pieds de ceux qui se baignent ; communément il établit son domicile sous les algues et autres plantes aquatiques, mange des vers de terre, qui servent même d'amorce pour le prendre. Il paraît que le soleil lui fait plaisir. Mais un procédé singulier et qui mérite d'être étudié, si le fait est vrai, c'est que ce petit poisson va, dit-on, chercher au loin des brins d'herbes ou débris de végétaux, les apporte dans sa gueule, les dépose sur la vase, les y fixe à coups de tête, veille avec la plus grande attention à ses travaux. Est-ce un nid ? Est-ce un magasin de vivres ? Si d'autres épinoches approchent de cet endroit, bientôt il leur donne la chasse et les poursuit au loin avec une vivacité étonnante. »

— Est-ce un nid ? Un poisson qui fait un nid ! A-t-on jamais eu une idée pareille, exclama l'un des auditeurs.

— Eh bien ! vous serez étonnés je suppose ; mais Valmont de Bomare ne se trompait pas ; et, s'il avait pu observer lui-même des épinoches comme nous allons le faire, il ne lui serait resté aucun doute à cet égard.

L'étonnement des enfants était au comble, et il ne fallait rien moins que l'affirmation de l'oncle pour les convaincre.

— Ce nid, je vous le montrerai ; en attendant, nous allons examiner de près une épinoche, afin de nous assurer que la description qui a été faite de ce poisson est exacte.

— Nous n'avons pas de filets pour les prendre, dirent les enfants, et nous ne pouvons pas les examiner de plus près à moins de descendre dans la Fosse-Noire.

— Les épinoches se laissent facilement attraper ; et nous nous procurerons sans peine un brin de fil et une épingle.

L'une des nièces qui avait sa boîte à ouvrage, en sortit une pelote de fil blanc. L'oncle coupa une branche de saule, et en quelques minutes une ligne fut improvisée. L'épingle recourbée devint un hameçon passable qui fut amorcé avec un fragment de ver rouge.

La ligne était à peine lancée que les épinoches se précipitèrent en foule, la plus gourmande ou la plus leste fut jetée, toute frétillante, sur l'herbe humide de la prairie.

— Vous voyez, mes enfants, qu'il n'est pas besoin de faire de longs préparatifs pour se donner le plaisir de la pêche.

Ce petit poisson, nous l'avons dit, est une *épinoche :* Ce nom rappelle un des traits les plus saillants de son organisation, c'est-à-dire la présence des *épines* dont son dos est armé. On l'appelle vulgairement *savetier*, sans doute à cause des *alènes* qu'il porte ; enfin, son nom latin *gasterosteus,* nom qui doit vous paraître assez barbare, signifie *ventre osseux :* Ce nom est encore parfaitement justifié par la cuirasse de plaques articulées qui garnissent ses flancs.

L'épinoche est très répandue en Europe : On la rencontre partout, dans les ruisseaux, dans les mares, dans les rivières, dans les étangs.

Quelques observateurs ont remarqué que ces petits poissons apparaissent en troupes innombrables à des intervalles d'années à peu près périodiques.

On a cherché à expliquer ces augmentions prodigieuses ou

ces diminutions excessives que rien ne semblait justifier. Voici quelle paraît être la solution du problème : Les épinoches sont fréquemment attaquées par des parasites; si, par une cause quelconque ces parasites sont détruits en grande partie, l'épinoche prend un essor de multiplication considérable; et si, au contraire, la production des parasites s'est accrue plus vite que celle des victimes le nombre des poissons diminue rapidement.

Dans certaines contrées on en prend des quantités tellement prodigieuses qu'on les emploie comme engrais en les répandant dans les champs.

L'épinoche offre cette particularité qu'elle vit également dans l'eau de mer; elle est tellement commune dans la mer du Nord et dans la Baltique qu'on s'en sert pour faire une huile à brûler et pour engraisser les canards et les porcs.

Cette énorme multiplication est d'autant plus étonnante que les œufs de ce poisson sont très gros par rapport à son volume, et que, par conséquent, ils ne peuvent être très nombreux.

Il est vrai que les causes de destructions, en dehors de celles qui résultent de la présence des parasites, sont peu à craindre, car, malgré leur petite taille, les épinoches sont armées de telle sorte qu'elles n'ont guère à redouter les attaques des autres poissons.

L'épinoche est de forme agréable; moins allongée, elle ressemblerait à une petite perche, mais elle est plus leste et plus agile. On assure qu'elle peut sauter verticalement de trente à quarante centimètres de hauteur; et, dans une direction oblique, ses sauts sont beaucoup plus considérables. On la voit quelquefois franchir de petites chutes d'eau; et je l'ai vue, plusieurs fois s'élancer d'un bond par dessus la petite cascade qui forme les eaux de la Fosse-Noire en tombant dans le Miosson.

Sa voracité est excessive : On en a observé une qui, en cinq heures, a détruit soixante-quatorze petits poissons de six à sept millimètres de longueur.

Il n'est pas de poisson qui fassent plus de tort aux étangs que les épinoche; et quand ils s'y sont introduits, on ne peut les détruire qu'en tarissant la pièce d'eau et la cultivant avant le rempoissonnement.

Sa vivacité, sa couleur mordorée, ses belles teintes de bronze et d'acier, ses jolis yeux rouges ou jaunes font quelquefois admettre l'épinoche dans les aquariums; mais il faut bientôt y renoncer; car, tous ces compagnons de captivité ne tardent pas à périr éventrés.

L'épinoche est un petit animal batailleur, hardi jusqu'à la témérité, cruel jusqu'à la férocité : Il aime, il recherche les combats, il saisit toutes les occasions de faire naître la lutte. M. de la Blanchère a donné, d'après un auteur anglais, une intéressante relation des duels à mort que se livrent les épinoches.

« Ayant à différentes reprises conservé plusieurs de ces petits poissons pendant le printemps et une partie de l'été, j'ai pu faire sur leurs habitudes des observations suivies et dont les résultats me paraissent assez curieux. Le vaisseau dans lequel je les tiens d'ordinaire est une auge en bois de un mètre de longueur sur cinquante centimètres de largeur et autant de profondeur. Lorsqu'ils y sont mis pour la première fois, et pendant un jour ou deux, on les voit nager en troupe comme pour faire une reconnaissance de leur nouvelle habitation.

» Bientôt, dans le nombre, il s'en trouve un qui prétend s'ériger en maître de l'auge, et si quelque autre essaie de s'opposer à sa domination, il en résulte aussitôt un combat furieux.

» Les deux adversaires tournent rapidement l'un autour de l'autre, essayant de se mordre (et leur bouche est très-bien garnie de dents), ou plus souvent encore, de se percer de leur aiguillon latéral qui, dans ces circonstances, est toujours tendu en travers. J'ai vu de ces batailles durer plusieurs minutes avant que la victoire se décidât; mais quand enfin l'un des combattants, se sentant plus faible, commence à fuir, il est aussitôt poursuivi par l'autre avec un incroyable acharnement, et cette chasse ne cesse que quand les forces de tous les deux sont complètement épuisées. A partir de ce moment, il s'opère chez le vainqueur un changement des plus remarquab'es. Sa robe, qui était d'un vert sale et tacheté, se pare de brillantes couleurs. Le ventre, la gorge et la mâchoire inférieure prennent une belle teinte cramoisie, et le dos devient vert-clair, ou couleur de crême.

» J'ai vu quelquefois trois ou quatre parages de la cuve occupés par autant de petits tyrans, qui gardaient leur territoire avec une telle vigilance, que le moindre envahissement de la part d'un autre poisson amenait inévitablement un combat. L'épinoche, comme tous les autres animaux, ne se bat jamais mieux que sur son propre terrain; aussi, dans presque tous les cas, l'envahisseur a le dessous; si pourtant il est vainqueur, il ajoute à son ancien domaine celui du vaincu. Celui-ci prend aussitôt des manières et un maintien conforme à sa mauvaise fortune; ses mouvements ont perdu presque toute leur vivacité, et sur sa robe, le pourpre, le vert brillant ont fait place à une teinte olivâtre et tachée. Au reste, cette humble apparence ne suffit pas pour calmer la colère du vainqueur, qui, encore assez longtemps après, s'acharne à sa poursuite.

» Il est presque superflu de faire observer que ces habitudes ne se remarquent que chez les mâles; les femelles sont toutes d'un naturel pacifique, presque toutes sont remarquables par une apparence d'embonpoint qui tient peut-être seulement à la quantité d'œufs dont leur corps est rempli; d'ailleurs, à aucune époque de leur vie, elles n'offrent ces couleurs brillantes dont les mâles, comme il vient d'être dit, se parent à certaines époques de leur existence.

» Les morsures que se font ces rivaux terribles entraînent quelquefois chez le blessé la perte de la queue; non que cette partie soit séparée d'un seul coup, mais parce que la gangrène est souvent la suite de blessures en cet endroit. Celles que font les épines sont peut-être plus dangereuses encore, et j'ai vu dans ces batailles un des deux adversaires ouvrir largement le ventre de son rival qui tombait aussitôt au fond de la cuve et mourait bientôt après.

» Ce qui est étrange, c'est qu'au moment de mourir, le blessé reprend les couleurs que sa défaite lui avait fait perdre; toutefois, ces couleurs n'ont pas tout à fait le même éclat ni la même netteté qu'auparavant. »

Nous arrivons à la partie de notre sujet qui n'est pas la moins intéressante, à la construction de ce fameux nid qui paraît tant vous étonner. Tout à l'heure, quand vous aurez, de vos propres yeux, vu nos petits ouvriers à l'œuvre, vous serez bien forcés de vous rendre à l'évidence.

Reprenons la position assez incommode que nous occupions au commencement de cet entretien ; la partie de la mare où nous allons nous mettre en observation est parfaitement éclairée, et nous pourrons examiner à loisir les nids des épinoches.

C'est lorsque la saison du frai est arrivée, c'est-à-dire depuis la fin de mai jusqu'en juillet que les épinoches construisent leurs nids.

— Regardez, il ne nous faudra pas longtemps attendre. Suivez les mouvements de ce petit poisson qui se glisse entre les racines des plantes aquatiques et qui paraît si affairé : C'est une épinoche mâle qui prépare un berceau à ses petits. J'avais, en effet, oublié de vous dire que c'est toujours le mâle qui construit la petite habitation et donne à la couvée tous les soins qui lui sont nécessaires. La femelle se borne à venir déposer ses œufs dans le nid.

Notre épinoche porte quelque chose dans sa bouche : Ce sont des brins d'herbes aquatiques qu'elle vient de recueillir : Voyez comme elle les dispose en rond, dans le fond de la mare. Les racines de nénuphars servent de fondations et de point d'appui

16

à l'édifice ; elle retourne à la recherche des matériaux ; ce sont
des brindilles, des mousses qu'elle assujétit en laissant tomber
dessus des grains de sable, des petites pierres qu'elle apporte
également avec sa bouche. C'est le lest qui sert à donner du
poids à la petite masse d'herbes et qui l'empêche d'être en-
traînée ; elle enlace les plus longues tiges pour consolider son
travail. Au moyen de sa tête, qui fait l'office de marteau, elle
tasse tous ces débris ; puis traînant son ventre dessus, avec un
mouvement vibratoire spécial, elle dépose un mucus abondant
qu'elle sécrète et qui englue, qui agglutine, qui cimente le tout,
afin que l'eau ne puisse pas désunir les moëllons de cette frêle
muraille.

— C'est admirable ! disaient les enfants.

— Oui, mes amis, c'est admirable ; ce sont des merveilles que
la Providence réserve à ceux qui veulent se donner la peine
d'observer son œuvre.

La base de l'édifice est construite avec un soin remarquable :

« J'ai vu, dit M. de la Blanchère, l'épinoche se placer la tête
en bas au-dessus de son ouvrage, s'y tenir longtemps, exami-
nant tout, et faisant toujours marcher l'hélice de ses deux
petites pectorales qui, vous le voyez, ressemblent à deux petits
éventails, et qui, dans cette espèce, ont, ainsi que la queue, un
mouvement giratoire tout à fait particulier. Si, sous le petit
courant d'eau ainsi remué, un seul brin se déplace, aussitôt
l'épinoche lui applique un coup de tête, le repousse à sa place,
puis le cimente avec le dessous de son ventre muqueux, jusqu'à
ce que tout lui semble en bon état et aussi solide que possible.

» Le sol du nid une fois fait, elle apporte des pailles, des
brins d'herbe, de petites racines, qu'elle place en long, qu'elle
cimente, qu'elle agglutine de façon à en former une espèce de
tube, de manchon, dont le diamètre intérieur est souvent plus
large qu'une pièce de deux francs. Jugez quelle quantité de
travail un semblable édifice a dû coûter, car chaque épinoche

travaille seule, et défend même son nid avec un courage, cette
fois bien placé, puisqu'elle veut conserver le produit de son
industrie et la maison de ses enfants. Malheureusement son
esprit querelleur n'a pas toujours un but aussi louable, et
quand elle peut enlever un brin d'herbe à une camarade plus
faible, elle ne s'en fait pas faute, et de là des combats meurtriers. »

Regardez là-bas, un peu plus loin, entre ses longues traînées
de tiges flottantes de mâcre et ces longs pédoncules de feuilles
de fléchières : J'aperçois un nid d'épinoche qui paraît achevé.
Le petit poisson en inspecte jusqu'aux plus infimes détails; il ne
trouve pas le moindre brin d'herbe à déplacer ou à consolider.
Voyez quelle transformation extraordinaire s'opère en lui :
Chacune des écailles de sa robe grise s'irise des splendides
couleurs de l'arc-en-ciel; son vêtement ruisselle des reflets
chatoyants de l'or, de la pourpre et de l'opale. Comme il paraît
heureux! Il saute, il bondit, il s'élance, il revient; son corps
souple se prête à mille attitudes gracieuses.

Voici une épinoche femelle à la robe plus modeste; elle entre
dans le nid.

— On dirait qu'elle veut le démolir, dit l'un des enfants.

— Tu ne te trompes qu'à moitié; elle vient d'y déposer quelques œufs; et pour sortir, enfonce le nid du côté opposé à celui
où elle est entrée. Le nid a maintenant deux ouvertures, et les
œufs se trouvent exposés à un frais courant d'eau qui entre
d'un côté et sort de l'autre. Mais voici l'épinoche mâle qui
revient, il entre en frétillant dans le nid; il passe sur les œufs
qu'il quitte pour réparer les petits dérangements que vient de
subir le singulier berceau.

Une autre femelle accourt; elle répète le manége de celle qui
l'a précédée; une troisième s'introduit dans le nid; la voilà qui
sort à son tour. Il paraît que la petite demeure contient une
quantité suffisante d'œufs; le mâle ferme avec soin la seconde

ouverture; il se place dans le nid; c'est lui qui va couver les œufs!

« Pour cela, dit l'auteur que nous avons déjà cité, suspendu verticalement au-dessus de la première entrée, immobile, les nageoires en mouvement, et s'agitant aussi régulièrement que les rames d'un petit bateau à vapeur, il reste remuant l'eau pour former des courants favorables à l'éclosion des œufs.

» Tout ceci est déjà bien admirable, mais ce qui est plus merveilleux encore, c'est que ce faible petit poisson puisse supporter pendant un mois, une fatigue semblable sans relâche. Le jour, la nuit, le matin, le soir, je l'ai toujours trouvé fidèlement à son poste! »

A la suite de ces soins, les œufs prennent une couleur noire, et enfin les petits éclosent.

Le courageux père nourricier n'est pas à bout de ses peines et de ses fatigues; il devra, pendant vingt jours au moins, soigner ses petits élèves, les empêcher de sortir du nid, leur procurer la nourriture, la leur apporter, la leur dépecer et en faire la distribution, absolument comme vous l'avez vu faire aux petits oiseaux.

Là, tout au bord de la rive, dans cet endroit un peu sombre à moitié recouvert par les feuilles de nénuphar, il y a un autre nid d'où j'ai vu plusieurs fois sortir l'épinoche pour y rentrer au bout de quelques instants. Je présume qu'il contient des petits.

— Vous n'apercevez pas cette espèce de bouteille avec son étroit goulot? Nous y voilà, n'est-ce pas?

— Allez me chercher dans le sable quelques petits vers rouges, et nous allons servir de pourvoyeurs à l'infatigable petit poisson.

— Voilà qui est bien! et maintenant, de l'attention et du silence!

A peine un petit ver eut-il touché l'eau que l'épinoche s'élança, le saisit et retourna précipitamment à l'entrée du nid.

Les nageoires étendues, la queue frémissante, il distribuait cette proie aux petits êtres, invisibles pour nous, qui peuplaient le nid.

Les enfants renouvelèrent plusieurs fois cette manœuvre qui eut toujours les mêmes résultats.

— Dans quelques jours, mes amis, vous pourrez voir l'épinoche promener sa couvée qu'elle s'empressera de faire rentrer dans le nid, quand elle croira à un danger certain.

En attendant, gare au malencontreux poisson qui se permettrait de troubler les ébats des petites épinoches! Le père est là, toujours vigilant, toujours sous les armes et disposé à défendre jusqu'à la mort ses enfants d'adoption.

Je vous avais promis de vous faire connaître aujourd'hui deux nouveaux hôtes de la mare. Les épinoches nous ont retenu si longtemps que nous serons obligés de remettre à demain la recherche d'un autre habitant de la Fosse-Noire dont l'industrie n'est pas moins intéressante que celle de nos petits poissons couveurs.

VI

La cloche à plongeur. — Qui l'a inventée? — L'argyronète aquatique. — Un singulier ballon. — Une habile chasseresse. — Pièges invisibles. — Un nid douillet. —
La phrygane. — Vêtements bizarres. — Mœurs et métamorphoses de la
phrygane.

— Connaissez-vous la cloche à plongeur? demandait le professeur à ses neveux, en se rendant à la Fosse-Noire.

— La cloche à plongeur, répondit l'aînée des nièces, est une
espèce de cuve renversée qui permet à des hommes placés dessous de descendre au fond de l'eau, et d'y rester un temps plus
ou moins long avant de revenir respirer à la surface.

— J'ajouterai, reprit le plus âgé des neveux, que cet appareil
doit son nom à la forme primitive qui rappelait celle d'une
cloche; sa construction est basée sur le principe suivant : Si l'on
plonge verticalement dans l'eau un vase renversé, le liquide ne
pénètre pas dans la partie supérieure à cause de l'impénétra-
bilité de l'air.

— Cela veut dire simplement, mes enfants, que l'air, refoulé
dans le haut de l'appareil ne sera pas mélangé avec l'eau, et
permettra à un homme placé sous la cloche de respirer.

— Moi, dit l'une des petites filles, j'ai lu dans un livre qu'on m'a donné, et qui contient de belles histoires, que la cloche à plongeur sert aux hommes courageux qui, sans peur des requins, descendent dans les profondeurs de la mer pour pêcher le corail, les éponges, et surtout les huîtres qui contiennent les perles.

— Mais pourquoi cette question, bon oncle, reprit le neveu ; et quelle analogie la cloche à plongeur peut-elle avoir avec la surprise que vous nous avez promise ?

— Vous n'avez sans doute pas l'intention, dit un espiègle de nous faire descendre au fond de la Fosse-Noire ?

— Nous nous trompons quelquefois, mes amis, sur la route à suivre pour arriver au but que nous désirons atteindre ; et, peut-être, ma question n'est-elle pas aussi étrangère que vous le supposez à la surprise que je vous réserve.

L'idée de la cloche à plongeur remonte à une époque très reculée : Aristote nous apprend que de son temps, on procurait aux plongeurs la faculté de respirer dans l'eau, en les faisant descendre dans une chaudière ou cuve d'airain renversée. Eh bien ! n'en déplaise à tous les érudits qui ont cherché parmi les hommes l'inventeur de cet appareil, ils se sont trompés ; c'est parmi les bêtes les plus méprisées qu'il fallait diriger les recherches pour arriver à un résultat certain ; quant à la date de l'invention, elle remonte à l'apparition sur la terre, ou plutôt dans les eaux, des animaux que vous allez bientôt connaître.

Mais nous voici arrivés, et il nous faut encore reprendre l'attitude peu gracieuse dans laquelle nous étions hier pour examiner les épinoches que vous vous êtes promis d'aller revoir de temps en temps. Heureusement l'herbe est épaisse ; le soleil a fait disparaître la rosée ; et le tapis sera assez moëlleux.

Voyez-vous ce coin de la mare abrité par les grands peupliers, où l'eau toujours tranquille est envahie par une multitude de plantes aquatiques : c'est là que nous allons nous placer en observation. Fouillez du regard tous les intervalles des plantes et prévenez moi, si vous apercevez quelque chose d'extraordinaire.

Au bout d'un instant, les enfants déclarèrent qu'ils ne voyaient rien que les petits poissons fouillant les herbes pour y découvrir quelques menues proies, et une araignée qui montait à la surface de l'eau, en nageant sur le dos.

— Vous allez, mes enfants, être bien étonnés en apprenant que la découverte de cette araignée est précisément la surprise que je vous ménageais; et, vous le serez bien plus encore quand vous saurez que ce petit animal est précisément l'inventeur de la cloche à plongeur.

Il est vrai qu'il a oublié de prendre un brevet; mais personne, je le suppose, n'osera lui contester le mérite de son invention.

Cette araignée qui porte le nom gracieux d'*argyronète,* mot qui signifie *je file de l'argent,* appartient à la famille des *arachnides fileuses* ou *aranéides.*

L'*argyronète aquatique* est la seule araignée de son espèce. Ses yeux sont au nombre de huit, dont deux de chaque côté, très rapprochés l'un de l'autre, et placés sur une éminence; les quatre intermédiaires forment un quadrilatère : Elle est d'un gris brunâtre sombre, et son corps est couvert de poils assez longs.

Ce petit animal est, en quelque sorte, amphibie, puisqu'il vit dans l'eau, où toutes les autres espèces d'araignées ne tarderaient pas à périr, et qu'il peut aussi vivre quelque temps en dehors de cet élément dont il sort quelquefois quand il poursuit les insectes qui sont la base de sa nourriture.

L'argyronète a la partie postérieure de son corps garnie de filières dont elle fait usage pour *tisser ces fils d'argent* qui lui ont valu son nom.

Quoique destinée à respirer l'air atmosphérique, cette araignée habite les eaux dormantes et choisit toujours les lieux où les plantes aquatiques croissent en grand nombre.

Vous la voyez nager avec beaucoup d'agilité, tantôt montant, tantôt descendant.

Lorsqu'elle vient à la surface de l'eau, les poils innombrables qui revêtent son corps, emprisonnent une multitude de bulles d'air, de sorte que quand elle plonge pour retourner au fond, elle se trouve toujours environnée d'une couche d'air respirable.

Elle nage ordinairement à la renverse, l'abdomen en haut; c'est dans cette attitude que vous l'avez surprise il y a un instant. L'air qui l'entoure la fait paraître comme enveloppée d'un vernis brillant, d'un fourreau ou étui de vif-argent. A l'aide de cet air, l'animal se procure un domicile où il est à sec au milieu de l'eau; et où il peut demeurer, dans la sécurité la plus complète, à l'abri des attaques de ses ennemis.

— Voyez-vous cette espèce de coque soyeuse qui ressemble à un pet't ballon vide, dégonflé, détendu; elle a été construite par l'argyronète que vous n'allez pas tarder à voir au travail. Plusieurs fils fortement amarrés à de solides brins d'herbe, ou à de fortes racines, font l'office de câbles : Ils maintiennent l'habitation formée d'un tissu brillant, souple, serré et imperméable.

Quelques grains de sable attachés à son extrémité inférieure servent de lest, et empêchent le petit ballon de flotter.

Regardez la cloche; l'argyronète y est revenue; elle passe une inspection minutieuse de sa jolie demeure; elle rattache quelques fils et fixe quelques grains de sable. La voilà qui revient à la surface, couchée sur le dos; elle élève son ventre velu hors du liquide; elle replie ses pattes et se retire précipitamment dans l'eau, emportant une quantité innombrable de petites bulles d'air qui se sont attachées à ses flancs, et lui forment une brillante enveloppe.

Elle arrive sous la cloche, secoue ses poils pour en détacher les bulles apportées; l'air monte dans le sommet du ballon qui commence à se gonfler.

Voici l'argyronète qui remonte; elle se charge d'une nouvelle provision d'air; elle redescend rapidement, se débarrasse comme la première fois et continue le remplissage de sa cloche.

L'araignée répète sans cesse ce manége que les enfants stupéfaits suivent avec admiration; ils commencent à s'expliquer pourquoi l'oncle leur a parlé de la cloche à plongeur; et ils constatent que l'invention de cet appareil est l'œuvre de l'argyronète aquatique que les hommes ont ensuite imitée.

Mais la cloche est à peu près remplie; elle est presque de la grosseur d'une noix; elle présente une grande régularité, et n'offre qu'une ouverture étroite qui sert d'entrée à l'admirable ouvrière.

Notre argyronète s'établit dans son habitation, gîte commode rempli d'une atmosphère factice qui la dispense, pendant quelque temps, de venir respirer à la surface. Du reste, lorsque l'air sera vicié par sa respiration, elle renversera la cloche et la remplira à nouveau de fluide respirable.

Continuons à observer l'étonnante araignée; elle est maintenant installée sous sa cloche, la tête en bas, prête à s'élancer : Son attitude ne laisse guère de doute sur ses intentions.

Voici un petit insecte qui paraît être retenu dans un piége invisible dont il ne peut se débarrasser : Prompte comme un vautour, l'argyronète s'élance, saisit sa proie, l'entraîne dans son repaire et la dévore.

L'habile chasseresse a tendu, aux alentours de sa demeure, une multitude de fils dont les mailles retiennent les victimes destinées à l'alimenter.

— Tâchez d'attraper quelques mouches, dit le naturaliste, et nous verrons jusqu'où peut aller la voracité de l'argyronète.

Cette invitation à changer de position fut aussitôt suivie

d'effet ; et, au bout de quelques secondes, l'oncle avait à sa
disposition une demi-douzaine d'insectes.

Ils furent successivement jetés à la bête affamée ; et aussitôt
entraînés et dévorés.

Il y avait longtemps, sans doute, que l'ogresse ne s'était rencontrée à semblable festin ; elle paraissait repue ; alors, elle se
plaça de son mieux dans sa soyeuse demeure ; elle replia ses
pattes, retira sa tête et se livra au repos...

Laissons digérer l'argyronète, et continuons son histoire :

A l'époque de la ponte, l'araignée fabrique un petit cocon
bien doux, bien douillet, avec une soie extrêmement blanche et
d'une grande finesse ; c'est le nid de ses enfants : Elle y dépose
ses œufs, et fixe dans sa loge, au moyen de quelques fils, le
précieux dépôt.

Peu de jours après, les petites argyronètes éclosent ; et à
peine sont elles échappées de l'œuf que les ingrates abandonnent la demeure maternelle, et se construisent une cloche particulière où elles vivent dans la plus grande indépendance.

L'argyronète est assez rare dans cette contrée ; ce n'est que
de loin en loin qu'on en rencontre quelques échantillons ; et j'ai
été bien heureux de la trouver à Fosse-Noire pour vous la faire
connaître ; on la trouve plus fréquemment en divers lieux,
notamment en Champagne où elle abonde.

Elle est plus commune dans le nord de l'Europe, et on a constaté sa présence jusqu'en Laponie.

C'est un prêtre de l'Oratoire, grand observateur de la nature,
qui, dans un *mémoire pour servir à commencer l'histoire des
araignées aquatiques*, a le premier signalé à l'attention des
naturalistes, l'industrieuse argyronète.

Ces araignées sont fort vives : Où elles sont nombreuses, on
les voit sans cesse transporter çà et là des bulles d'air.
D'humeur querelleuse, elles ont des mœurs tout aussi cruelles
que celles des araignées terrestres ; et elles ne se font aucun

scrupule de se dévorer, sans pitié, les unes les autres, quand l'occasion s'en présente.

Elles ont elles-mêmes pour ennemies différentes espèces de punaises aquatiques.

Voilà, mes enfants, je l'espère, avec les petits poissons couveurs, de quoi vous procurer quelques bonnes distractions, quand vous serez tentés de vous ennuyer au bord de la Fosse-Noire.

L'heure n'est pas encore trop avancée, et nous pouvons parler de l'insecte que notre jeune étourdie me montrait, il y a deux jours, et qu'elle prenait pour une tipule.

Je vous ai dit que cet insecte était une *phrygane;* et j'ai précisément dans cette boîte, deux de ces pauvres bestioles, un peu froissées à cause de leurs mouvements trop brusques, mais qui vous permettront cependant de ne plus les confondre avec les tipules quand vous les aurez examinées. Voici également deux larves du même insecte que je viens de recueillir, il n'y a qu'un instant, dans l'eau de la mare.

— Ceci, des larves d'insectes, dirent les plus jeunes enfants en éclatant de rire : Ce ne sont que des petits morceaux de bois collés ensemble.

— Il est vrai, mes enfants, que vous ne voyez que des morceaux de bois collés ensemble, et j'excuse votre incrédulité; mais nos observations devraient déjà vous avoir mis en garde contre les jugements précipités; il ne faut jamais se prononcer sur de simples apparences, surtout quand il s'agit des choses de la nature dont les ressources sont si fécondes. Ces morceaux de bois, adroitement reliés entre eux, forment un fourreau dans lequel la larve se met à l'abri de la voracité des ennemis.

Les pêcheurs à la ligne connaissent bien ces larves, dont le corps mou et délicat est protégé par des fourreaux d'aspect très variés et dont les poissons sont très friands. Ces étuis sont formés de fragments de bois, de débris d'herbes, de petites pierres, de grains de sable et même de menus coquillages dont les mollusques sont encore vivants. Tous ces matériaux sont liés au moyen de fils de soie sécrétés par un organe spécial.

Les larves se cramponnent dans leur étui au moyen de crochets placés à l'extrémité de l'abdomen; et vous pouvez vous convaincre, par expérience, que le pêcheur doit faire un certain effort pour les en faire sortir quand il veut s'en servir pour amorcer sa ligne.

On les nomme vulgairement *casets*, d'après l'habitude qu'elles ont de se renfermer dans une case, ou *charrées*, parce qu'elles traînent après elles leur singulier fardeau. On les appelle encore *porte-faix*, ou *porte-bois, porte-feuilles, porte-sables* suivant la substance dont les fourreaux sont recouverts.

Belon leur a imposé le nom scientifique de *phryganes*, qui leur a été conservé et qui a la même signification, puisqu'il veut dire *fagot, broussailles, réunion de petites branches.*

Ces insectes aquatiques qui assurément n'inspirent pas beaucoup d'attraits, ont cependant été l'objet de travaux intéressants et d'observations minutieuses.

Les œufs pondus par les femelles sont enveloppés dans des sortes de boules gélatineuses qui se gonflent dans l'eau et se fixent aux pierres : C'est cette espèce de gelée qui conserve l'œuf, quand mares et ruisselets se dessèchent pendant les chaleurs de l'été. Ainsi se trouve expliquée la présence des phryganes dans des fossés privés d'eau depuis plusieurs mois.

La larve sort de l'œuf peu de jours après la ponte, et n'est alors qu'une petite ligne noire qui reste quelque temps dans la gelée.

Les phryganes, proprement dites, se construisent des étuis mobiles; mais il en est d'autres insectes qui ne savent bâtir que des abris fixes qu'ils placent de leur mieux contre le sol ou quelques grosses pierres.

Je vous dirai, en passant, que ces larves s'élèvent facilement dans les aquariums et qu'on peut suivre dans tous leurs détails, leurs singuliers travaux.

Lorsque l'insecte habite dans les eaux courantes, il attache solidement son étui à l'aide de quelques fils de soie, de manière à ce qu'il ne soit pas entraîné; dans les eaux stagnantes, au contraire, il se laisse flotter librement, ou il marche au fond.

Le ventre de la larve est toujours protégé par l'étui; la tête et le thorax le sont plus ou moins; mais, à la moindre apparence de danger, tout le corps rentre dans le fourreau où l'animal se blottit et se cramponne de son mieux.

Les anneaux de l'abdomen portent des sacs branchiaux servant à la respiration par l'eau aérée, sans que l'insecte ait besoin de venir à la surface.

Les larves de phryganes mangent tantôt le parenchyme des feuilles, tantôt les parties molles de certains insectes aquatiques; et elles ne dédaignent pas le corps grassouillet de celles de leurs compagnes sorties accidentellement de l'étui protecteur : Elles sont omnivores.

Nous n'en avons pas encore fini avec ces insectes; mais, il est temps de rentrer à la maison, et je suis obligé de remettre à demain la suite de l'histoire de l'humble *caset* des pêcheurs.

VII

Pendant que le professeur feuillette un gros volume d'histoire naturelle, les enfants jouent au bord de la Fosse-Noire. L'un d'eux remue la vase, et recueille des larves qu'il place dans une petite boîte, et qu'il se propose de montrer à l'oncle. Elles ont le corps allongé, la tête écailleuse; elles sont pourvues d'yeux, de mandibules et d'antennes fort courtes. Chaque anneau de leur abdomen porte une paire de filets libres, flottants, perpendiculaires au corps.

Les enfants se réunissent autour du naturaliste qui interrompt sa lecture pour donner satisfaction aux jeunes impatients, dont il était tout fier de voir les progrès et le désir de s'instruire.

Il fallut procéder à l'examen des larves dont la capture n'avait pas donné beaucoup de peine; mais que l'enfant considérait néanmoins comme une véritable conquête.

Ces larves, mon ami, sont celles du *semblide de la boue*, espèce voisine de la phrygane, dont nous allons terminer l'histoire.

Les larves des *semblides*, comme celles des *phryganes*, comme celles de tous les autres *névroptères* aquatiques, respirent au moyen de branchies, organes qui absorbent l'air dissous dans l'eau, comme cela existe chez les poissons et les écrevisses. Elles vivent de petites proies qu'elles trouvent dans les fonds boueux.

Leurs nymphes sont terrestres; aussi, les larves sont-elles obl'gées de quitter l'eau et de parcourir quelquefois plusieurs mètres pour venir se placer sur la terre sèche, au pied de quelque arbre, à l'abri de quelques broussailles.

Elles s'enfoncent dans la terre, y vivent environ quinze jours avant de se transformer; et, chose singulière, respirent alors l'air atmosphérique à l'aide de ces mêmes branchies qui d'abord fonctionnaient dans l'eau. Elles se creusent une petite cavité, et y deviennent une nymphe immobile, molle, offrant des antennes, des pattes et des rudiments d'ailes. L'adulte sort de sa prison en abandonnant intacte, dans la terre, sa peau de nymphe.

Les pêcheurs à la ligne qui, faute de *casets,* apprécient fort le *semblide,* le nomment *voilette.*

L'insecte parfait ne vit que quelques jours; il a les ailes d'aspect enfumé.

La femelle dépose sur les feuilles, les pierres ou les roseaux, des œufs oblongs, qu'elle dispose les uns contre les autres comme de petites bouteilles.

Cet insecte *névroptère,* appartient à la famille des *planipennes (à ailes planes),* tandis que la *phrygane* appartient à la famille des *plicipennes (ailes pliées).*

Nous avons dit que l'instinct des larves de *phryganes* les porte à s'entourer, dès leur naissance, d'étuis généralement cylindriques, un peu plus larges, cependant, en avant qu'en arrière. L'intérieur, toujours lisse, est formé d'un tissu fin et soyeux, produit par deux glandes placées de chaque côté du corps, et sortant par une filière qui se trouve dans la bouche. Le fourreau, nous l'avons vu, est fortifié par des matières étrangères qui le couvrent à l'extérieur.

Chaque espèce choisit ses matériaux de prédilection et les dispose suivant son instinct particulier : Les unes placent transversalement des brins de bois et des débris de végétaux, d'autres les disposent parallèlement ; il en est qui s'affublent de jeunes coquilles de planoibe dont les mollusques sortent leurs tentacules, ce qui donne à l'appareil l'aspect le plus original :

« Ces sortes d'hab'ts, dit Réaumur, sont fort jolis, mais ils sont aussi des plus singuliers. Un sauvage qui, au lieu d'être couvert de fourrures le serait de rats musqués, de taupes ou d'autres animaux vivants, aurait un habillement bien extraordinaire ; tel est en quelque sorte celui de nos larves. »

« L'instinct de construction est perfectible, dit M. Maurice Girard, et il laisse parfois entrevoir une lueur d'intelligence. Ainsi, une larve habituée à faire un étui de pailles ou de feuilles, mise dans un vase où il n'y a que de petites pierres, finit par s'en servir pour se construire un étui inaccoutumé. »

Plus loin, il ajoute : « La larve doit venir à l'état de nymphe, immobile, impropre à se défendre : Il faut un surcroît de précautions. Elle ferme les extrémités de son étui par des fils de soie, à interstices assez lâches, laissant passer l'eau. Ces grilles de soie sont fortifiées par des brins de bois, des herbes, des pierres. Les nymphes laissent voir les organes de l'adulte ; elles ont sur le dos des panaches de filaments blancs, servant à la respiration. Elles font osciller presque constamment l'abdomen dans le fourreau. Au bout de quinze à vingt jours, elles rompent la grille, sortent du fourreau, et on voit ces nymphes blanchâtres nager librement dans l'eau, le plus souvent sur le dos, au moyen de leurs pattes intermédiaires ciliées, servant de rames. »

« C. Duméril a pu ainsi en conserver vivantes et mobiles

17

pendant huit jours, en les empêchant de sortir de l'eau où elles
ne sauraient se transformer. Vient-on à présenter un support à
cette nymphe, elle le saisit, puis, quand elle est hors de l'eau,
on la voit tout d'un coup se boursoufler comme une vessie
pleine d'air. Elle se déchire sur le dos ; par cette crevasse saillit
le corselet entraînant les ailes; celles-ci s'allongent et s'étendent. Les antennes se déroulent comme par un ressort, puis les
pattes se déplient, enfin l'abdomen sort de la peau, qui reste
en place complète et transparente comme un spectre. Comme
les nymphes marchent très mal sur la terre, l'éclosion a toujours lieu très près du bord de l'eau. Les phryganes adultes,
d'abord pâles et molles, ne se colorent complètement qu'au bout
de quelques heures. Elles ne mangent pas ou très peu à l'état
adulte et leur bouche est rudimentaire. Leurs couleurs sont peu
variées, le gris jaunâtre y domine; leurs ailes sont poilues.
L'aspect de ces insectes rappelle certains papillons de nuit;
aussi furent-ils appelés *mouches papillionacées*. C'est ce que
rappelle le nom scientifique de *trichoptères*, donné à tout ce
groupe d'insectes dont les entomologistes anglais font un ordre
spécial. Elles volent peu et ne quittent guère le bord des eaux.
Pendant le jour, elles se tiennent sous les feuilles des buissons,
sur les murs, les troncs d'arbres ; les ailes supérieures sont
alors repliées en toit sur les inférieures, bien plus larges et plus
délicates. Ces ailes supérieures sont des sortes d'élytres. Au
repos, les antennes sont accolées et dans le prolongement du
corps. Si la phrygane entend quelque bruit, elle les écarte
vivement, puis s'envole à quelque distance. Le printemps et
l'automne voient paraître des espèces différentes, dont la vie,
dans sa durée totale est d'un an. Le soir, les phryganes volent
au-dessus des ruisseaux et sont parfois si nombreuses que certaines espèces forment des nuées au-dessus des rivières.
Comme tous les insectes nocturnes, la lumière les attire, et on
les trouve parfois en grand nombre sur les reverbères des
quais. »

L'élégant *névroptère (insecte à ailes membraneuses transparentes et réticulées)* que nous allons étudier maintenant,
abonde autour de la Fosse-Noire. Vous pourrez le suivre dans
ses ébats, pendant que nous le décrirons.

« Une larve obscure des marais, inerte, ne vivant que par
ruse, dit Michelet, devient la brillante amazone, la svelte guer-
rière ailée qu'on appelle *demoiselle* (*libellula*). C'est le seul être
de ce genre qui exprime la complète liberté du vol, étant parmi
les insectes ce qu'est l'hirondelle parmi les oiseaux. Qui ne l'a
suivie des yeux, dans ses mille mouvements variés, dans ses
tours, détours, retours, dans les cercles infinis qu'elle fait, de
ses ailes bleues, vertes, sur la prairie ou sur les eaux? Vol
capricieux en apparence : mais point du tout, c'est une chasse,
une élégante et rapide extermination de milliers d'insectes. Ce
qui vous paraît un jeu, c'est l'absorption avide dont ce brillant
être de guerre alimente sa saison d'amour. »

Les *libelluliens* constituent la tribu principale de l'ordre des
névroptères. Ils se distinguent entre tous les insectes par leurs
formes sveltes et élancées, par leurs couleurs agréables et
variées, par leurs ailes grandes, réticulées (*en forme de réseau*),
toujours écartées et semblables à une gaze éclatante, et par la
rapidité de leur vol quand ils poursuivent les insectes qui forment leur nourriture. C'est à l'élégance de leur taille qu'ils
doivent le nom de *demoiselle*. Les Anglais les désignent peut-
être plus justement sous le nom de *mouches-dragons*. Ils ont la
tête grosse, des yeux énormes embrassant tout l'horizon, deux
antennes composées de trois à sept articles, dont le dernier en
forme de soie, et de fortes mandibules qui indiquent leur instinct
cruel et carnassier.

Leur corselet est gros et arrondi, tandis que l'abdomen est
très-allongé, tantôt en forme d'épée, tantôt en forme de
baguette; enfin leurs pieds sont courts et courbés en avant. Les
libellules affectionnent le voisinage des eaux : chacune a son

territoire de chasse ; elle saisit au passage les mouches et les papillons qui sont, à l'instant, déchirés.

Les femelles déposent souvent leurs œufs sur les plantes aquatiques. Mais, souvent aussi on les voit planer au-dessus des eaux, surtout des eaux stagnantes et vaseuses. De temps à autre l'extrémité de leur long abdomen se replie et touche l'eau : C'est un œuf qui tombe au fond. Tous ces œufs donnent naissance à des larves dont il m'a été facile de faire une ample provision à l'aide du filet, et que nous examinreons à leurs différents degrés de développement : Les larves et les nymphes de tous ces insectes vivent dans l'eau.

Les larves, vous le voyez, rappellont assez la forme de l'insecte adulte ; cependant, elles ont le corps plus ramassé ; elles sont souvent couvertes de la vase dans laquelle elles aiment à vivre. Ces larves lourdes et peu agiles sont cependant très carnassières. Elles sont remarquables par la forme de leur lèvre inférieure qui, articulée sous le menton, a un développement considérable, se rabat sous le thorax, et se termine par une paire de palpes triangulaires dentés en scie. A la volonté de l'animal cette lèvre se détend brusquement de sorte que sa longueur égale presque celle du corps.

Voyez ce singulier et redoutable appareil que je soulève à l'aide d'une épingle ; voilà, je l'espère, un insecte bien armé. Avec ses palpes, il saisit sa proie, et, en repliant sa lèvre, il la porte naturellement à sa bouche.

— C'est comme une griffe terrible à l'extrémité d'un bras vigoureux, observa l'un des enfants.

— Cette larve, toujours inassouvie, se place en embuscade, ou s'approche lentement de la victime qu'elle s'est choisie.

Avide d'insectes, de mollusques, de petits poissons, elle les guette sournoisement ; dès qu'elle est à bonne portée, elle débande, comme un ressort, sa formidable lèvre, saisit sa proie

avec la pince qui la termine, puis, retirant l'appareil, la nourriture se trouve naturellement à portée de sa bouche.

Les nymphes, un peu plus allongées que les larves, et dont
voici plusieurs échantillons, portent des moignons d'ailes ; mais
cette métamorphose n'a pas adouci leurs mœurs qui sont tout
aussi cruelles que précédemment.

La respiration de ces animaux est fort étrange : N'ayant point
de pattes, ni d'autres appendices pour nager, et venir à la surface de l'eau la nature a pourvu à ce défaut par un appareil
particulier.

Avant de vous décrire cet appareil, je veux vous rappeler un
jouet qui vous est familier, puisque vous l'avez possédé, et dont
le fonctionnement a peut-être quelque analogie avec le sujet qui
nous préoccupe.

Vous connaissez le tonnelet, monté sur son petit chariot,
tantôt à deux, tantôt à quatre roues ; ce jouet est muni d'un
robinet à sa partie postérieure. Si, lorsqu'il est rempli d'eau,
vous ouvrez le robinet, le chariot se met immédiatement en
mouvement. C'est qu'en effet, la pression de l'atmosphère agit
toujours sur l'extérieur du tonneau, avec la même intensité,
tandis quelle est supprimée de dedans en dehors ; dès lors, il en
résulte la marche en avant du petit chariot qui est poussé par
la pression atmosphérique.

Cette digression vous paraît singulière et peut-être inutile,
n'est-ce pas, mes enfants ?

Eh bien ! retenez cependant ce que je viens de vous rappeler
et continuons l'examen de nos larves de libellules.

L'extrémité de l'abdomen présente deux ouvertures situées
entre les appendices terminaux. Quand l'animal les écarte, une
certaine quantité d'eau pénètre par ces ouvertures ; bientôt
après, cette eau est brusquement refoulée au-dehors, mais l'air
qu'elle contenait a été absorbé au moyen de délicates branchies
communiquant avec les trachées : Voilà, pour la respiration.

Mais, en même temps, cette eau choquant les couches immobiles du liquide dans lequel l'animal est plongé, imprime à son corps un mouvement de translation dans le sens opposé, absolument comme l'eau qui sort de notre tonnelet imprime au petit chariot son mouvement en avant.

Les nymphes, avons-nous vu, ne se distinguent des larves que par la présence des rudiments d'ailes, et par l'allongement plus considérable de leur corps.

A l'époque où elles doivent se transformer, elles sortent de l'eau, grimpent péniblement sur quelques plantes voisines et s'y fixent à l'aide des crochets de leurs pattes.

C'est le moment pénible, douloureux, pour la pauvre bête qui va se dépouiller du vêtement qui adhère à son corps.

« Passive, suspendue à quelque branche, elle attend que la nature fasse son œuvre, que son épiderme se détache de la seconde peau qui est au-dessous, appelant à elle seule les énergies de la vie. »

Sous l'influence du soleil, la peau se durcit et se dessèche; puis elle se fend longitudinalement sur le dos; la libellule fait encore quelques efforts et se débarrasse du fourreau qui l'étreignait.

— Voici plusieurs de ces dépouilles que nous avons récoltées sur les plantes qui entourent la mare, dirent les enfants. La jolie demoiselle est encore tout humide; elle reste molle et incapable de voler pendant plusieurs heures.

Enfin, ses téguments se sont raffermis; elle prend son essor, s'envole lentement, puis plus vite; puis s'élance avec grâce, plane comme un oiseau, et se livre avec ardeur à la chasse aux insectes.

Latreille a divisé les libelluliens en trois genres :

1° Les *libellules* proprement dites, aux ailes étendues horizontalement dans le repos, à la tête globuleuse surmontée d'une élévation vésiculeuse, ayant de chaque côté un œil lisse, dont

l'espèce type est la *libellule déprimée*. Voici un échantillon de
cette demoiselle : Elle est d'un brun un peu roussâtre, avec la
base des ailes noirâtre; elle porte deux lignes jaunes au corselet; son abdomen est en forme de lance d'épée, tantôt brun,
tantôt de couleur d'ardoise, avec les côtes jaunâtres.

2° Les *œchsnes* qui se distinguent des précédentes, par la
position des yeux lisses postérieurs placés sur une simple
élévation transversale en forme de carène. Voici l'*œchsne
grande,* espèce très commune au bord du Miosson. Elle a deux
lignes jaunes de chaque côté du corselet. L'abdomen est tacheté
de vert ou de jaunâtre et les ailes sont irisées.

3° Les *agrions*, plus faciles à capturer que les autres espèces;
ils ont les ailes verticales dans le repos, et la tête transversale.

Cette jolie variété est l'*agrion vierge,* d'un vert doré; voici
un autre échantillon d'un bleu vert : Les ailes supérieures sont
tantôt bleues, tantôt d'un brun jaunâtre.

Voulez-vous, maintenant, promener ma loupe sur le corps de
nos prisonnières :

Les ailes transparentes sont semblables à un tissu de la gaze
la plus fine et la plus éclatante; elles sont finement ouvragées.
Cette étoffe si riche et si légère est argentée, dorée, colorée des
nuances les plus délicates suivant les espèces.

Je vois que les yeux, surtout, attirent votre attention : Vous
remarquez que la nature n'a pas été ingrate à leur égard :
D'abord deux grands yeux latéraux portant une multitude de
facettes; puis, sur le sommet de la tête, trois autres yeux lisses
et brillants! Il n'est pas étonnant, n'est-ce pas, que nos intrépides chasseresses puissent découvrir les insectes dans la
rapidité de leur vol?

« Ceux-ci, dit Michelet, robustes et terribles, tyrans de la
création, par leurs armes et par leurs ailes, eussent été vainqueurs des vainqueurs, et auraient poussé à bout les espèces
plus faibles, si, sur tout le peuple insecte, et sur son vol le plus

faible, ne fût survenue la grande aile, un tyran supérieur, l'oiseau. La *demoiselle orgueilleuse* fut enlevée par l'hirondelle.

» Par ces destructions successives, la production a été non supprimée, mais contenue, et les espèces équilibrées. De sorte que tous durent et vivent. Plus une espèce est émondée, plus elle est féconde. Déborde-t-elle? A l'instant ce trop-plein est balancé par la fécondité nouvelle qu'elle ajoute à ses destructeurs. »

VIII

Une nuit tiède venait de succéder à une journée brûlante. La
matinée était fort belle et le naturaliste faisait observer aux enfants que le temps était très propice à l'éclosion des œufs d'insectes et à la transformation en adultes des larves et des
nymphes.

Leur étonnement fut grand, lorsqu'en arrivant dans les
parages de la mare, ils virent les rives du Miosson et les bords
de la Fosse-Noire, jonchés de milliers de cadavres d'insectes.

La veille, le fermier qui était revenu fort tard du moulin,
avait dit au naturaliste : « Les poissons seront cette nuit à la
fête; la manne tombe sur le Clain. » Mais, les enfants n'avaient
pas compris ces paroles et n'en avaient pas demandé l'explication.

On aurait dit un immense champ de bataille après l'extermination complète d'une race.

Quels sont ces insectes? Quel est l'ennemi assez terrible et
assez puissant pour opérer en une nuit une pareille destruction

Est-ce une épidémie qui s'est abattue sur ces malheureuses petites bêtes?

Telles étaient les questions que les enfants adressaient aux vieux professeurs.

Aucune lutte n'a eu lieu sur ces rives; aucune maladie n'a frappé ces élégants insectes; et si vous aviez été placés cette nuit en observation, vous auriez vu, au contraire, mes enfants, que tout était plus gai, plus joyeux, plus vivant, plus animé; vous auriez vu toutes ces petites bêtes surgir du rivage, s'élancer, jouer, folâtrer, sans souci des courts instants, qui les séparaient de la mort.

Ils ont vécu ce que vivent les êtres de leur espèce, car ces insectes sont des *éphémères* qui naissent généralement après le coucher du soleil, et terminent leur carrière avant le lever de cet astre qu'ils n'ont pas eu le temps de contempler. Leur nom est en harmonie avec la courte durée de leur existence; et, si vous voulez les examiner, vous verrez que leur bouche rudimentaire, tout à fait imparfaite, ne leur permet de prendre aucune nourriture.

Tout s'est donc passé tranquillement, suivant les lois de la nature. N'ayant aucune autre préoccupation que d'assurer la conservation de leur espèce, ils n'ont pas failli à cette tâche, et ils sont morts.

— Apportez-moi quelques-uns de ces insectes dont il vous est facile de faire une ample provision, et nous allons les étudier au point de vue de l'histoire naturelle.

Les *éphémères* appartiennent à l'ordre des *névroptères*, et à la même famille que les *demoiselles* dont nous nous occupions dans notre précédent entretien, c'est-à-dire à celle des *libelluliens*.

Leur corps est très mou, long, effilé et se termine par deux ou trois longues soies articulées; leurs antennes sont très petites, leurs pieds fort grêles; leurs ailes sont élevées perpendiculairement ou un peu inclinées en arrière; leurs pattes antérieures, très grandes, se tiennent dirigées en avant.

L'*éphémère vulgaire*, celui que vous avez entre les mains, est brun, marqué de jaune, avec les ailes enfumées, à taches brunes; il a les trois filets de l'abdomen écartés.

Ces insectes paraissent ordinairement au coucher du soleil, dans les beaux jours d'été ou d'automne, le long des rivières, des ruisseaux, des lacs, des étangs. L'éclosion a lieu le soir, plus rarement le matin. Ils s'attroupent dans les airs, se posent sur des arbres ou sur des herbes, et bientôt après la femelle répand dans l'eau tous ses œufs à la fois, rassemblés en un paquet. Ces insectes meurent ordinairement le même jour : Bientôt les étangs, les rivières, les prairies voisines sont jonchées de leurs cadavres, véritable manne, pour les poissons qui en font leur régal. Le sol semble parfois couvert de neige, et on assure, que dans certaines parties de la Hollande, on les ramasse à pleines charrettes pour les employer comme engrais.

Les pêcheurs guettent leur apparition; ils en récoltent le plus possible pour servir d'amorce de pêche : Ce sont eux qui ont donné aux éphémères le nom de *manne*.

Si l'on considère ces insectes à l'état de larves, leur existence est beaucoup plus longue ; elle est de deux à trois ans. La larve est assez semblable à l'adulte; cependant, les antennes sont plus longues, les yeux lisses manquent, la bouche offre deux saillies qui ont la forme de cornes, et l'abdomen porte de chaque côté une rangée de lances qui servent à la fois à la respiration et à la natation.

La nymphe ne diffère de la larve que par la présence des fourreaux renfermant les ailes sur le corselet.

Larves et nymphes ne nagent que très rarement dans l'eau; mais comme cet élément leur est absolument nécessaire, elles se creusent de petits trous sur le bord des rivières et des ruisseaux. Lorsque les eaux baissent, on voit la terre criblée de ces petits gîtes dont l'ouverture à quatre ou cinq millimètres de diamètre. Ces trous sont vides; les insectes les ont abandonnés lorsqu'ils se sont vus à sec; et ils ont été plus bas creuser la terre baignée par l'eau. Ces habitations sont percées horizontalement : elles ont deux ouvertures placées l'une à côté de l'autre, de sorte que la cavité est semblable à un tuyau coudé ; l'insecte entre par une ouverture, il sort par l'autre. Il proportionne les dimensions de son tube à ses différents états d'accroissement.

Au moment de la métamorphose la nymphe sort de l'eau, et se montre, après avoir changé de peau, sous une forme nouvelle. Mais, par une exception singulière, l'animal paraît lourd, il vole mal, ses ailes sont en partie opaques, il doit encore subir une mue : Il se fixe sur quelque plante et, au bout d'une heure environ, il se débarrasse d'une dernière peau, très fine et blanche, qui recouvrait le corps et les ailes. Cette dépouille reste attachée à la plante et conserve la forme de l'insecte.

Les éphémères, dans leur vol, s'élèvent et s'abaissent continuellement : Lorsqu'ils veulent monter, ils agitent leurs ailes; quand ils veulent descendre, ils les étalent et les maintiennent immobiles ainsi que les filets de l'abdomen. Les ailes de la seconde paire sont très petites; celles de la première paire sont, au contraire, très amples : Les unes et les autres sont délicatement réticulées.

— Vous m'avez souvent demandé, mes enfants, de vous faire connaître ces insectes qui dessinent à la surface de la mare de curieux méandres interrompus souvent par de brusques arrêts. Ils tournent si vite, glissent si rapidement qu'on ne peut distinguer leur forme. Leur corps noir, à reflet de bronze; les fait ressembler, quand le soleil brille, à de vives étincelles, courant sur l'eau, et laissant derrière elles une traînée lumineuse.

Il y en a beaucoup, en ce moment, sur la Fosse-Noire. Regardez ces hirondelles qui rasent l'eau, et voudraient faire leur proie de vos petits *tourniquets*.

On croirait les insectes tout occupés de quelques jeux, et indifférents à tout le reste. Mais, lorsque l'oiseau s'avance à tire d'aile, le bec grand ouvert, pour s'en emparer, ils disparaissent lestement et plongent avec rapidité.

— Prenez le filet, et essayez vous-même d'en capturer quelques-uns pour que nous puissions les étudier de près; il serait impossible, en effet, en raison de leur petitesse et de leurs mouvements continus, de nous faire une idée de leur conformation, si nous n'en avions sous les yeux quelques échantillons.

— Les enfants qui avaient d'abord essayé, sans succès, de prendre avec la main, les *tourniquets*, ne furent pas plus heureux avec le filet. De droite ou de gauche, de dessous et de dessus, il semblait que les insectes, sans s'arrêter un instant dans leur course folle, voyaient venir le danger de tous les points environnants.

L'oncle riait de leur déconvenue; et, prenant lui-même le filet, il put, d'un mouvement rapide, emprisonner deux des vigilantes petites bêtes.

— Cet insecte que vous ne connaissez que sous la dénomination de *tourniquet*, dit-il, et qu'on appelle encore *puce d'eau*, est le *gyrin nageur (gyrinus natator)* de l'ordre des *coléoptères*, de la famille des *carnassiers* et de la tribu des *hydrocanthares*.

Les gyrins sont très carnassiers; ils se jettent avidement sur les petits morceaux de viande qu'on leur donne. Ces petits coléoptères se réunissent en troupes nombreuses, soit dans les étangs, soit dans les rivières où les courants sont amortis, tournoyant sans cesse, poursuivant sans relâche les insectes qui, comme eux, vivent à la surface de l'eau, et saisissant ceux qui viennent y respirer ou qui y tombent.

Leur corps est couvert d'une mince couche d'air qu'ils entraînent après eux quand ils plongent; on voit alors, sous leur ventre, une petite bulle simulant un globe d'argent.

« Si l'on examine de près leur corps, dit M. Fairmaire, on y observe quelques particularités qui les éloignent beaucoup du reste de la famille. D'abord, au lieu d'un œil de chaque côté, ils en ont deux, fortement séparés par le bord de la tête, disposés de telle manière que, lorsque l'animal nage, deux de ses yeux regardent dans l'eau et les deux autres au-dessus ; mais en revanche, la largeur du rebord qui les sépare doit rendre la vision à peu près nulle dans la direction horizontale. »

— Prenez ma loupe, et examinez la tête de ces insectes. Voyez-vous comment leurs yeux sont admirablement disposés, et comprenez-vous maintenant pourquoi ils échappent facilement à l'hirondelle, et plus facilement encore aux petits maladroits qui veulent s'en emparer ?

« Cette disposition, continue le même auteur, est presque sans exemple dans l'ordre entier des coléoptères, et donne à ces insectes une excellente vue, dont ils ont besoin pour échapper aux poursuites des poissons, qui doivent en consommer une grande quantité. »

« On peut constater cette vue perçante en plaçant un gyrin dans un verre d'eau : Après avoir fait quelques tours en nageant, il finit par rester tranquille à la surface ; mais si l'on approche la main ou si l'on fait quelque mouvement, même sans toucher au verre, on voit l'insecte s'agiter soudainement et presque toujours s'enfoncer dans l'eau.

» Les antennes ne sont pas moins remarquables ; au lieu d'être longues et grêles, comme chez les dytiques, elles sont fort courtes et épaisses, leur deuxième article est prolongé extérieurement en forme d'oreillette, les autres sont extrêmement serrés et ressemblent à un fuseau un peu arqué. Les élytres couvrent tout l'abdomen, excepté le dernier anneau, qui laisse apercevoir à son extrémité deux petits mamelons cylindriques que l'insecte peut retirer ou faire reparaître à volonté. C'est de là probablement que sort le fluide laiteux, à odeur fort désagréable, dont le gyrin se recouvre dès qu'on le saisit. »

Cette odeur, vous l'avez constatée dès que nous avons ouvert le filet, mais elle est encore plus caractérisque depuis que vous avez saisi les insectes entre vos doigts.

« La conformation des pattes est aussi des plus curieuses : Chez les dytiques, les plus longues sont les postérieures ; ou ce sont les antérieures ; les pattes intermédiaires sont éloignées de celles de devant, beaucoup plus courtes, fort larges, très-aplaties, comme un morceau de parchemin découpé ; les postérieures sont presque semblables aux intermédiaires, mais un peu plus larges encore, et leurs tarses sont en forme de lanières très-longues, serrées et obliques, qui remplissent les fonctions de nageoires. C'est la largeur, et le peu d'épaisseur de ces quatre pattes qui donnent au gyrin tant de vitesse pour nager. Au repos, on ne voit paraître aucun de ces organes qui sont appliqués contre le corps. »

« Bien qu'éminemment appropriés à une vue purement aquatique, ces insectes volent assez bien et vont ainsi peupler des mares isolées, où on est tout étonné de leur voir décrire leurs évolutions gyratoires. On les trouve presque toute l'année, depuis la fonte des glaces jusqu'à la fin de l'automne, et il n'est pas rare de les rencontrer à la surface des eaux dans les belles journées d'hiver. Quelques espèces se répandent sur les lagunes saumâtres qu'on rencontre sur les plages maritimes basses, et se hasardent même sur les eaux tout à fait salées. »

Au premier coup d'œil, on prendrait les larves de gyrins pour des petits mille-pattes. Leur corps est enveloppé d'une peau transparente qui laisse apercevoir quelques vaisseaux internes ; il est grêle, allongé et d'un blanc sale ; la tête, armée de mandibules qui dénotent des habitudes carnassières, est assez grande, oblongue et aplatie. Les trois premiers anneaux du corps portent les trois paires ordinaires de pattes, mais les anneaux suivants sont pourvus d'appendices membraneux, ciliés et flottants qui suivent les mouvements du corps, et qui sont probablement les organes respiratoires.

A la fin de l'été, lorsqu'elles sont parvenues à leur entier développement, ces larves grimpent hors de l'eau, sur des plantes aquatiques; elles y construisent une coque ovalaire, pointue à ses deux bouts, ayant la consistance du papier gris.

L'insecte parfait en sort au bout d'un mois, et se précipite aussitôt dans l'élément où s'accomplira le reste de son existence.

— Donnons un coup de filet, sous ces herbes aquatiques, où les insectes sont toujours nombreux, et nous allons, pour terminer cet entretien, butiner au hasard.

— La pêche est fructueuse : Tout cela grouille dans le filet; et j'aperçois même un *triton*, espèce de lézard d'eau, dont il ne faut pas avoir peur; nous en reparlerons prochainement.

Les petites filles s'éloignèrent précipitamment, quand elles virent le naturaliste prendre à la main la salamandre aquatique qu'il remit dans la mare.

— J'espère bientôt, mes enfants, vous familiariser avec toutes ces petites créatures, absolument inoffensives; en attendant, examinons les insectes qui se trouvent dans le filet. Il y a là plusieurs larves que nous connaissons et dont nous ne reparlerons pas. Voici des larves de gyrins, dont nous nous entretenions tout à l'heure, mais que je ne vous avais pas montrées.

Cet insecte qui fait entendre un son strident est la *pélobie* (*pelobius*) dont la tête ressemble à celle d'un carabe. Il est d'un brun roussâtre, mat, avec une grande tache noire occupant la majeure partie des élytres.

« Il arrive parfois, dit M. Fairmaire, qu'au milieu d'un vaste étang desséché on entend ce petit cri sortir de tous les côtés; c'est le pauvre *pélobie* qui se trahit et qu'on découvre bien vite, enterré sous quelque croûte de vase, et tellement barbouillé de limon qu'on a de la peine à le deviner. »

Voici un *acilius* au corps ovalaire et déprimé avec des sillons soyeux sur les élytres.

Celui-ci, d'un brun jaunâtre pâle, saupoudré de brun, est un *agabus*.

Enfin, au milieu de toutes ces larves, ce sont des *colymbètes*.

Par ordre de grandeur, cet insecte se place avant ceux dont nous venons de parler. Celui que je tiens à l'extrémité de mes pinces est le *colymbéte strié*, avec ses élytres brunes, son corselet jaunâtre marqué d'une bande noire et les élytres très-finement striées en travers.

Demain nous fouillerons encore cette partie de la mare. Je tiens à vous montrer des dytiques et des hydrophiles, les plus grands et les plus curieux de tous les insectes aquatiques.

18

IX

Les enfants sont très affairés : Ils explorent, sous la direction de l'oncle, une partie de la Fosse-Noire encombrée de broussailles et de plantes aquatiques où les insectes se tiennent de préférence.

Les coups de filets se succèdent rapidement ; les fronts ruissellent de sueur ; il fait très chaud, et le *fauchoir* (*filet en toile*) n'est pas facile à manœuvrer dans la vase.

Déjà, ils ont récolté quelques beaux échantillons : Deux dytiques et un hydrophile, qui faisaient particulièrement l'objet de leur convoitise ont été capturés, et un grand nombre de larves ont pris place dans les boîtes de ferblanc.

Cependant, les petites filles n'ont encore pu vaincre la répugnance et peut-être l'effroi que leur causent les tritons : Chaque fois que le filet ramène un de ces paisibles *lézards d'eau*, ce sont des cris, des gestes de terreur et le plus souvent la fuite.

Le naturaliste prend à la main les pauvres bêtes, plus

effrayées encore que les enfants; il les rejette à l'eau, où elles s'empressent de se dissimuler derrière les plantes aquatiques.

L'un de ces animaux, dont le corps avait été froissé par les cailloux et les racines, faisait de vains efforts pour nager jusqu'au fond de la mare, quand tout à coup, un gros dytique, véritable forban, embusqué dans les herbes, s'élança avec la rapidité d'un oiseau de proie, et s'accrocha au triton dont il saisit l'une des pattes. Le pauvre animal fit de vains efforts pour se dégager de l'étreinte de son brutal agresseur : En un instant le membre fut tranché; les enfants virent le dytique s'élever à la surface de l'eau et dévorer cette chair palpitante qu'il portait à sa bouche au moyen de ses deux pattes antérieures faisant l'office de main.

Le pauvre amputé, malgré son horrible blessure, parvint à gagner un fond de vase où il se dissimula de son mieux.

— Nous n'aurions jamais pensé, dirent les enfants, que les dytiques fussent aussi cruels et aussi dangereux pour les autres habitants de la mare.

— Les *hydrocanthares* ou *carnassiers aquatiques,* sont la terreur des mares et des étangs; ce sont les requins de la création entomologique : Vous connaissez la voracité du gyrin, le plus petit de tous; vous venez de voir à l'œuvre le plus puissant et le plus formidable.

Véritables corsaires, leur rapacité dépasse tout ce qu'on peut imaginer : Ils attaquent toutes les larves des eaux douces, larves d'éphémères, de libellules, de phryganes, de cousins; les mieux armées ne les effraient pas; ils détruisent les limnées, les planorbes, les physes; ne respectent ni les têtards de grenouilles, ni ceux de tritons, ni les petits poissons, et se dévorent entre eux lorsque la faim les presse.

Vous avez vu comment le pauvre triton a été maltraité; ce fait n'a rien d'extraordinaire : Si vous jetiez à l'eau une

grenouille blessée, vous verriez sans doute un dytique s'attacher à ses flancs et s'en repaître avec délices.

Aussi, ces insectes sont-ils faciles à conserver dans des
aquariums, dans de simples bocaux de verre, où l'on peut les
alimenter avec des petits morceaux de viande crue.

Un naturaliste en a nourri un, de la sorte, pendant plus de
trois ans. Dès que l'animal voyait arriver sa provision accou-
tumée, il se jetait dessus avec l'avidité d'une hyène, et en suçait
le sang de la manière la plus complète.

Ces êtres voraces dépeuplent quelquefois les eaux qu'ils
habitent, et ils y mourraient de faim s'ils n'étaient amphibies.
Heureusement, ils ont la faculté de sortir de leur retraite; ils
marchent, il est vrai, difficilement sur le sol; mais, le soir, ils
déplient leurs ailes et vont peupler les petites mares, les fossés,
quelquefois même les ornières des routes où il n'est pas rare de
les rencontrer.

Les dytiques, longs de trois à quatre centimètres; sont partout répandus en Europe; leur couleur est uniformément brune
ou noire, avec un reflet olivâtre, une bordure jaune autour des
élytres, et souvent autour du corselet. Leur tête, en forme de
museau, est armée de mandibules robustes et acérées. Leurs
pattes antérieures sont courtes et leur servent, comme vous
l'avez vu il y a un instant, à saisir leur proie et à la porter à
leur bouche. Les pattes postérieures, rames puissantes, sont
longues, comprimées, et garnies de cils serrés. Ces insectes
nagent rapidement, surtout lorsqu'ils se précipitent à la rencontre de l'ennemi qui passe à leur portée.

Très hardis et très courageux, ils se livrent entre eux des
combats acharnés, et ils attaquent quelquefois, le grand hydrophile qu'ils parviennent à vaincre et à dévorer en plongeant
leurs mandibules entre la tête et le corselet de ce puissant
insecte.

D'ingénieux artifices leur permettent de respirer l'air en

nature; pour cela, ils se laissent flotter sans agiter leurs membres; et, plus légers que l'eau, ils remontent facilement, la tête en bas, l'extrémité de l'abdomen à fleur d'eau, et leurs longues pattes postérieures étalées en croix de chaque côté du corps. Ils soulèvent le bout de leurs élytres, englobent une bulle d'air, et referment leurs étuis pour mettre ce fluide à l'abri du liquide. Cette opération terminée, l'insecte regagne le fond de son humide retraite.

Le corps des dytiques, tranchant sur les bords, faiblement convexe au milieu, arrondi vers les extrémités, est admirablement conformé pour fendre l'eau.

Leur vol est lourd et bruyant comme celui des cétoines et des hannetons.

Quand on les saisit, ils se couvrent d'une sorte d'efflorescence blanchâtre qui disparaît rapidement sans exhaler une odeur infecte comme vous l'avez constaté pour les gyrins.

Vous connaissez la cruelle voracité du dytique; vous avez vu la terrible bête s'attacher au corps de sa victime, et ne l'abandonner qu'après en avoir séparé un membre. Eh bien! les larves sont encore plus voraces que l'insecte parfait.

— Voyez l'aspect féroce de cette larve au corps brun, allongé, renflé au milieu et couvert d'écailles. Elle est composée de onze anneaux dont le dernier, de forme conique, est garni sur les bords de cils serrés. Cette disposition facilite la locomotion, et vient en aide aux pattes qui sont également pourvues de cils natatoires.

Lorsque ces larves veulent changer de place, poursuivre leur proie, ou fuir le danger qui les menace, elles s'élancent en imprimant à leur corps un mouvement vermiculaire rapide, et en frappant l'eau par des coups répétés de leur queue frangée.

Leur tête large, aplatie, est armée de deux formidables mandibules en forme de faucilles qui, au repos, s'appliquent contre le devant de la tête et qui servent à harponner les victimes. En dessous, se trouve la bouche, presque dissimulée, et contenant à l'intérieur de petites mâchoires.

Ces larves ne déchirent pas leur proie; elles la sucent; et, cette succion s'opère par les mandibules qui présentent à leur face interne, un sillon, avec une ouverture à la base.

Le dernier segment du corps porte deux filets coniques, ciliés qui leur servent à pomper, à la surface de l'eau où elles viennent, comme les adultes, flotter la tête en bas, l'air qui est nécessaire à leur respiration.

Lorsque ces larves ont acquis tout leur développement et que le temps de la métamorphose est arrivé, elles s'enfoncent dans la terre humide qui borde les mares et les étangs; elles pratiquent une cavité ovale, et se changent en nymphes, d'un blanc sale, qui restent là pendant l'hiver : Elles se transforment au printemps.

Les dytiques, soit à l'état parfait, soit à l'état de larves, sont très nuisibles aux pièces d'eau : Ils détruisent le frai de poisson, les alevins, et les têtards de batraciens utiles.

Il me reste, mes enfants, à vous parler de l'*hydrophile, grand scarabée aquatique*, de la famille des *palpicornes*, ou *hydrophiliens*, qui vit dans les eaux douces, en compagnie des dytiques dont le voisinage lui est quelquefois funeste.

La longueur des palpes maxillaires et la forme des antennes permettent de distinguer facilemet les hydrophiles des dytiques. Mais on peut surtout apprécier la différence qui sépare les deux familles, en les observant en liberté. Pendant que les dytiques bousculent tout, circulent brutalement sans se préoccuper des obstacles, renversant, égorgeant, dévorant sans merci, les hydrophiles évoluent paisiblement dans le même espace; et, malgré l'ampleur de leur taille, leurs mouvements peuvent faire juger de leurs habitudes pacifiques. Ils s'accrochent aux plantes marécageuses, se promènent lentement sur leurs tiges, flottent, le corps renversé, ou rampent, dans cette position singulière, à la surface de l'eau.

Tandis qu'à l'état de larve, ils étaient toujours avides de proies vivantes, ils se contentent maintenant d'une nourriture exclusivement végétale : En captivité, on les nourrit très bien avec des feuilles de salade.

— Prenez dans la boîte le grand *hydrophile brun* que nous avons capturé; mais, ne le saisissez qu'avec précaution.

— Vous paraissez étonnés de ma recommandation qui n'est cependant pas inutile :

Outre que ses mâchoires pincent, si vous retournez l'animal, vous verrez, sur sa poitrine, une longue pointe, un pieu très aigu qui perce la peau jusqu'au sang si l'on n'a pas le soin de l'éviter.

Le mode de respiration des hydrophiles est aussi différent de celui des dytiques : Comme eux, ils ne sauraient vivre sans renouveler de temps en temps leur provision d'air; mais, c'est par la tête que ces insectes, à l'inverse de leurs voisins, viennent puiser l'air à la surface de l'eau.

L'antenne est coudée et ses articles aplatis, collés contre le corps, forment une espèce de rigole où s'engage une bulle d'air, quand cet organe sort de l'eau. De là, le fluide aérien passe dans la couche soyeuse qui garnit le dessous du corps, de sorte que l'animal semble entouré d'un vêtement d'argent. Cet air parvient aussi aux orifices respiratoires.

S'il arrive que, sous l'influence de la chaleur, les pièces d'eau où ils vivent se dessèchent, ils se retirent quelquefois sous des pierres voisines, et restent engourdis dans la vase jusqu'à ce que des pluies nouvelles viennent les délivrer de leur captivité.

L'hydrophile brun prend sa forme parfaite vers la fin de l'été. Il passe l'hiver engourdi au fond de l'eau ou sous les mousses humides des bords. Dès le mois d'avril, les femelles s'occupent du soin d'assurer leur postérité. Elles filent alors une espèce de coque de soie dont la forme approche de celle d'un sphéroïde aplati dont on aurait emporté un segment.

Chez les autres insectes, c'est la larve qui file elle-même son cocon; l'hydrophile nous présente un exemple unique de ce travail, chez les insectes adultes.

A l'extrémité supérieure de l'endroit où le segment paraît emporté s'élève une espèce de corne solide, composée, de même que la face aplatie, d'une soie brune, en sorte que cette coque a l'air d'un ancien bonnet de hussard : C'est le berceau flottant qui porte la nouvelle famille; c'est dans cette curieuse nacelle que l'hydrophile dépose ses œufs.

Le prolongement en forme de corne est en même temps un mât qui maintient l'équilibre de la coque sur l'eau, et un siphon respiratoire, quand l'air est nécessaire, au moment de la naissance des larves; sa pointe est constamment sortie de l'eau.

Après s'être nourris de végétaux, pendant les quelques jours qu'elles restent attachées contre leur berceau, ces larves deviennent très carnassières.

Voici comment la larve de l'hydrophile, que Réaumur nomme *ver assassin,* était décrite par un ancien naturaliste :

« Ce ver, qui a six pattes velues, peut avoir deux pouces de longueur; sa queue est hérissée de poils, qui lui servent comme de gouvernail pour diriger avec certitude ses mouvements en nageant. Il respire l'air aussi par cette partie postérieure, ainsi que grand nombre d'insectes aquatiques.

» Ce ver assassin est armé de deux dents creuses et si transparentes, que l'on voit, à travers, couler le sang du ver qu'il suce, et qui, à l'aide de ces tuyaux aspirants, est porté dans la bouche et de là à l'estomac : on voit quelquefois monter avec le

sang de petites bulles d'air. Ce ver voit très bien dans l'eau, au
moyen de douze yeux noirs immobiles, placés sur sa tête ; dès
qu'il aperçoit sa proie, il nage du côté où elle est et s'en saisit
avec ses dents redoutables. On remarque à sa tête six soies ou
barbes articulées, dont quatre sont placées entre les dents, en
dessous ; les autres qu'on peut regarder comme des antennes,
sont des deux côtés de la partie supérieure de la tête. Cet insecte
aquatique est dur comme un crustacé : il a de chaque côté du
corps six stigmates. Après s'être nourri de sang et de carnage,
et être parvenu à sa dernière période d'accroissement, il sort de
l'eau, entre en terre, s'y fait une loge sphérique ; où il se
change en nymphe ; de l'état de nymphe il passe à l'état de
grand scarabée, et paraît tel que nous l'avons décrit : Il retourne
dans les eaux, son premier élément. »

Ce ver assassin ou plutôt cette larve du grand hydrophile a
de longues pattes ; elle est fort agile et grimpe volontiers aux
plantes ; on leur trouve des instincts très curieux. Elle mange
beaucoup de mollusques à minces coquilles ; et voici comment
elle opère : Les mollusques sont saisis par-dessous ; la larve
recourbe sa tête en arrière et presse contre son dos, qui lui sert
de point d'appui, la coquille qui se brise, et qu'elle dévore ensuite tout à son aise.

Si l'on veut la saisir, ou si le bec d'un oiseau aquatique la
rencontre, elle fait la morte ; son corps pend de chaque côté
comme une dépouille flasque et vide. Cette ruse est-elle inutile,
elle rend par l'anus une liqueur noire qui trouble l'eau et qui
lui permet quelquefois d'échapper à son ennemi.

Après être restée environ deux mois à l'état de larve, elle
sort de l'eau, cesse de manger, se creuse un terrier de quatre à
cinq centimètres, s'y pratique une cavité sphérique très lisse à
l'intérieur et se change en nymphe blanchâtre. Au bout d'un
mois, la peau de la nymphe se fend sur le dos et l'hydrophile
sort. Ses élytres couchés le long du ventre se retournent sur le

dos à la place qu'ils doivent occuper; ses ailes se déplient, se raffermissent, puis se replient sous les étuis encore blancs et mous; l'insecte s'appuie sur ses pattes mal affermies. Peu à peu il se colore; et, après être resté encore une douzaine de jours sous la terre, il s'échappe, et se rend à l'eau, après trois mois environ d'évolutions successives.

X

Je me propose aujourd'hui, mes enfants, de vous parler de
ces tritons, improprement appelés *lézard d'eau,* qui vous causent, bien à tort, tant de répugnance et d'effroi : Ce sont des
insectivores utiles, dont la présence est un bienfait dans les
lieux où les insectes nuisibles se multiplient dans des propor-
tions considérables.

Le genre *salamandre,* qui a été érigé en famille sous le nom
de *salamandrides,* appartient à la section des *batraciens
urodèles.* Ce dernier terme signifie que les *salamandres et les
tritons* sont des espèces de grenouilles ayant une queue
apparente.

Les reptiles qui composent ce groupe ont le corps allongé,
quatre pieds et une longue queue, ce qui leur donne la forme
générale des lézards; mais ils ont d'ailleurs tous les caractères
des batraciens. Leur tête est aplatie, leur oreille est cachée sous
les chairs et dépourvue de tympan; leurs deux mâchoires sont

garnies de dents nombreuses et fort petites; leur langue est
disposée comme celle des grenouilles; leur squelette offre des
rudiments de côtes et leurs doigts, au nombre de quatre devant,
sont presque toujours cinq derrière.

Les têtards (*jeunes salamandres*) respirent par des branchies
en forme de houppes, au nombre de trois de chaque côté du cou
et flottantes au-dehors, qui s'oblitèrent dans la suite.

Les membres paraissent successivement; mais les pieds de
devant se développent avant ceux de derrière.

A l'état adulte, les salamandres respirent comme les grenouilles. On les distingue en *salamandres terrestres* et *salamandres aquatiques* ou *tritons*.

Les *salamandres terrestres* ou *salamandres* proprement
dites ont, dans l'état parfait, la queue ronde et ne se tiennent
dans l'eau que pendant leur état de *têtard*, ou quand elles viennent y déposer leurs petits. Le type de ce genre est la *salamandre commune* ou *maculée* dont nous avons rencontré un individu
dans le cellier du fermier. Vous avez encore présente à la
mémoire, la terreur que vous a causée ce pauvre animal : Un
crocodile du Nil ne vous aurait pas inspiré plus d'effroi.

Cette salamandre est vulgairement connue en France sous le
nom de *sourd;* en Normandie on l'appelle *mouron;* elle est
encore désignée sous les noms de *blande, pluvine, laverne,
tort, suisse, mirtil.* Tous ces noms vous indiquent que la
salamandre a joué un grand rôle dans les préoccupations des
habitants de la campagne.

Elle est longue d'environ dix centimètres, d'un noir luisant,
légèrement teinté en dessous de rose, avec de grandes taches
d'un jaune vif. Sur ses côtés sont rangés des tubercules d'où
suinte dans le danger une liqueur laiteuse, amère et d'une
odeur forte.

C'est cette particularité qui a donné lieu à la fable répandue
depuis l'antiquité, non-seulement que le feu ne faisait pas périr

la salamandre, mais encore que ce reptile possède la faculté de l'éteindre.

Un autre préjugé populaire veut que ces animaux soient très venimeux : C'est une erreur; ils n'ont pas de glandes à venin et leurs dents sont trop petites et trop faibles pour entamer la peau.

Seulement, le liquide que secrètent les tubercules dont nous avons parlé, irrite les yeux lorsqu'on les touche avec les doigts après avoir manié un de ces reptiles; en outre, cette humeur inoculée à de petits vertébrés, les tue rapidement.

— Le jardinier nous a montré une salamandre qu'il avait trouvée sous un pot de fleurs, et il nous a dit que c'était une bête fort dangereuse, dit l'une des nièces.

— Le jardinier a eu tort, mes enfants; mais, il ne faut pas trop l'en blâmer. Il partage des préjugés qui, malgré la diffusion plus grande de l'instruction, auront malheureusement encore longtemps cours.

Il n'est pas un animal sur lequel on ait tissu plus de fables ridicules, brodé plus d'histoires absurdes, plus de légendes insensées!

Le vulgaire a prétendu que la salamandre, froide comme de la glace, était douée de la propriété merveilleuse de vivre dans les flammes. Cette erreur était tellement accréditée depuis l'antiquité, qu'elle a donné lieu à la célèbre devise de François Ier. Une salamandre dans le feu, avec cette sentence : *J'y vis et je l'éteins (nutrio et extinguo).*

Des naturalistes d'un autre âge l'ont regardée comme l'animal le plus dangereux et le plus terrible.

Pour faire justice de tous ces préjugés, Maupertuis ne dédaigna pas de se livrer à une foule d'expériences qui sembleraient puériles si elles n'avaient pas eu pour objet de faire cesser des craintes ridicules, et de démontrer que les observations les plus simples devraient être suffisantes pour détruire les fables les plus enracinées; du reste, ces recherches ont eu pour résultat de faire connaître les particularités vraies et intéressantes de l'histoire de cet animal.

La première expérience de Maupertuis se rapportait au fameux prodige attribué à la salamandre; toute fabuleuse que paraisse l'histoire de l'animal incombustible, il voulut s'assurer de l'opinion consacrée par les rapports des anciens. C'était en 1726 : Il jeta dans le feu plusieurs salamandres. La plupart expirèrent sur-le-champ; d'autres parviennent à en sortir à demi-brûlées et périrent à une seconde épreuve; aucune n'en sortit intacte. Cependant, il remarqua que par l'abondance de la viscosité glaireuse qui suinte de sa peau, une salamandre peut éteindre quelques charbons ardents, absolument comme peuvent le faire des grenouilles, des limaçons, de la chair crue, des blancs d'œufs et toutes les substances glaireuses; mais une fois cette humidité disparue, la pauvre bête gonfle, bâille et expire.

Le célèbre naturaliste Matthiole avait avancé que la morsure de la salamandre était mortelle comme celle de la vipère. On avait cherché et prescrit de remèdes contre les effets de son venin; et, il était passé en proverbe qu'un homme mordu par ce reptile avait besoin d'autant de médecins que l'animal avait de taches.

Maupertuis fit des expériences sur le prétendu venin de la salamandre. Il voulut faire mordre un animal par des salamandres; mais, il eut beaux les irriter de mille manières, jamais il ne put parvenir à leur faire ouvrir la gueule; il fallut donc la leur ouvrir de vive force; mais, à l'inspection des dents, quelle apparence qu'elles pussent blesser un animal! Petites, serrées, égales, elles couperaient plutôt que de percer si l'animal en avait la force; et, il est bien trop faible.

On chercha des animaux à peau assez fine pour se laisser entamer; on ouvrit la gueule d'une salamandre qu'on appliqua sur la cuisse écorchée d'un poulet; on pressa les mâchoires pour les obliger à mordre; les dents se dérangèrent mais ne parvinrent pas à entamer la chair.

On fit faire par des salamandres vigoureuses, qu'on irrita, plusieurs morsures à la langue et aux lèvres d'un chien, et à la langue d'un dindon : Aucun des animaux mordu n'éprouva le moindre symptôme d'empoisonnement. Pour savoir si la liqueur laiteuse que la salamandre a sous la peau est nuisible, prise comme aliment, on fit avaler de force à un chien un de ces reptiles coupé en morceaux; et, on lui tint la gueule liée pendant une demi-heure. En même temps, on fit avaler à un jeune dindon une jeune salamandre entière : Ni l'un ni l'autre de ces animaux ne se trouvèrent indisposé. On trempa du pain dans le liquide visqueux secrété par la salamandre et on le fit manger à un poulet; on inocula à un autre poulet cette même liqueur dans des plaies pratiquées à l'estomac et la cuisse ; et, aucun accident n'en est résulté.

Cependant, Laurenti ayant fait mordre une salamandre par deux lézards de murailles, l'un mourut aussitôt après l'expérience et l'autre ne survécut que quelques minutes. Un troisième auquel le même expérimentateur avait fait avaler de la liqueur laiteuse expira après avoir éprouvé des convulsions qui furent suivies d'une espèce de paralysie.

De tout ce qui précède, il résulte que la salamandre ne porte pas de venin, et que le liquide secrété par ce reptile n'est nuisible qu'à un petit nombre d'animaux contre lesquels, sans doute, la pauvre bête a besoin de se défendre.

« Il paraît, dit naïvement un vieil auteur, que la salamandre n'est point nuisible à l'homme. On lit dans les *Ephémérides d'Allemagne, décime première, année seconde,* qu'une femme embarrassée de son mari, voulant l'empoisonner, lui fit manger une salamandre qu'elle mêla dans un ragoût, et qu'il n'en souffrit en aucune manière : Cependant le plus sûr est de n'en point manger ; mais on peut les manier sans aucun risque, même les mutiler impunément. »

Malgré ces expériences qui datent de plus d'un siècle, malgré le degré d'avancement de notre civilisation, il se trouvera encore longtemps un public ignorant qui croira aux redoutables influences de la salamandre et qui la considèrera comme une redoutable ennemie de l'homme. Vous, au moins, mes enfants, vous saurez ce qu'il faut penser de toutes ces absurdités.

Les salamandres terrestres sont peu agiles ; elles paraissent paresseuses et tristes ; elles se tiennent dans les lieux humides, dans les trous souterrains, et se nourrissent de lombrics, d'insectes, de petits mollusques, etc.

Les *tritons* ou *salamandres aquatiques* ont la queue comprimée verticalement et passent presque toute leur vie dans l'eau ; ces reptiles sont ovipares. On les rencontre fréquemment dans les eaux stagnantes où ils sont aussi adroits et vifs qu'ils sont lourds, disgracieux et embarrassés à la surface du sol. J'en ai trouvé quatre variétés dans la Fosse-Noire : Le *triton crêté*, le *triton marbré*, le *triton ponctué* et le *triton palmé*. Tous ont les mêmes mœurs et le même genre d'existence.

Ces animaux sont surtout remarquables par la facilité avec laquelle ils réparent les mutilations de leur corps : Leur queue, et même leurs pattes peuvent être coupées plusieurs fois et repoussent avec les os, les muscles et les vaisseaux. Il y a longtemps que cette propriété a été observée :

Bonnet a consigné dans le *journal de Physique*, en novembre 1777 et janvier 1779, deux mémoires *sur la merveilleuse reproduction des membres de la salamandre aquatique*. L'évolution, s'en fait très lentement. Ce même observateur a tenté d'autres expériences, dans l'intention de vérifier ce qu'avait dit Spallanzani, que la nature ne reproduit « *précisément* » que ce qu'on a retranché. Ce fait, d'une grande importance, a été constaté et s'est trouvé conforme aux conclusions de l'illustre savant.

Une patte antérieure ayant été coupée, elle se reproduisit de la manière et dans le lieu qui convient à sa forme naturelle et à ses fonctions. Une patte antérieure et une postérieure, coupées à une autre salamandre, se sont exactement reproduites ; et, ces reproductions, tranchées à leur tour, ont donné les mêmes réparations que les anciennes. On observe que les parties qui se reproduisent ont une demi-transparence qu'elles gardent long-temps, et que n'ont point les parties anciennes qui leur ressem-blent. Ce degré de transparence ne s'affaiblit que peu à peu, et à mesure que les parties se colorent davantage.

Il ne faut donc pas trop, mes amis, vous apitoyer sur le sort du pauvre triton mutilé par le cruel dytique, puisqu'il est cer-tain de recouvrer le membre qu'il a perdu.

S'il est faux que les salamandres puissent vivre dans le feu, elles ont au moins la faculté singulière de pouvoir être prises dans la glace et d'y séjourner longtemps sans périr. Il n'est pas rare d'en trouver, pendant l'été, ainsi que des grenouilles, dans des morceaux de glace qui ont été conservés dans les glacières.

Dufay a repris sur les tritons les expériences que Maupertuis avait faite sur les salamandres terrestres, et il est arrivé aux mêmes conclusions.

Les salamandres aquatiques, comme vous avez pu l'observer, font quelquefois entendre un petit cri en respirant l'air, à la surface de l'eau; elles expirent alors, par la bouche, plusieurs grosses bulles d'air, et ne tardent guère à se replonger sous l'eau. Les insectes constituent le fonds de leur nourriture. Le triton est curieux à observer lorsqu'il veut avaler, tout vivant, un ver de terre assez gros et un peu long : il donne de petites secousses de tout le corps et principalement de la partie anté-rieure; il le tient souvent trois ou quatre minutes et l'agite jus-

19

qu'à ce qu'il soit parvenu à ne saisir que l'une ou l'autre de ses extrémités; alors, il l'avale. Il ne paraît pas mâcher sa proie; ses dents servent uniquement à retenir les animaux vivants qui font des efforts pour lui échapper.

A mesure que la femelle dépose ses œufs dans la mare, ils vont au fond de l'eau; pendant les premiers jours ils ont la forme de petites sphères allongées; ensuite, ils se courbent légèrement. Cette courbure augmente insensiblement; une des extrémités grossit, l'autre devient plus mince; tout l'œuf prend plus de volume, et alors il semble ne croître plus qu'en longueur. A cette époque, il a des mouvements spontanés assez vifs auxquels succèdent des temps de repos. L'œuf revêt peu à peu les apparences d'une petite salamandre : on commence à découvrir la queue, un principe de vertèbre, les ouïes, deux petits boutons qui annoncent les bras naissants, et enfin les yeux, sous la forme de deux tumeurs. En continuant l'observation, à l'aide de la loupe, on distingue nettement que la salamandre est enveloppée par un cercle transparent rempli d'un liquide dans lequel nage le petit animal. Lorsqu'il a pris tout l'accroissement qui lui convient dans cet état, il heurte la membrane de l'œuf, parvient à la rompre, et se jette aussitôt dans l'eau où il nage avec vitesse.

Le triton crêté, que nous avons capturé hier, est noirâtre, avec le dessous du corps orangé, varié de taches noires, et avec les côtés finement ponctués de blanc. Les mâles portent sur le dos une belle crête qui a valu son nom à cette variété de salamandre aquatique.

J'ai encore, mes enfants, à vous parler des habitants les plus bruyants de notre paisible mare, à ceux qui ont tout d'abord éveillé notre attention et dont nous avons réservé l'histoire qui formera la cloture de nos entretiens.

Les *grenouilles* appartiennent à l'ordre des *batraciens anoures* (*privés de queue*), elles constituent la famille des *raniformes*.

Les grenouilles diffèrent des crapauds, en ce que les mâchoires de ces derniers sont dépourvues de dents, tandis que chez les raniformes, il en existe, au moins à la mâchoire supérieure. Elles se distinguent des *rainettes*, dont vous conservez un échantillon dans un bocal, par les doigts qui, chez ces dernières, sont terminés à leurs extrémités par des petites pelotes ou disques élargis, espèces de ventouses, qui leur permettent de se fixer et de grimper contre les corps les plus lisses.

Les grenouilles ont des formes élégantes et sveltes ; la peau n'est pas couverte de vernis comme chez les autres batraciens, et elle est parfois agréablement colorée.

On trouve ces animaux dans les lieux humides, au milieu des prés, sur le bord des fontaines; des étangs et des mares où elles s'élancent au moindre bruit. La chute de tous ces corps dans l'eau produit, sur les promeneurs, un effet assez singulier.

Elles nagent bien, grâce à leurs pattes postérieures très-longues, très-fortes et presque toujours palonées.

A terre, leur marche consiste en petits sauts répétés, qui durent peu et paraissent les fatiguer beaucoup.

Le genre *grenouille* proprement dit (*rana*) ne renferme que deux espèces européennes, mais qui sont extrêmement répandues.

Ces animaux, très voraces, vivent exclusivement de proies vivantes, de larves d'insectes aquatiques, de vers, de mollusques, de mouches ; elles sont donc, comme les tritons, des plus utiles à l'homme, puisqu'elles contribuent à l'extermination des races les plus importunes et les plus nuisibles.

Quand vient l'automne, les grenouilles cessent de manger ; et, dès qu'il fait froid, elles s'enfoncent dans la vase, et se réunissent dans le même lieu, quelquefois en si grand nombre qu'elles couvrent le sol d'une épaisseur de plus de trente centimètres.

Au mois de mars, elles commencent à s'agiter en éprouvant

les effets des effluves printanières ; et bientôt, elles reparaissent
à la surface des eaux, et se répandent sur les rives.

Les femelles déposent chacune, depuis six cents jusqu'à
douze cents œufs, qui forment un chapelet d'une très-grande
longueur qu'elles abandonnent à la surface de l'eau.

Lorsque les grenouilles sont hors de l'eau, elles se tiennent
accroupies sur leurs jambes de derrière ; et, si un insecte passe
à leur portée, elles fondent dessus avec une grande vivacité ;
elles dardent sur l'animal, leur langue enduite d'une mucosité
visqueuse et l'engluent ; elles retirent la langue et entraînent
leur proie qu'elles avalent ; mais, tout cela se fait avec tant de
rapidité qu'il faut la plus grande attention pour s'en aper
cevoir.

Les grenouilles deviennent, à leur tour, la proie de différents
reptiles, des anguilles, des brochets ; on prétend que la taupe,
le putois, les mangent sans difficulté ; et Daubenton en a trouvé
une dans l'estomac d'un loup.

On trouve des grenouilles dans presque tous les pays ; elles
abondent tellement dans les terrains bas et humides de l'Egypte,
que le pays en serait infesté, si une grande partie d'entre elles
n'étaient dévorées par les cigognes qui en sont fort avides.

Les mâles ont de chaque côté, sous l'oreille, une membrane
ronde et mince qui se gonfle d'air quand ils coassent.

La *grenouille commune* ou *verte* (*rana esculenta*) est celle
qui peuple notre mare ; elle est d'un beau vert tacheté de noir,
avec trois raies jaunes sur le dos, et le ventre jaunâtre. On la
trouve dans toutes les eaux dormantes ; c'est elle qui est si
désagréable par la continuité de ses coassements. Elle va assez
rarement à terre, vous la voyez, au contraire, souvent immobile
à fleur d'eau ou bien accroupie sur quelques plantes aquatiques.

La *grenouille rousse* (*rana temporaria*) est d'un brun roussâtre, tacheté de noir, avec une bande noire partant de l'œil et

passant sur l'oreille : C'est cette espèce qui se tient habituellement à terre, quelquefois assez loin du rivage, et que vous avez
souvent rencontrée dans le milieu de la prairie où vous la con-
fondiez avec le crapaud. On l'appelle encore *grenouille muette,*
parce qu'elle coasse beaucoup moins que la grenouille verte.

Nous avons dit que la grenouille abandonnait ses œufs, sous
la forme d'un long chapelet, à la surface de l'eau ; ses œufs
gagnent le fond ou s'arrêtent sur quelques plantes aquatiques.

Dès les premiers moments, l'œuf est enveloppé d'une matière
blanchâtre, mucilagineuse. On trouve immédiatement autour de
lui deux membranes délicates, circulaires et concentriques l'une
à l'autre, dont la plus intérieure, étant piquée avec une aiguille,
laisse échapper une liqueur limpide comme de l'eau. L'œuf est
rond, sa surface est lisse ; un de ses côtés est blanc, l'autre
noirâtre. Si la saison est favorable, son volume s'accroît rapidement : L'hémisphère blanc se brunit, l'hémisphère noir se
courbe, et forme un petit sillon terminé par deux rebords
saillants, étendus en ligne droite sur la longueur de l'œuf.

Dans les jours suivants, il continue à grossir : La membrane
intérieure circulaire, qui l'enveloppe, se dilate, et donne accès
à une plus grande quantité de liqueur. Le petit sillon et les
rebords s'allongent de plus en plus ; sa forme change un peu,
une de ses extrémités s'amincit ; bientôt on s'aperçoit que la
partie effilée est la queue du *têtard ;* et que le reste est son
corps, sur lequel on distingue la place des yeux qui sont encore
fermés ; les petites proéminences dont l'animal se servira plus
tard pour s'attacher à différents corps ; un commencement de
bouche, et les rudiments des petites ouïes.

— Toutes ces transformations sont étonnantes et admirables
dit l'aîné des neveux.

— Oui, tout cela est merveilleux ; la nature complète lentement, mais sûrement son œuvre : Le têtard ne donne encore

que peu ou point de signes de vie. Seulement, si on l'expose aux rayons du soleil, ou à quelque autre chaleur plus forte, on le voit faire de petits mouvements. Alors on s'aperçoit, comme vous l'avez vu pour les tritons, que la prétendue membrane intérieure n'est que la liqueur dans laquelle nage cette future grenouille.

Au bout de quelques jours, le petit têtard se dépouille de son enveloppe, et il nage dans la liqueur glaireuse qui environnait les œufs et qui s'est étendue et délayée dans l'eau où elle flotte sous l'apparence d'un petit nuage.

Le têtard en sort de temps en temps, puis y rentre pour se reposer et pour manger.

Si vous regardez le têtard superficiellement, vous prenez pour sa tête seule cette masse globuleuse qui, en réalité, comprend tout son corps. Le reste n'est autre chose que la queue dont il se sert pour nager.

Le têtard prend ses aliments comme tous les animaux qui éclosent dans les substances propres à leur servir de nourriture; mais, l'ouverture de la bouche ne se trouve pas à la partie antérieure de la tête comme dans la grenouille adulte. Cette ouverture est placée sur la face inférieure de la tête ou sur la poitrine. Lorsque le têtard veut prendre avec la bouche quelque chose qui flotte à la surface de l'eau, il faut qu'il se renverse sur le dos; et c'est ce que vous pouvez observer immédiatement.

Voyez avec quelle vitesse ils se retournent; votre œil a peine à suivie leurs mouvements.

Le développement des différentes parties du coprs ne s'accomplit que peu à peu; ce n'est qu'au bout de quinze jours qu'on aperçoit distinctement la tête, la poitrine, le ventre et la queue. Les yeux, qui paraissent encore fermés, forment une petite saillie sur chaque côté de la tête. A la partie antérieure, entre les yeux, on voit la bouche qui est ouverte; les jambes de der-

rière sont d'abord les seules qui paraissent au-dehors, encore
n'en découvre-t-on que les premières ébauches; les endroits où
seront les doigts des pieds sont marqués par des petits bourgeons semblables à ceux que pousse une plante aux endroits
d'où il doit sortir des branches; ces doigts ne contiennent
encore aucune substance osseuse, et cependant la forme du pied
est déjà reconnaissable; les jambes antérieures restent entièrement cachées sous les téguments extérieurs de la poitrine.

C'est environ deux mois après qu'ils sont éclos, que les
têtards changent de peau et quittent cette forme rudimentaire
pour prendre celle de *grenouille*.

D'abord, leur peau se fend sur le dos, près de la tête; la
grenouille passe bientôt la tête par cette ouverture, et l'on voit
alors se retirer la bouche du têtard qui fait partie de la dépouille, et qui diffère notablement de la grande bouche de la
grenouille.

Les jambes antérieures qui jusque-là étaient cachées sous la
peau, commencent à se déployer au-dehors, et la dépouille est
toujours repoussée en arrière. Le reste du corps, les jambes de
derrière et la queue elle-même se dégagent successivement de
cette dépouille, après quoi la queue va toujours en diminuant
de volume, jusqu'à ce qu'elle s'oblitère et disparaisse entièrement, en sorte qu'on n'en trouve plus le moindre vertige.

Cette observation détruit l'opinion de Pline, et de bien d'autres après lui, qui prétendaient que la queue de la grenouille se
partageait en deux pour former les pieds de derrière.

La chair des grenouilles est blanche, légère et contient beaucoup de gélatine : On en mange dans presque toute l'Europe, et
surtout en France. C'est en automne qu'elles sont le plus
délicates.

Je n'ai pas besoin de vous dire que la pêche des grenouilles
est très amusante; je sais quelle gaîté et quel entrain vous y
apportez; et comme dédommagement de nos ennuyeux entre-

tiens, je vous promets, pour demain, une récréation de ce genre.

Nous ne parlerons pas de la pêche à la ligne qui est celle que nous pratiquons. Pendant l'hiver, on les pêche avec des râteaux à dents longues et serrées que l'on enfonce dans les mares d'où on les retire complètement engourdies.

Parmi les pêches d'été, on en trouve une curieuse indiquée dans la *Maison Rustique*. Les pêcheurs vont pendant la nuit, avec des torches de paille, à l'endroit où ils savent qu'il y a des grenouilles : L'un d'eux se met à l'eau en tenant un sac ouvert, sur ses épaules, pour y mettre sa pêche. Les autres ont à la main des torches allumées et qui servent à éclairer leur compagnon, mais surtout à arrêter les grenouilles qui prennent cette lumière pour celle du soleil. En observant un grand silence, il est aisé de les saisir, car elles ne font aucun mouvement pour s'échapper; mais le moindre mouvement leur fait prendre la fuite.

On indique, pour faire venir les grenouilles dans un endroit, le moyen suivant que nous pourrons expérimenter :

On place au bord de l'eau, sur une feuille de papier blanc, un verre bien transparent sous lequel on emprisonne une grenouille; et l'on charge ensuite ce verre d'une pierre pour le maintenir et empêcher la grenouille de s'échapper : puis, on se retire sans bruit. Aussitôt que les grenouilles du voisinage entendent crier la captive, elles accourent de toutes parts, alors on s'approche doucement, et on les prend à l'aide d'un filet qu'on leur glisse adroitement sous le corps.

Nous avons, mes enfants, étudié successivement les animaux qui fréquentent la mare, les plantes qui croissent dans ses eaux et sur ses rives, et les êtres qui vivent dans son sein.

Sans parler des différentes espèces de poissons, anguilles, carpes, ou brochets dont l'étude n'entre pas dans le cadre de nos entretiens, c'est encore par milliers qu'il faudrait compter les créatures microscopiques qui s'agitent dans ces eaux paisibles et que vous apprendrez à connaître plus tard.

J'ai résumé toutes cès simples leçons, et je m'estimerai heureux, si en les relisant vous avez un souvenir pour le vieil oncle, et pour les bonnes journées que vous avez passées au bord d'une mare.

FIN DE LA TROISIÈME ET DERNIÈRE PARTIE.

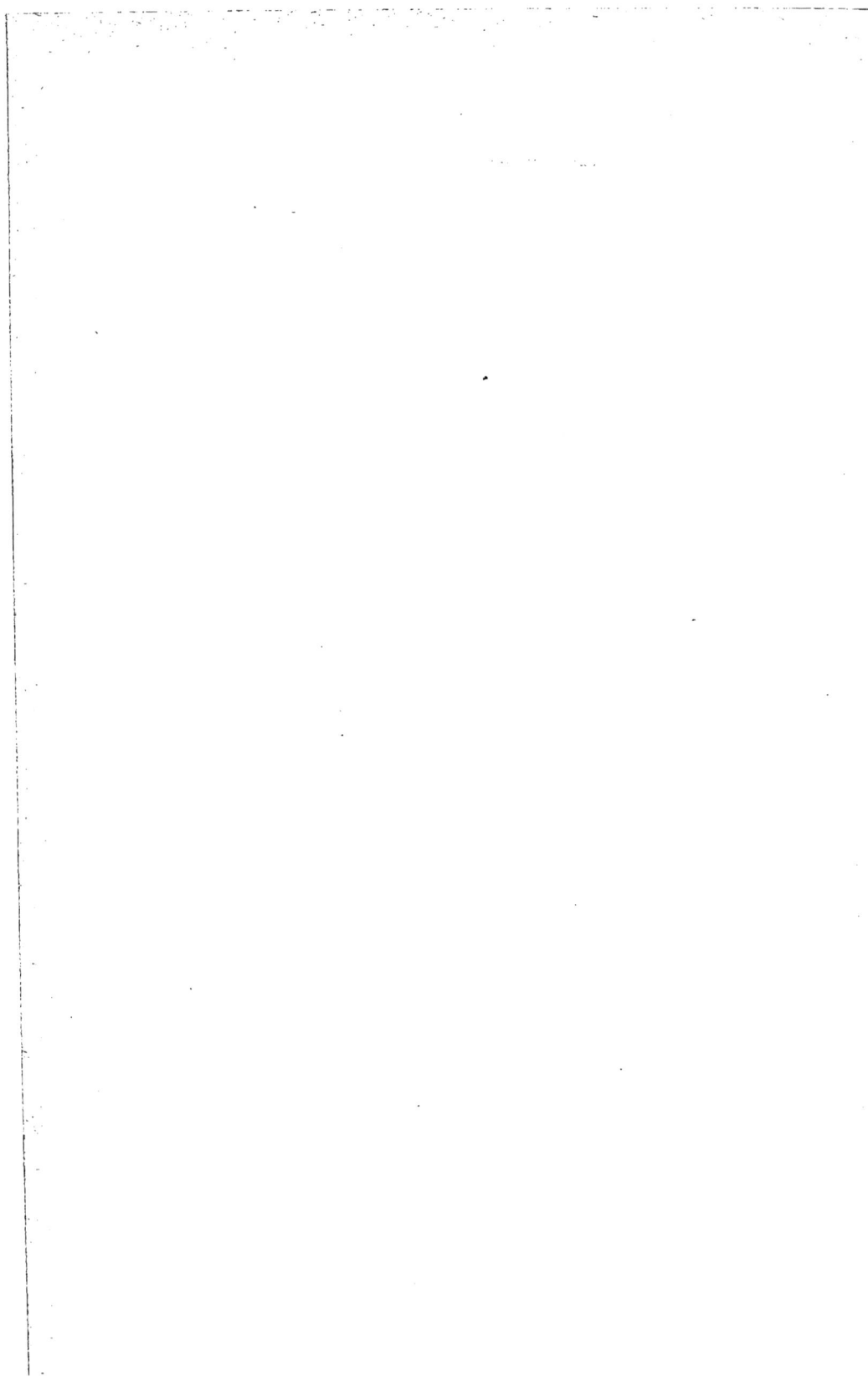

TABLE

—

PREMIÈRE PARTIE.

LES ANIMAUX QUI FRÉQUENTENT LA MARE

———

CHAPITRE PREMIER.

CHAPITRE II.

CHAPITRE III.

CHAPITRE IV.

DEUXIÈME PARTIE.

LES PLANTES DE LA MARE

TROISIÈME PARTIE

LES HABITANTS DE LA MARE

CHAPITRE PREMIER.

FIN DE LA TABLE.

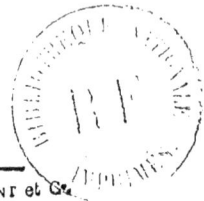

Limoges. — Imp. E. Ardant et Cⁱᵉ

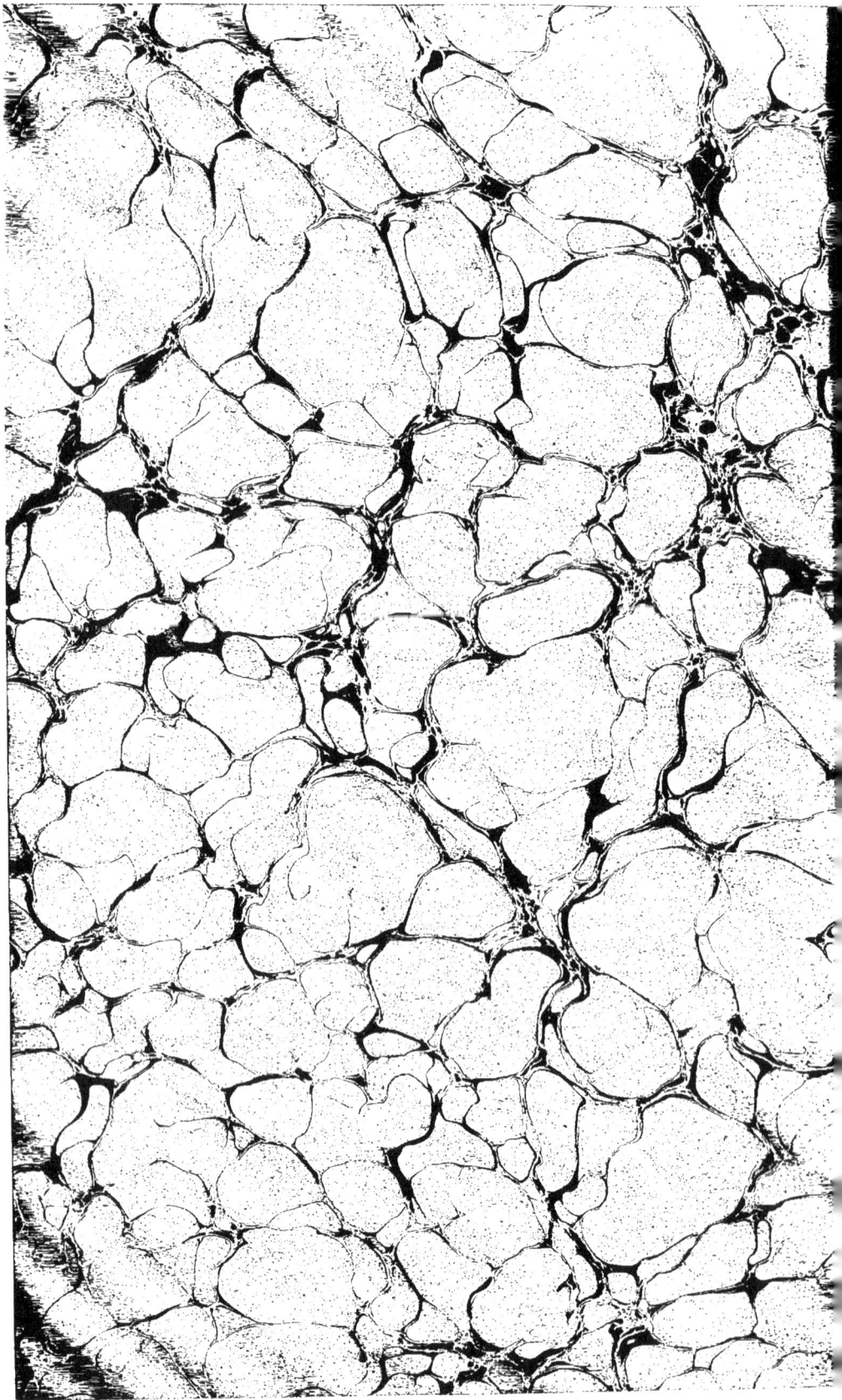

www.ingramcontent.com/pod-product-compliance
Lightning Source LLC
Chambersburg PA
CBHW060420200326

41518CB00009B/1428